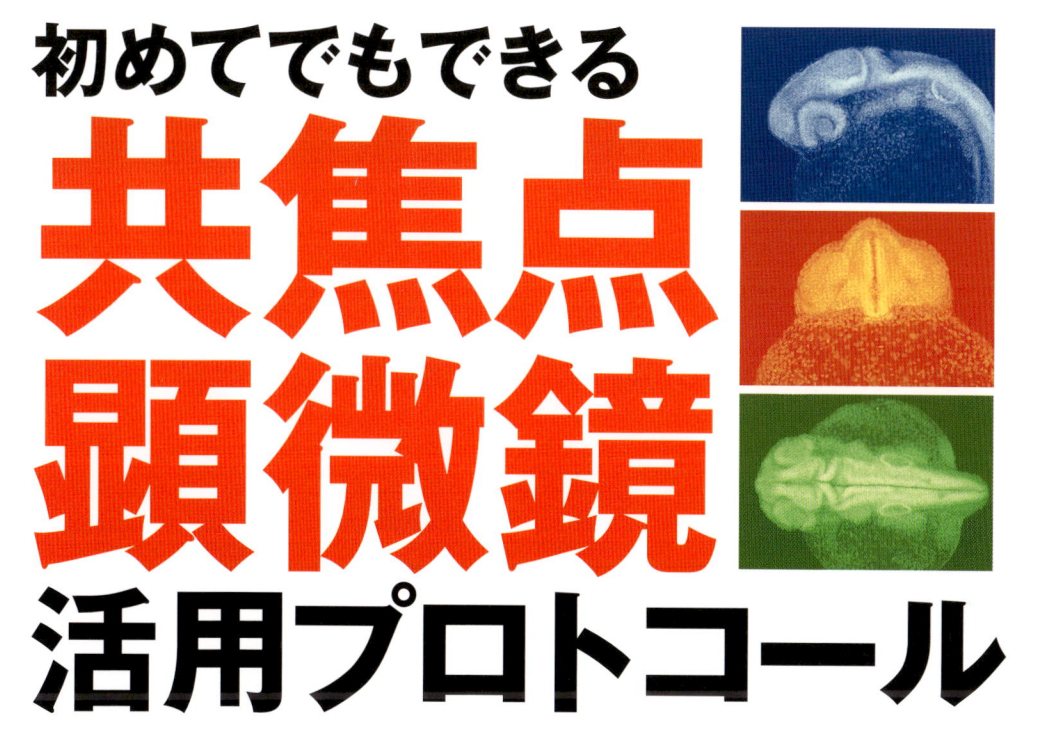

注目のバイオ実験シリーズ　実験医学**別冊**

初めてでもできる
共焦点顕微鏡
活用プロトコール

観察の基本からサンプル調製法，
学会・論文発表のための画像処理まで

編／高田邦昭

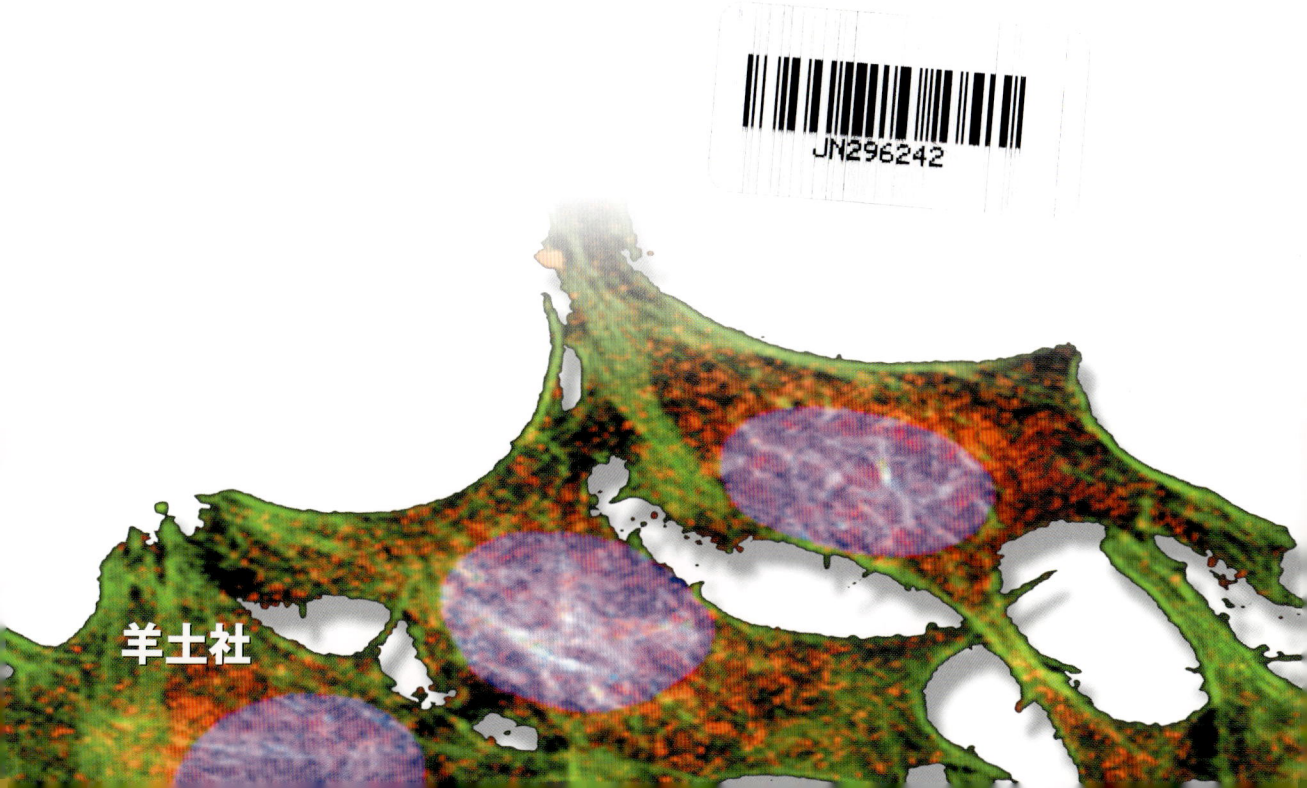

JN296242

羊土社

序

　共焦点顕微鏡では細胞や組織の光学的断層（スライス）像を非破壊的に得ることができ，物質の局在をみる強力な手法である．最近の共焦点顕微鏡はシステムの成熟とともに非常に使いやすくなってきていて，難しいことを何も考えなくても蛍光抗体法で染色した試料をもっていけばそれなりの画像を容易に得ることができる．これは研究者にとっては好ましいことである．一方で，原理やそれに伴う方法論的な限界，像解釈の落とし穴のような点を考慮せず，画像だけが一人歩きする危険性も起こってきている．特に最終的にコンピュータでさまざまなソフトウェアを使って画像処理するので注意が必要である．

　最近のバイオメディカルサイエンスでは，遺伝子からノックアウト動物の解析のような個体レベルまで，1人あるいは1つのグループで行うことが多い．方法論的にも，遺伝子を扱う遺伝子工学から，タンパク質化学などの生化学，チャネル活性などの生理学，顕微鏡を使った形態学と，ありとあらゆる手法をそのときの必要に応じて巧みに組合わせて使い研究成果をあげることが要求されている．形態学の解析手法の中でも共焦点顕微鏡を使ったアプローチは，電子顕微鏡を使うのに比べて，比較的手軽に有用な情報をもたらしてくれるコストパフォーマンスのよい方法である．近年の共焦点顕微鏡の普及と一般化，機器の改良などから，形態学の専門家のみならず非常に多くの人に日常的に使われるようになっている．

　この本は，顕微鏡を使うのは学生実習以来だという人でも，短期間のうちに共焦点顕微鏡を自在に使いこなせるようになるのを目的に編集した．また，実際に手許において役に立つ本もめざした．本書の項目と内容を設定していく過程で，共焦点顕微鏡でできることをリストにしてみると，改めて共焦点顕微鏡法のシステムの進歩とともに，その応用の範囲が多岐にわたっているのに驚きを禁じえなかった．もっと詳しく，もっと広く，もっと新しい技術を，といったこともあったが，本書は，顕微鏡がはじめてでもこれを一通り読めば共焦点顕微鏡の利用にあたって一応のレベルに達することを目的とした．そのため，すべての項目にふれて皆中途半端になることを避け，ポイントをおさえて重点的に項目を選んだ．すなわち基本的な原理，方法の実際，ノウハウ，トラブルシューティングをかなり詳細に記すこととした．また顕微鏡観察で得たデータも，それを発表しないと研究は完結しない．顕微鏡画像の場合，同じデータでも見栄えよく美しくプレゼンテーションすると，印象が，ひいてはそのデータへの信頼度が変わる．そこで，共焦点顕微鏡によって得られたデジタル画像をもとに，それを加工して学会や論文として発表する際の，画像の取り扱いノウハウについても特に項目を設けた．最近の共焦点顕微鏡には実に多くの機能が組込まれていて，さらにオプションを追加すると，自在なシステムを組立てることができる．このようなアドバンストな点に関しては，本書をマスターしたうえで進まれるとよいと思う．

　最後に，本書を企画するにあたり相談にのってくれた村上 徹博士，また多忙な中で短期間の執筆を承諾し，日頃から蓄積していたノウハウを惜しみなく提供してくださった執筆者の各位，また企画・編集にあたり支えてくださった羊土社編集部の方々，特に沖本優子，岩崎太郎の両氏に厚く御礼申し上げます．

2003年10月

高田邦昭

実験医学別冊
注目の**バイオ実験**シリーズ

初めてでもできる
共焦点顕微鏡 活用プロトコール

観察の基本からサンプル調製法,
学会・論文発表のための画像処理まで

序　　　　　　　高田邦昭

1章　共焦点顕微鏡観察の基礎

1. 蛍光顕微鏡と共焦点観察　高田邦昭 ……………… 8
2. 蛍光顕微鏡のしくみ　—蛍光顕微鏡になじもう　村上　徹 …13
3. 共焦点顕微鏡のしくみと使い方
   　—仕掛けがわかればキレイに撮れる　村上　徹 ……………… 20

2章　実験法各論

1．蛍光抗体染色
1. 細胞や組織標本のつくり方　松﨑利行　高田邦昭 ………40
2. 蛍光抗体染色の実際　青木武生　高田邦昭 ……………52
3. 多重染色法　萩原治夫　高田邦昭 ……………………70

2．GFP 標識法
1. GFPによる標識
   　—共焦点顕微鏡でできること　松田賢一　河田光博 ……………78

3．その他の蛍光プローブを用いた蛍光標識
1. 多様な蛍光プローブ
   　—これらのプローブで何を見られるか　秋元義弘　川上速人 ………96

CONTENTS

4. ライブセルイメージング

1 装置のセットアップとGFPタイムラプス観察の実際
　　　柏木香保里　齋藤尚亮 ……………………………107

2 FRET ― GFPを用いたFRETによるタンパク質-タンパク質
　　　相互作用の可視化　西　真弓　河田光博 ……………120

3 FRAPによるGFP融合分子の解析　和栗　聡 …………127

4 カルシウムイメージングの原理と実際
　　　佐藤洋一　佐藤　仁 ……………………………133

3章　画像処理から発表まで

1 共焦点画像取り扱いの基礎知識　宮東昭彦 ……………154

2 画像処理ソフトの使い方から学会発表・印刷の
　　注意点まで　宮東昭彦 ……………………………160

4章　新しいテクノロジーの紹介

1 LSM 510 METAを用いたEmission Fingerprinting法
　　　―マルチスペクトル共焦点レーザー顕微鏡がひらく多重蛍光観察
　　　西　真弓　河田光博 ……………………………182

2 マルチフォトンレーザー顕微鏡
　　　―光による計測と制御　田邉卓爾　高松哲郎 …………187

3 デコンボリューション顕微鏡法―三次元ライブセルイメージング
　　を可能にする新しい画像解析法の原理　鈴木健史　高田邦昭 ……192

4 ニポウ板を使った共焦点顕微鏡―生きた細胞や組織を高速で
　　観察する　万井弘基　田中秀央　高松哲郎 ……………196

付録：画像ファイル形式―メーカー独自のファイル形式，汎用形式の解説と変換
　　　尾野道男 ……………………………………………202

索引 ……………………………………………………………215

執筆者一覧

[編集]

高田邦昭　　群馬大学大学院医学系研究科生体構造解析学分野

[執筆者]（五十音順）

青木武生（Takeo Aoki）	群馬大学大学院医学系研究科生体構造解析学分野
秋元義弘（Yoshihiro Akimoto）	杏林大学医学部解剖学第2講座
尾野道男（Michio Ono）	横浜市立大学医学部微細形態学
柏木香保里（Kaori Kashiwagi）	神戸大学バイオシグナル研究センター分子薬理学部門
川上速人（Hayato Kawakami）	杏林大学医学部解剖学第2講座
河田光博（Mitsuhiro Kawata）	京都府立医科大学大学院医学研究科生体構造科学部門
宮東昭彦（Akihiko Kudo）	杏林大学医学部解剖学第2講座
齋藤尚亮（Naoaki Saito）	神戸大学バイオシグナル研究センター分子薬理学部門
佐藤 仁（Hitoshi Sato）	岩手医科大学医学部解剖学第二講座
佐藤洋一（Yoh-ichi Satoh）	岩手医科大学医学部解剖学第二講座
鈴木健史（Takeshi Suzuki）	群馬大学大学院医学系研究科生体構造解析学分野
高田邦昭（Kuniaki Takata）	群馬大学大学院医学系研究科生体構造解析学分野
高松哲郎（Tetsuro Takamatsu）	京都府立医科大学大学院医学研究科細胞分子機能病理学部門
田中秀央（Hideo Tanaka）	京都府立医科大学大学院医学研究科細胞分子機能病理学部門
田邉卓爾（Takuji Tanabe）	京都府立医科大学大学院医学研究科細胞分子機能病理学部門
西 真弓（Mayumi Nishi）	京都府立医科大学大学院医学研究科生体構造科学部門
萩原治夫（Haruo Hagiwara）	群馬大学大学院医学系研究科生体構造解析学分野
松﨑利行（Toshiyuki Matsuzaki）	群馬大学大学院医学系研究科生体構造解析学
松田賢一（Ken-ichi Matsuda）	京都府立医科大学大学院医学研究科生体構造科学部門
万井弘基（Hiroki Mani）	京都府立医科大学大学院医学研究科細胞分子機能病理学部門
村上 徹（Tohru Murakami）	群馬大学大学院医学系研究科器官機能構築学講座
和栗 聡（Satoshi Waguri）	大阪大学大学院医学系研究科情報伝達医学専攻機能形態学講座

表紙写真

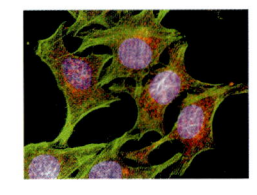

培養HeLa細胞におけるF-アクチンとOIP-106の局在（p.105参照）

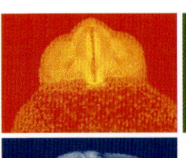

ゼブラフィッシュ胚の三面図（p.36参照）

1章

共焦点顕微鏡観察の基礎

1. 蛍光顕微鏡と共焦点観察　　　　　　　　　8
2. 蛍光顕微鏡のしくみ
　　－蛍光顕微鏡になじもう　　　　　　　　13
3. 共焦点顕微鏡のしくみと使い方
　　－仕掛けがわかればキレイに撮れる　　　20

1章 共焦点顕微鏡観察の基礎

1 蛍光顕微鏡と共焦点観察

高田邦昭

■ はじめに：蛍光顕微鏡で何がみえるか

　光学顕微鏡は光を用いているためにその分解能は波長とレンズの開口数によって規定される．けれども，この分解能よりはるかに小さな構造でも，蛍光を発するとその存在を確認することができる．例えば径25 nmの微小管は，蛍光標識するとその一本一本の走行を画像としてとらえることができる．このように通常の光学顕微鏡の分解能を超えた分子や構造から出るシグナルを細胞や組織のうえでとらえることができるので，生命機能解析の強力な手法となった（ただし蛍光顕微鏡写真のうえでの微小管の見かけの太さは，実物の大きさとは違うという点には注意する必要がある．蛍光像はそこに物が「存在する」ことは示しているが必ずしも大きさを忠実に反映しているとは限らない）．

■ 蛍光の原理

　蛍光色素に光（励起光）を当てるとそれを吸収してエネルギーの高い励起状態になる．この状態からもとに戻るときのエネルギーが蛍光となって放出される．ごく短時間に複数の光子のエネルギーによって励起するマルチフォトン励起の場合を除き，蛍光は励起光に比べてより長波長（低エネルギー）側にシフトしている．なおレーザーの波長は一定なので，自分の使う機器に合った蛍光色素で標識して観察する必要がある．

■ 蛍光抗体法と蛍光顕微鏡の発達

　1941年にCoonsによりはじめられた蛍光抗体法は，免疫組織化学の手法の中で最も長い歴史をもつ．現在では，ダイクロイックミラーを使い，対物レンズにコンデンサーレンズの役割も果たさせる落射型蛍光顕微鏡が一般化している．明るい高倍像が容易に得られるようになり，細胞骨格をはじめとして，細胞内構造の研究が飛躍的に進んだ．さらにノマルスキー微分干渉法や位相差法などの明視野観察とワンタッチで切り替えられ，視野探しや，蛍光陽性部位を実際の細胞や組織の構造と関連づけることが容易にできるようになった．

　現在使われている共焦点顕微鏡は，この落射蛍光顕微鏡系を基本として設計されて

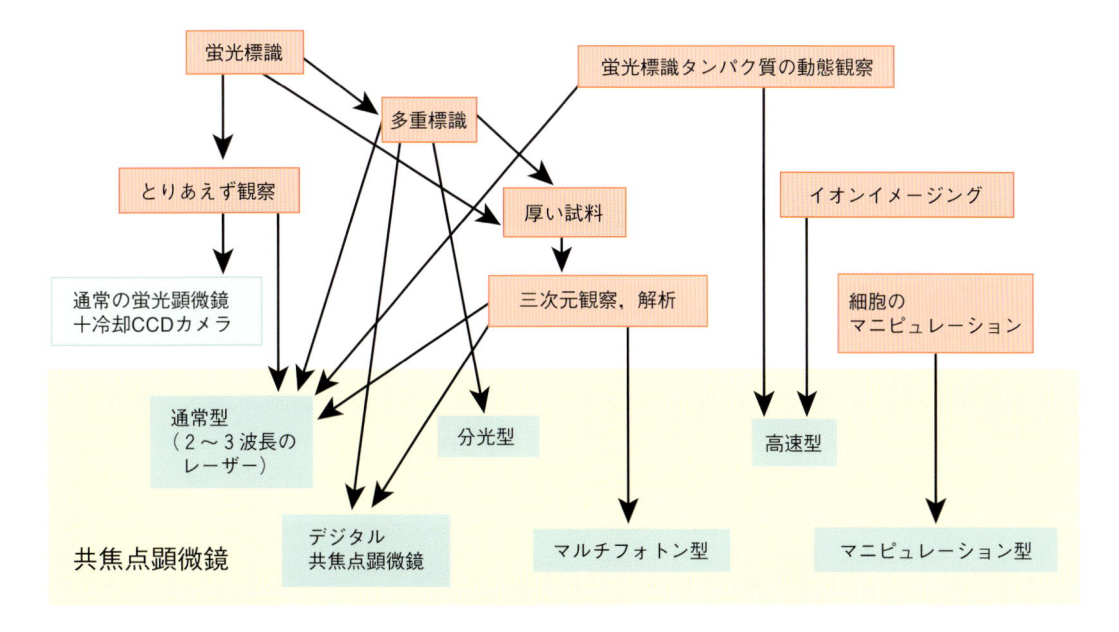

図 さまざまな共焦点観察と共焦点顕微鏡
高価な共焦点顕微鏡ではいくつかの機能が 1 台に組込まれ，いろいろなことができる場合が多い．矢印は代表的な場合を示したもので，個々の目的に応じて柔軟に組合わせて利用する

いる．光源にレーザー光を使い，ピンホールを用いて焦点面以外からの蛍光を除去しクリアーな光学的断層像を得る共焦点レーザー顕微鏡が一般的である．

共焦点顕微鏡でできること

共焦点顕微鏡では，通常の蛍光顕微鏡を使う研究のほとんどのものを快適に行うことができる．単にきれいな蛍光顕微鏡像を撮影するだけではなく，より解析的な方法まで次々と新しい手法が開発され，その用途は広がっている（図）．以下は代表的使用例である．

1）蛍光抗体法で染色した細胞や組織標本の観察

共焦点光学系の特徴を生かして試料の光学的断層像を得る．焦点の合っている面からの情報だけで像が形成されるので，フレアのない明瞭な像が得られる．

2）三次元構造の解析

Z 軸方向に試料を動かして得た一連の光学的断層像をもとに三次元的な広がりを解析できる．最も簡単には，これら一連の断層像を重ねあわせる（投影する）と，厚みのある試料でもすべての点でフォーカスのあった像（プロジェクション像）を得ることができる．細胞内での抗原分布の全体像や，組織内での立体的な広がりをみるのによい．また三次元再構築した像を動画にして左右に振って見せたり，陰をつけたりと，コンピュータ処理により多様な表現が可能である．もちろんステレオ像にして出力することもできる．

3) イオンイメージング

カルシウムなど特定のイオンに結合する蛍光色素とその細胞内への導入法の開発により，細胞の微小領域でのイオン濃度変化を画像としてとらえることができるようになった．共焦点観察は，試料の厚さの違いによる影響を除くことができるので最適である．単離細胞のみならず，生体から取り出した，あるいは生体内の組織でも観察できるようになった．

4) 生体高分子動態の解析

蛍光標識タンパク質の微量注入や，GFP融合タンパク質の強制発現により，生きている細胞で目的とするタンパク質を蛍光標識できる．このような細胞をリアルタイムあるいはタイムラプス観察し，その動きを画像として記録・解析することができる．さらに細胞の特定部位をレーザー照射して退色させその回復をみる FRAP（fluorescence recovery after photobleaching）もしばしば行われる．さらに，近接して存在する蛍光団同士の相互作用をみる FRET（fluorescence resonance energy transfer），caged 化合物を用いた特定分子の局所的な作用の解析なども可能である．

共焦点顕微鏡の種類

現在実用化されている共焦点顕微鏡とよばれるものにはさまざまなタイプがある（図）．

1) 通常の共焦点レーザー顕微鏡

2〜4波長のレーザー光源をもち，ガルバノミラーでレーザー光を走査しピンホールを用いて断層像を得るシステム．主流を占める方式で，光学系の改良，レーザー光源の多様化による対応可能な色素（標識法）の増加，コンピュータの飛躍的な発展とソフトウェアの改良などにより，誰でも容易に安定して高画質の像が得られるようになった．最近は1,000万円程度で購入できるようになり，パーソナル化も進んでいる．少し高級な蛍光顕微鏡という位置づけでさらに普及していくと思われる．

2) マルチフォトン共焦点レーザー顕微鏡

ツーフォトン（二光子）等のマルチフォトン（多光子）励起を用いて蛍光を得るシステム．マルチフォトン法を用いると，長波長で励起するので試料の深部まで届きかつ細胞に対するダメージも少ない．ピントの合った所だけで励起が起こるので退色も起きにくい．現時点ではマルチフォトンを起こさせるための強力なレーザーは非常に高価で一般化するには至っていない．

3) 分光型共焦点レーザー顕微鏡

試料から出た蛍光を分光し，任意の波長の蛍光で画像を得たり，そのスペクトル情報を集めたりする分光型のレーザー顕微鏡が最近実用化された．スペクトル分析などのコンピュータ処理と組合わせることにより，GFPとFITCのように類似の蛍光を発し，通常のフィルターでは区別のできないものでも見事に分離して像をつくることができる．

4）レーザーを用いた細胞のマニピュレーションシステム

FRAP, caged 化合物の利用など，レーザー光をマニピュレーションの道具として用いて解析できる．

5）高速共焦点レーザー顕微鏡

マイクロレンズを取りつけたニポウ板を用いて試料を高速で照射するシステムが代表である．画像は通常の蛍光像を同じように冷却 CCD カメラで記録する．なおガルバノミラーを用いた通常のシステムも高速化が進んでいる．

6）デジタル共焦点レーザー顕微鏡（デコンボリューション法）

通常の蛍光顕微鏡で冷却 CCD カメラを用いて Z 軸方向にフォーカスをずらした像を記録し，これをコンピュータで処理し光学的断層像を得る手法．ハード的には従来の蛍光顕微鏡と同じでよく，ソフトウェアの改良とコンピュータ処理の高速化によりかなり手軽に行えるようになってきた．

■ 蛍光色素とレーザーの開発

長い間使われてきた FITC（フルオレセイン）と TRITC（テトラメチルローダミン）に加え，Cy3, Alexa488 などの非常に明るい蛍光色素が実用化された．また核染色にも多種の色素が利用可能になった．カルシウムや pH インジケータなどの細胞内微小環境を示す蛍光色素や GFP 利用も一般化した．これらの色素に対応して多様なレーザー光源も実用化されつつある．今後はメインテナンスの楽な半導体レーザーの実用化が楽しみである．

■ 共焦点レーザー顕微鏡を使いこなす

1）よい標本をつくる

単に画像を得るだけなら現代の共焦点レーザー顕微鏡はいとも簡単にやってのけてしまう．そこで大切なのはよい試料をつくることになってくる．試料の蛍光強度が強ければレーザー光の照射量も少なくて済み，試料へのダメージも少なく退色も少ない．無理にシグナルを増幅する必要もないので，ノイズのないきれいな像となる．これに対してシグナルが弱い標本では，レーザー光の照射量も増え，もともと弱い試料の蛍光がさらに弱くなり，さらにレーザー照射量を増やすという悪循環におちいることになる．

一次抗体のよいものを使うのはもちろんだが，通常は「この抗体しかない」ことが多い．そこで特異性，アフィニティともに高く，明るい蛍光色素で標識した二次抗体で安定して染色できる自分の系をまず確立しておくのが大切である．

2）顕微鏡を正しく使う

レーザー強度，ピンホール，フィルターの設定をはじめとして顕微鏡を適切に使う必要がある．この点最近のモデルでは少ない操作で多くのパラメーターをほぼ妥当な範囲に自動的に設定できるので使い勝手がよい．

3）結果の解釈

手軽に像を得ることができるようになったので，その画像から結果を読みとり，正しく解釈することの重要性がますます増大している．正しい解釈をするためには，蛍光抗体法では必ずコントロール実験を行い，さらにウェスタンブロッティングで目的とする分子だけがきちんと認識できているかをみておく．さらに *in situ* hybridization 等の異なる方法で総合的に確認しておくとよい．きれいな共焦点蛍光画像が得られるとなんとなく本物のような気になるが，単に特異抗体で染めたら光っただけでは正しい結果を得たとは限らない点は肝に銘じておくべきであろう．

◼ おわりに：広い応用

本書は共焦点レーザー顕微鏡法の基本的な点に絞ってまとめた．これを土台として，今後開発される新しい手技を含めて多彩な方法を自在に使いこなし，日々進歩する共焦点レーザー顕微鏡を存分に活用してほしい．

1章 共焦点顕微鏡観察の基礎

2 蛍光顕微鏡のしくみ
－蛍光顕微鏡になじもう

村上 徹

■ はじめに

　免疫蛍光法が開発されて以来，蛍光顕微鏡は組織や細胞の分子構築を探るツールとして重要な役割を果たしてきた．また，蛍光ラベルした生体分子，特異的な構造や分子に結合する蛍光プローブ，細胞の生理的状態に応じて蛍光の変化するプローブなど，さまざまなプローブを用いて細胞の機能状態までも可視化されるようになった．GFPの導入により画像化の可能性はさらに大きく広がっている．共焦点顕微鏡はその画像に精緻さや三次元的な視野を与えた．ここではそれを存分に使う前提として，通常の蛍光顕微鏡について知っておこう．

■ 蛍光顕微鏡のしくみ

　蛍光顕微鏡は，蛍光物質に励起光を照射し，そこから発せられる蛍光を画像化する顕微鏡である．そのために，普通の組織切片などを観るための顕微鏡とは異なる照明装置を備えている．

　普通の顕微鏡には，試料を透かして観るための照明装置が組込まれている．光源の光をコンデンサーレンズで試料に照射し，透過した光を対物レンズで集めて試料の影を画像化する．これを透過照明という．

　一方，蛍光顕微鏡ではコンデンサーレンズの代わりに対物レンズそのものを通して試料を照明する（図1）[*1]．これは，透過照明とは逆に対物レンズ側からみて影をつくらないようにするためである．照明光を対物レンズに導入するには，ビームスプリッターという半透鏡を光軸に対して45度傾けて置き，側面から照明光を導く．このような照明を同軸落射照明という．

　このビームスプリッターに工夫がある．蛍光物質を特定の波長の光で励起すると，それとは異なる波長（普通はより長い波長）をもった蛍光が発せられる．そこで，ダイクロイックミラーという，一定の波長の光だけを反射し他の光は透過する鏡を使う．これによって，試料から反射して返ってくる励起光を取り除き，蛍光だけを画像化で

＊1　この図に示すように吸収フィルターが少し傾いているのは，フィルター表面での反射光を光軸から外して画質の劣化を防ぐため．組付けが悪いわけではない．

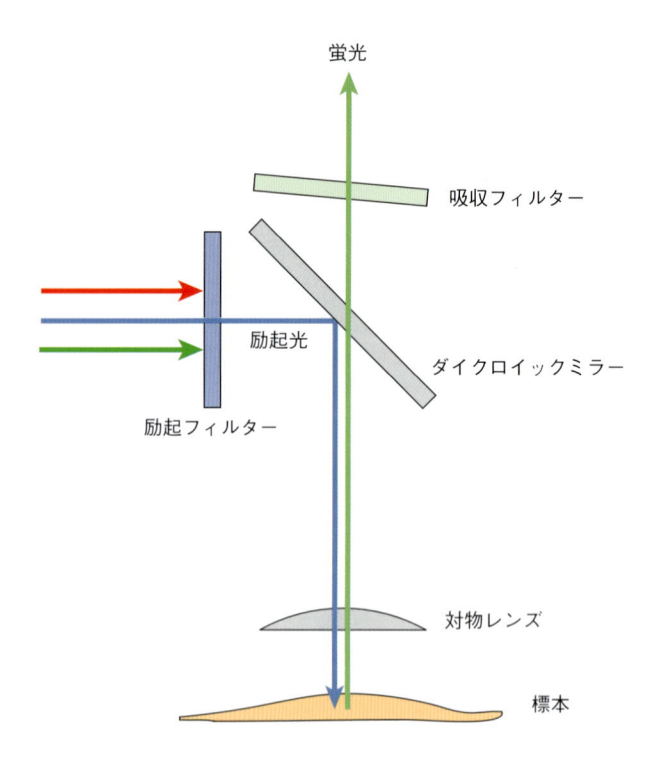

図1 蛍光顕微鏡のしくみ
同軸落射照明では，光軸から45度傾けたダイクロイックミラーによって励起光を対物レンズに導いている．励起波長を選択するために励起フィルター，標本からの光のうち蛍光だけを選択するために吸収フィルターが付加されている

きる．ただし，ダイクロイックミラーのスペクトルはかなりなだらかなので，光源側には励起フィルター，検出側には吸収フィルター[*2]を加えて，反射や透過する波長をより制限している（図2）．

■ フィルターを選ぶ

　一般に，ダイクロイックミラー，励起フィルター，吸収フィルターは，3つ組みとして1つのブロックに組まれている．メーカーにもよるが，フィルターキューブとか蛍光ミラーユニットなどとよばれる．蛍光物質の吸光・蛍光スペクトルに合わせたさまざまな組合わせのフィルターキューブがあり，適切なキューブに切り替えて観察する．蛍光顕微鏡は一般に，頻用される蛍光物質に合わせて，フルオレセイン用のB励起（青），ローダミン用のG励起（緑），DAPI用のV励起（紫）およびUV励起（紫外）などのフィルターキューブがセットで販売されている．また，使用目的によって特殊なフィルターを組合わせたキューブを製作することもできる[*3]．
　フィルターの特性について注意すべき点がある．まず，吸収フィルターにスペクトルの異なる2種類があり，用法が異なることである．ひとつは特定の波長より長い波長の光をすべて透過するもので，ロングパスフィルターとよばれる．蛍光物質から発

[*2] バリアフィルターともよばれる．
[*3] 例えば，スペクトルの近接する複数のGFP変異体で標識した標本の観察などにはこのような必要が生じるだろう．

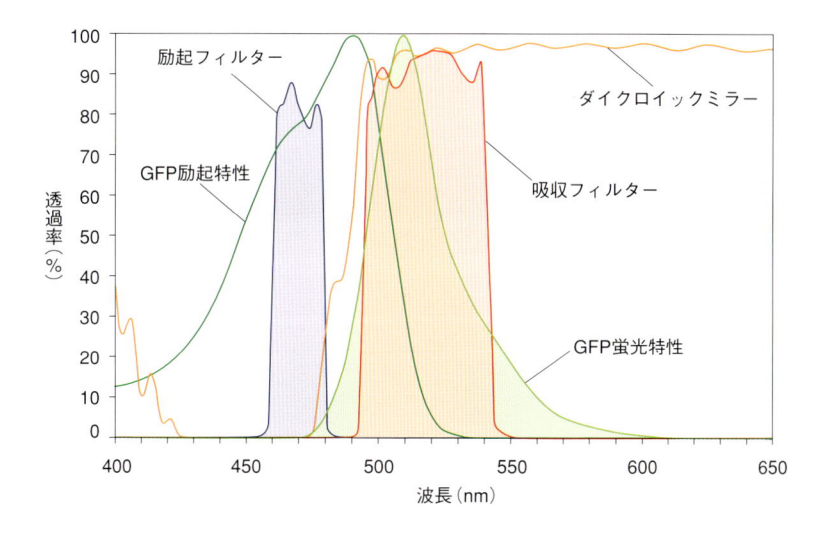

図2 フィルターキューブの分光特性
GFP用フィルターキューブの一例を示す．ダイクロイックミラーで励起光と蛍光とを分け，励起フィルターと吸収フィルターで波長に制限を加えている．このスペクトルは分光性の改善された最近のハードコートフィルターによるもの（オリンパス㈱提供）

せられる蛍光のスペクトルにはかなりの幅があるので，ロングパスフィルターでそれを余さず取り入れて画像化すればより明るい蛍光像を得られる．また，蛍光の色調を観察することができるので，試料に自家蛍光があるときに蛍光物質からの蛍光と色調の違いで見分けられることもある．

しかし，数種類の蛍光物質を使う多重染色の場合には，おのおのの蛍光物質の蛍光を分別する必要がある．その目的には，特定の範囲の波長の光だけを透過するバンドパスフィルターを吸収フィルターに用いなければならない．

次に，フィルターの製作方法による性質の違いにも注意しよう．このようなフィルターには，ガラスを染色した色ガラスと，ガラスに薄膜を積層した干渉フィルターとがあり，高価だが分光特性は後者が優れている．干渉フィルターにも，コーティング材料の溶液を塗布して薄膜にしたソフトコートと，金属を真空蒸着したハードコートとがある．ソフトコートの方が特性に優れていたり特性の複雑な[4]製品が多い．しかし欠点は耐久性に劣ることで，日本の気候のような多湿条件下では特に寿命が短くなる[5]．一方，耐久性に勝るハードコートでも最近は非常に優れた特性のものが得られるようになっている．

蛍光顕微鏡の光源

透過照明の光に比較すれば蛍光はごく微弱なものなので，励起光の光源には輝度の高いものが要求される．そのため，放電管の一種で高輝度の得られる超高圧水銀灯が使われる．

超高圧水銀灯にはアルゴンガスと液体の水銀が封入されている．冷えた状態の内圧

[4] 例えば，1つのキューブで数種類の蛍光物質を同時に観察できる，デュアルまたはトリプルバンドフィルターユニットなど．
[5] 悪条件下では数週間〜数カ月でコートがはがれたというテスト結果もある．

はほぼ大気圧だが，電源を入れて放電がはじまるとその熱で水銀が気化して高圧となる．放出された電子と水銀分子が衝突して光が発せられる．発光スペクトルは低圧では水銀固有の輝線が勝っているが，動作圧が増すに従ってスペクトル幅と連続発光成分が増大する．さまざまな励起波長の要求される蛍光顕微鏡の水銀灯に超高圧のものが用いられるのは，これが理由である．

蛍光の退色を防ぐため，光源の光を減光フィルター（NDフィルター）で弱められるようになっている．水銀灯自体の出力を調整できる電源もある．

memo

超高圧水銀灯の使用上の注意

水銀灯点灯後は水銀が完全に気化して点灯が安定するまで消してはいけない．逆に消灯後は十分に冷却して水銀が液化するまで再点灯してはいけない．いずれもバルブを傷めることがある．これらの待ち時間は顕微鏡にもよるが，およそ15～30分間だろう[*6]．
点灯中や点灯後の熱いうちは水銀蒸気で内部が高圧になっているので，割らないように注意しよう．ランプ交換のときにはガラス表面に指紋や傷をつけてはいけない．点灯中に破裂の危険がある．使用状況によって変わるが水銀灯には一定の寿命がある．説明書で平均寿命を確認して忘れずに交換する．点灯が不安定になったり，暗くなったり，バルブ内面に黒い残留物が付着していたら，寿命である．

■ 光軸調整をしよう

ランプ交換は説明書通りすれば難しくはない．ただし，交換後は光軸調整をする必要がある．その目的は試料に均一な照明を与えることである．照明が不均一だと観察が困難なばかりか，像の解釈に思わぬ誤りを招くことにもなる．

ステージに紙片を置き，対物レンズを外して落射照明を点灯すると[*7]，水銀灯のアークの像と，その後ろにある鏡で反射された像とが，紙片上に映る．この2つが視野の中心に並ぶように[*8]，水銀灯と鏡の位置，ランプハウスのフォーカスを調節すればよい（図3）．調整のネジが6つあるはずだが，説明書に沿って操作すれば困難はない．最後に対物レンズを戻して，実際に標本を観ながら照明が均一になるようランプハウスのフォーカスを微調整すれば[*9]完了である．

■ 蛍光の退色防止

しばしば蛍光観察の妨げになるのが，蛍光の退色である．それを防ぐには，①退色の少ない蛍光物質を用いる，②励起量を少なくする，③退色防止封入剤を用いることが肝要である．

まず重要なのが蛍光物質の選択である．従来頻用されてきたフルオレセインに替え

[*6] 共用の顕微鏡で次の使用者が続いているような場合には注意しよう．
[*7] 目を痛めないよう可視光励起のキューブを使うこと．黒い紙片を使うと眩しくない．
[*8] メーカーによって，アーク像とその鏡像を隣接して並ぶように調整する場合と，中心に重なるように調整する場合とがある．
[*9] 正確にはアーク像を対物レンズの後方焦点面，つまり顕微鏡の内部のどこかに結像させるのだが，それを目視はできないのでこのような方法をとる．

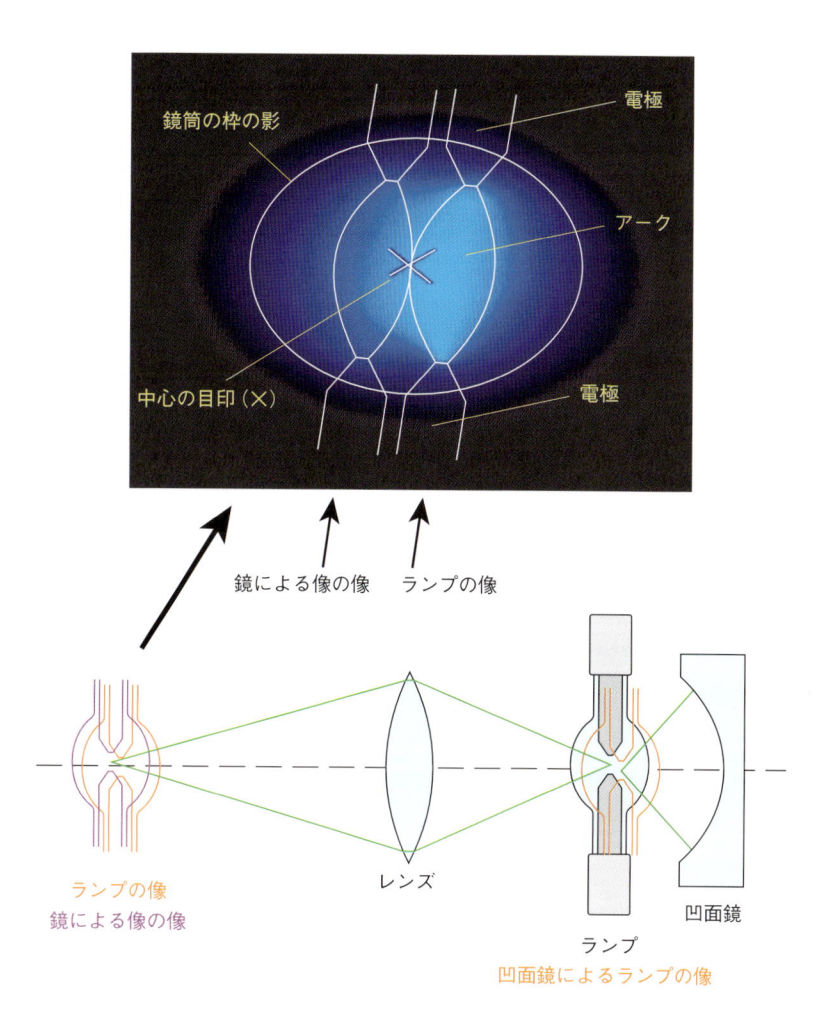

図3　落射照明の軸調整の目安
ステージ上の紙片に映るアークの像とアークの鏡像の像が，調整完了後に視野中央に並んでいる様子を示す．鏡像の像はアーク像より若干暗い．写真は，実際に軸合わせをした光源がステージ上に映っている様子を，顕微鏡の脇からデジカメで撮影したもの

てAlexa Fluor 488 などの退色しにくい蛍光物質を使うだけで，観察はずいぶん楽になる．また，高感度カメラを活用して励起量を抑え，退色する前に手早く撮影することも大切である．さらに必要ならば，退色防止効果のある封入剤を用いる．市販の製品を使うことも自家製の調合を用いることもできる[*10]．

冷却CCDカメラを使う

普通の写真にデジタルカメラが一般化したように，顕微鏡写真にもデジタルカメラが使われることが多くなっている．ただし，蛍光顕微鏡撮影には高感度が要求されるので，感度に優れた冷却CCDカメラが必要である．室温マイナス数十度の冷却器を使ったカメラでも，ISO400の写真フィルムより数絞り分以上高い感度が得られるはずである．蛍光顕微鏡の画像は普通モノトーンのものが多いので，CCDが1つだけ

[*10]　Alexa Fluor は退色防止剤との相性が特殊で，何も使わないのが最良の場合がある．

入っているモノクロのカメラを使うことが多い．多重染色の場合には，フィルターキューブを切り替えるごとに撮影して，コンピュータ上で疑似的に着色する．

現在CCDの製造元は世界的にも数社に限られているので，カメラメーカーが異なっても同じCCDが使われていることは少なくない．カメラの性能はCCDによるところが大きいから，カメラメーカーの工夫は，CCD周辺の回路や装置，コンピュータとのインターフェースやソフトウェア，システムとしてのデザインにかかってくる．特に，実際に利用するうえではソフトウェアの使い勝手が重要である．

カラーCCDカメラについて留意点を述べておこう．カラー画像を得るためには，各画素ごとに赤（R）・緑（G）・青（B）の3色の輝度情報が必要である．最近蛍光顕微鏡撮影にもカラーカメラが利用されるが，その多くには民生用デジタルカメラと同じ単板カラーCCDが使われている．このCCDにはRGBのフィルターがモザイク状に素子自体に組込まれている[*11]．この場合各色の情報は，隣接してはいるが異なる点に由来するものである．画素の各色の輝度値はこれをもとに画像処理によって得ている．この画像処理をどううまくやるかがカメラメーカーのノウハウなのだが，あくまで推測値なので条件によって真実と異なる画像が生成されることがある．特にCCDの画素サイズ付近の大きさの構造の再現には信頼を置けないと考えた方がよい[*12]．RGB各色ごとにCCDを配した3CCDカメラ，RGB各色のフィルターを順に通して1つのCCDで3回露光するスリーショットカメラの場合には，このような問題はない．ただし各色の位置ずれには注意する必要がある．

❓ トラブルシューティング

トラブル	考えられる原因	解決のための処置
落射光が点かない	そもそも点灯させていない	👉 装置によっては電源スイッチの他に点灯のためのスイッチがある．説明書をみよう
	シャッターが閉じている フィルターキューブが入っていない 水銀灯の寿命．接点やリード線の劣化または接触不良	👉 シャッターを光路から外す 👉 適切なフィルターを選ぶ 👉 水銀灯が冷えているのを確認してから，ランプハウスを開けてチェック ▶ memo「超高圧水銀灯の使用上の注意」を参照
標本がみつからない．どこまで標本を対物レンズに近づけてよいかわからない	練習不足	👉 低倍のレンズや透過光でみつけておく 👉 油浸レンズの場合，標本に置いた油滴に対物レンズの先端が接する位置をみつければ（油滴が散乱光で一瞬光る），それより少し先でピントが合う

[*11] カラーモザイクとよばれる．
[*12] 画素の数倍くらいまで怪しげに思える場合もある．

蛍光が暗い．みえない	染色不良	染色を再検討してやり直し ▶2章-1-② を参照
	DICスライダーが入っている．減光フィルターが濃すぎる	外す
	光路選択が間違っている	接眼レンズ側かカメラ側か，適切な光路に切り替える
	フィルターの選択ミス	適切なフィルターを選ぶ
	蛍光物質の退色	防止に必要な対処をする ▶1章-②「蛍光の退色防止」，1章-③ memo「退色防止封入剤」を参照
	落射照明の軸ずれ	調整する ▶1章-②「光軸調整をしよう」を参照
像がぼけている．フレアがある	対物レンズの汚れ	清拭する
	対物レンズの規格外の使い方をしている	油浸，水浸，ドライの確認 カバーガラスの要，不要の確認．カバーガラス厚が規格通り（0.17mm）か確認 ▶1章-③「カバーガラスの厚さ」を参照
	対物レンズの瞳絞り，カバーガラス厚対応の調整リングの調整不良	これらがある対物レンズなら，変な位置にないか確認
	DICプリズムによる像の流れ	プリズムを外す
目が痛い	疲れている	休む
	UVをみた	UV励起のときには曝露に注意．フィルターの故障による励起光もれでUVをみていたということもあり得なくはない

🟩 おわりに

共焦点顕微鏡を使っていると，はじめから試料をスキャンするようなことに陥り，あらかじめ肉眼で観ていれば気のつくことを見落としている場合がある．機械に任せる前に自分の眼の観察力を第一義としよう．蛍光顕微鏡になじみになっておくことは，そのためのしきたりでもあるのだ．

参考文献

- Spector, D. L. et al.："Light Microscopy and Cell Structure"（Cells: A Laboratory Manual vol. 2），Cold Spring Harbor Laboratory Press, New York, 1997
  3巻セットの実験マニュアルの第2巻．光学顕微鏡技術全般が簡潔に要領よく解説されている．絶版中．代わりに抄録版のCD-ROM，"Essentials from Cells: A Laboratory Manual"がある．
- Wang, Y. & Taylor, D. L.："Fluorescence Microscopy of Living Cells in Culture, Pt. A, B"（Methods in Cell Biology, vol. 29, 30），Academic Press, San Diego, 1989
  蛍光顕微鏡の基本とそれを使った培養生細胞の観察技法の解説．
- 井上 勤："顕微鏡観察の基本"（新版 顕微鏡観察シリーズ 1），地人書館，1998
  通常の光学顕微鏡のしくみや使い方の基本がわかりやすく解説されている．
- Inoué, S. & Spring, K. R.："Video Microscopy: The Fundamentals, 2nd ed.", Plenum Press, New York, 1997
  電子画像処理を応用した光学顕微鏡技術のパイオニアによる古典的名著．

1章 共焦点顕微鏡観察の基礎

3 共焦点顕微鏡のしくみと使い方
－仕掛けがわかればキレイに撮れる

村上 徹

はじめに

　普通の蛍光顕微鏡を使っていてしばしば観察の障害になるのが，焦点外のぼけの重なりによるコントラストの低下である．高倍率になるほど焦点深度が浅くなりぼけが増えるので，観察はより困難になる．写真にするとぼけに埋もれてしまって，説得力あるデータにならないこともある．

　それを解決するブレークスルーになったのが，共焦点顕微鏡である．最大の特徴は，ぼけを排除できること．高倍率でも鮮鋭な画像が得られ，立体観察も容易になった．切片像を無侵襲で得られるので，細胞や組織を生きたまま精細に観察できるようにもなった．共焦点顕微鏡は光学顕微鏡の応用範囲を飛躍的に拡大したのである．本稿では，そのしくみと性能を学び，利用に際しての一般的なコツや注意を理解しよう．

共焦点顕微鏡のしくみ

　共焦点顕微鏡は物々しい外観をしたものが多い．しかし，その原理自体はシンプルだ．その中核になるのは点光源とピンホールの2つ．それらが巧妙に配置されている．それを図でみていこう（図1）．

　まず，レーザーから出力されるビームは，光ファイバー[*1]を通して共焦点顕微鏡に導かれ，点光源として使われる．その光をレンズで平行光に変換し，ダイクロイックミラー[*2]（1章-2参照）を使って落射照明にする．するとこの照明光は，対物レンズの試料側の焦点に収束する（図の青い線）．

　普通の蛍光顕微鏡の場合には，落射光は対物レンズの手前で一度結像して試料内で平行光になり，視野全体を均一に照らす．共焦点顕微鏡ではこれと正反対にしているわけだ．

　対物レンズの焦点に収束した照明光は，そこにある蛍光色素を励起する．そこから発した蛍光を，対物レンズが集めて結像させる（緑の線）．この結像位置に合わせてピンホールを置く[*3]．ピンホールに結像した光はそこを通過し，検出器[*4]で電気信

[*1] モノファイバーという，単一繊維からなる特種なものが使われる．断端が微小な窓になっていて，それが理想的な点光源になる．
[*2] ただの半透鏡に替えれば反射顕微鏡としても使える．

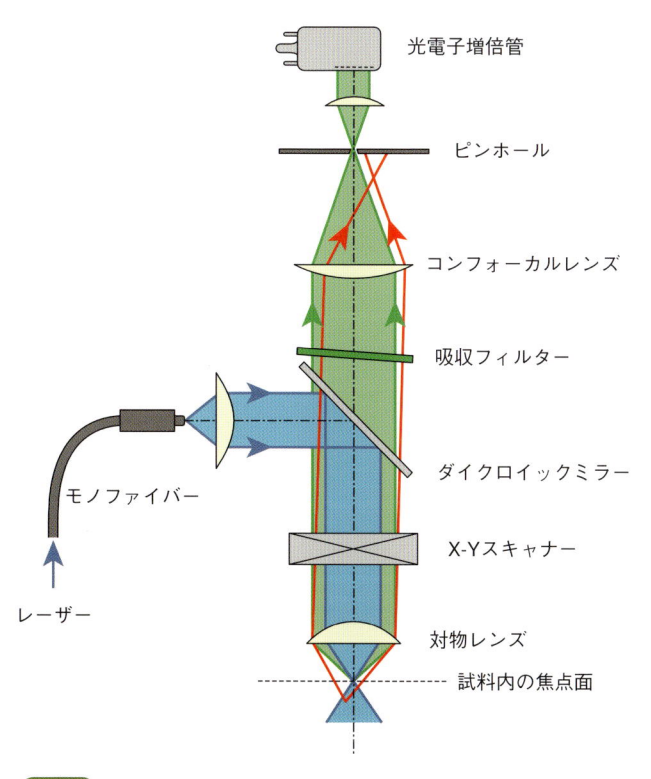

図1 共焦点顕微鏡の原理
共焦点顕微鏡の光路の概略を示す（本文参照）

図中ラベル：光電子増倍管／ピンホール／コンフォーカルレンズ／吸収フィルター／ダイクロイックミラー／モノファイバー／レーザー／X-Yスキャナー／対物レンズ／試料内の焦点面

号に変換される．

　一方，試料内の，焦点から外れた場所の状況はどうだろうか（赤い線）？　まず，励起光の焦点から外れているので，そこでの励起強度は焦点位置に比べて低く，したがって発せられる蛍光も弱い．しかもその蛍光はピンホールを外れた位置に結像するので，ピンホールに遮られて検出器に届きにくい．焦点を外れると信号が二重に弱められることになる．

　つまり，点光源とピンホールをこのように使うと，試料内の焦点からの光だけが選択的に検出され，それ以外の光は排斥されるわけだ．

　一点からの光だけでは画像にならないので，スキャナーを使って焦点面上に光を走査させる．走査されたおのおのの点からの情報を集めて並べれば画像になるわけだ．そこには焦点面の情報しか含まれていない．これが光学的切片像である．走査の方向からXY像とよばれることもある．

　共焦点顕微鏡では，機械的な切片をつくらずに切片像を得られるので，細胞・組織・個体をまるごと使った厚みのある標本（このような標本を全載標本という）からも画像を得られる．さらに，焦点位置をずらしながら走査することにより，連続切片像も得られる．これは縦横XYに光軸方向のZ軸を加えた三次元情報になり，コンピュータ上で立体画像にすることもできる．

＊3　このとき，光源・試料内の対物レンズの焦点・ピンホールの3カ所が光学的に共役な位置，つまり共焦点になる．
＊4　一般に光電子増倍管が用いられる．

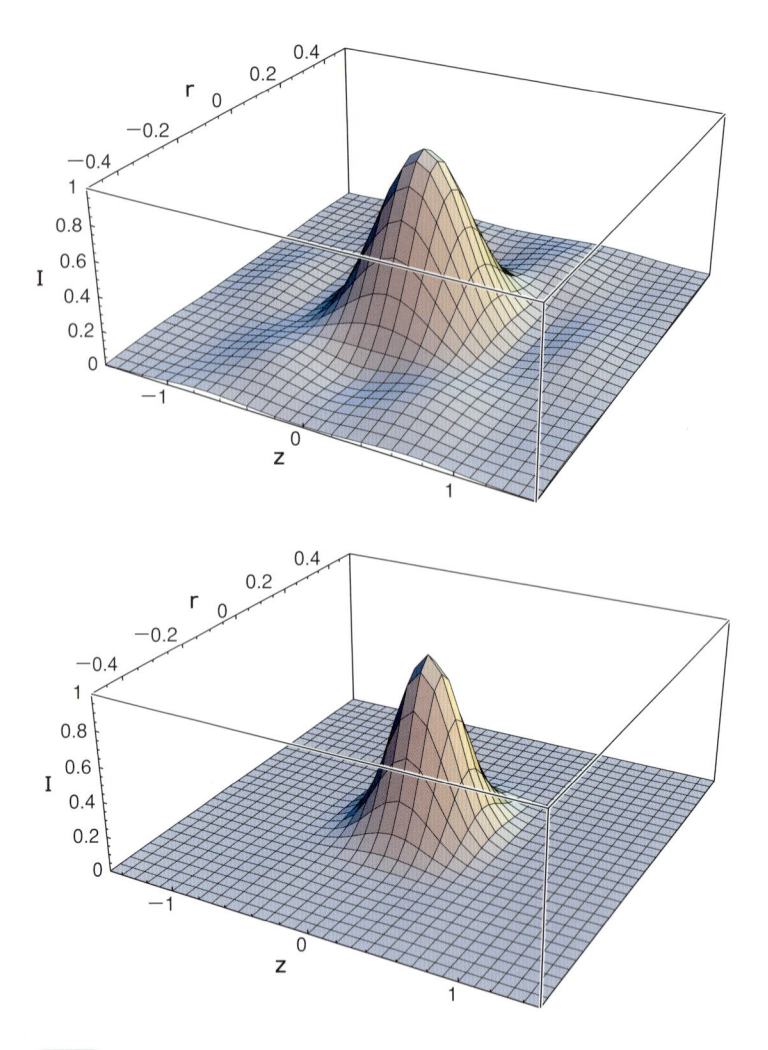

図2 普通の顕微鏡と共焦点顕微鏡の点像強度分布関数
光軸を含む面（XZ平面）での点像強度分布関数を普通の顕微鏡（上）と共焦点顕微鏡（下）について示した．z：光軸，r：XY平面上での光軸からの距離，I：光の相対強度（最大値を1とする）．開口数1.4の対物レンズを使った場合

共焦点顕微鏡でどこまでみえるか？

そもそも共焦点顕微鏡でどのくらい小さなものまで観察することができるのか．その目安をつけておこう．

大きさの無視できる微小な点光源をレンズで結像させると，もとのような点にはならず，一定の三次元的な広がりをもった像になる．それを数学的に表現したものが，点像強度分布関数（point spread function，PSF）である．普通の顕微鏡と共焦点顕微鏡について，光軸を含む縦断面（XZ平面）での理論上の点像強度分布関数をグラフ化すると，図2のようになる[*5]．このグラフの山の幅が，顕微鏡の分解能に相当する．

---

*5 共焦点顕微鏡の点像強度分布関数は，普通の顕微鏡の点像強度分布関数の二乗になる．点光源からの照明光は点像強度分布関数にしたがって拡散し，ピンホールによって点像強度分布関数と同じ感度分布にされた検出器でそれを検出するからである．

この図では開口数1.4の対物レンズ（memo「対物レンズの開口数と分解能」参照）を使った場合を想定している．共焦点顕微鏡のZ軸方向の分解能，すなわち被写界深度あるいは光学的切片の厚さは，0.5μm弱になる．またXY方向の分解能も通常の顕微鏡より改善され，0.2μm弱になる．

memo

分解能と検出能

顕微鏡で「みえる」というのはそもそもどういうことだろうか．その尺度の代表的なものが分解能だろう．分解能は，「2点を2点として識別できる最小の距離」と定義される．電子顕微鏡が光学顕微鏡よりも小さなものまでみえるのは，分解能がはるかに優れているからである．

しかし，蛍光顕微鏡では微小な蛍光ビーズのような分解能以下の点光源でも点としてちゃんとみえる．点像が暗い背景に明るく光っているようなものなら，つまり像のコントラストが十分あれば，微小な点の存在を認識できるのである．

けれども，背景が点像と同程度以上の明るさになれば，それに埋もれて点は消えてしまう．夜空の星が昼間にはみえないのと同じである．

コントラストによって微小なものまでみえることを，分解能に対して検出能ということもできる．共焦点顕微鏡は，ぼけによるコントラスト低下を防ぐことによって，それまでみえなかったものをみえるようにしたわけだ．

ただし，検出はできたとしても，分解能以下の大きさの測定は不可能．像を解釈するときに注意しよう．

■ 共焦点顕微鏡を実現するもの

共焦点顕微鏡の原理は簡単でも，それを実用化するには，それを構成する要素にも工夫が必要だ．それを考えてみよう．

1）レーザーと蛍光色素と実験計画

共焦点顕微鏡の光源には，ほとんどの場合にレーザーが用いられる．これは，高輝度の点光源を得るにはレーザーが最適だからである．発振の媒質に希ガスを用いたガスイオンレーザーを使う場合が多いが，最近では寿命や価格面で有利な半導体レーザーも利用される（図3）．

しかし，出力される光の波長が一定の輝線に限定されていることは，蛍光顕微鏡法には不利である．複数のレーザーを組合わせても，スペクトルの広い超高圧水銀灯やキセノン灯と比べると不便は多い．

したがって，共焦点顕微鏡の購入時には，使用される蛍光物質に合わせてレーザーを選択しなければならない．逆に，利用できる波長に合わせて蛍光標識を考える必要もある．多重染色の場合には特に，各色素の蛍光を分離できるよう注意して計画しよう（2章-1-3参照）．予測がつきにくいときには，用いる蛍光物質やフィルターのスペクトル，レーザーの波長を調べてグラフにするとよい（図4）．

Molecular Probes社は，自社製品のスペクトルをホームページで公表している（http://www.probes.com/）．Bio-Rad社は，主な蛍光物質・レーザー・フィルターのスペクトルをグラフ化するサービスをウェブで提供している（http://fluorescence.bio-rad.com/）．

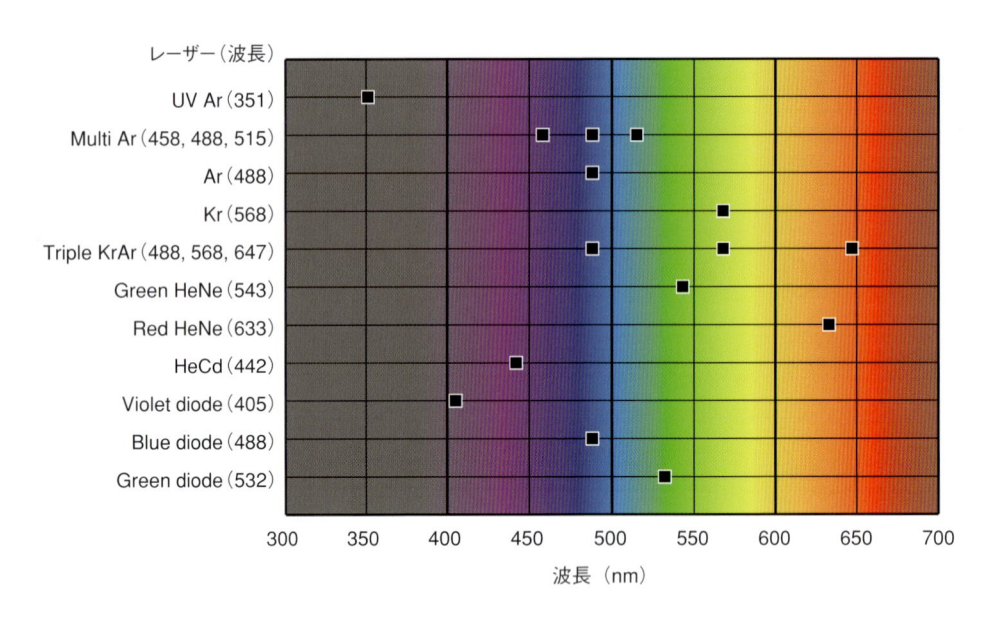

図3 代表的なレーザーの光の波長

共焦点顕微鏡で使われることの多いレーザーの光の波長を示す．横軸：光の波長，
■：各レーザーの発振波長

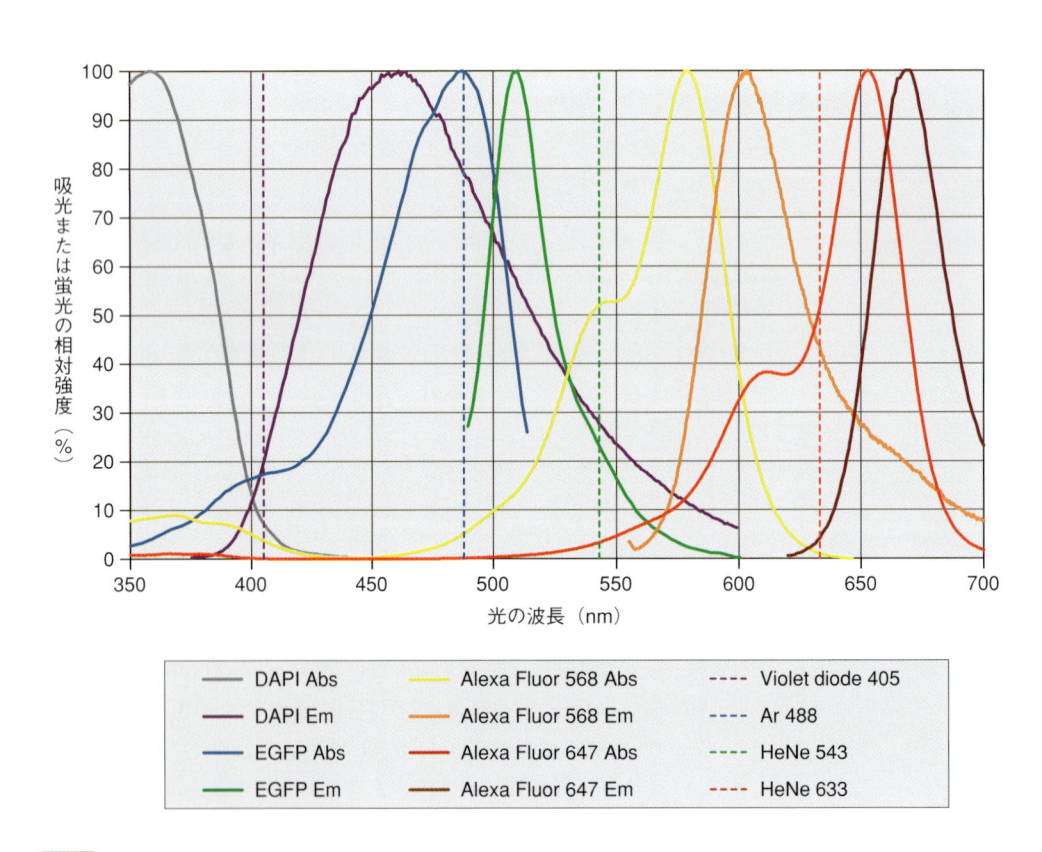

図4 蛍光物質のスペクトル

いくつかの蛍光物質のスペクトルとレーザーの波長を示した．横軸：光の波長（nm），縦軸：吸光または蛍光の相対強度（％），Abs：吸光スペクトル，Em：蛍光スペクトル

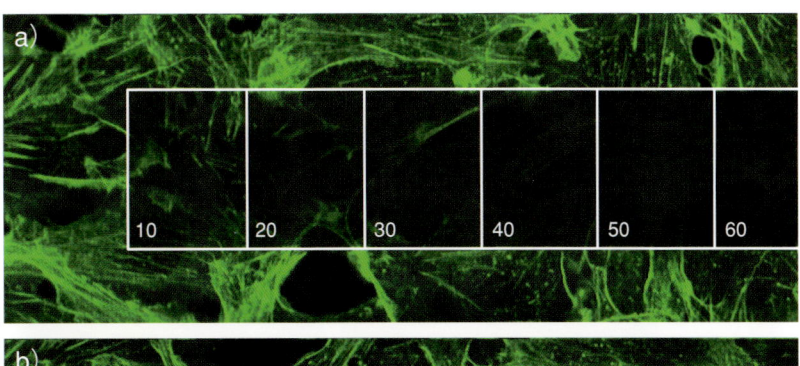

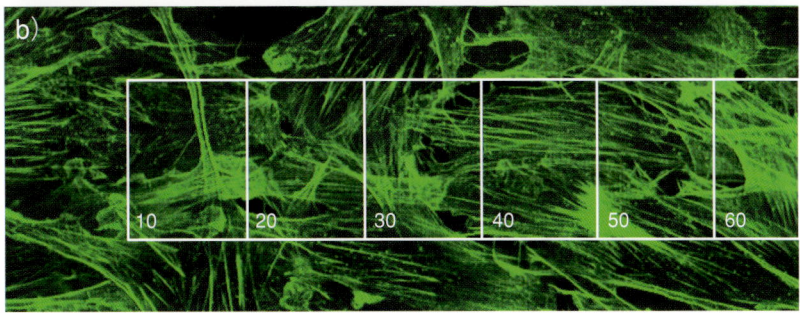

図5 蛍光物質による耐光性の違い

培養線維芽細胞をフルオレセイン標識ファロイジン（a）または Alexa Fluor 488 標識ファロイジン（b）で染色し，励起強度だけを調節して輝度を合わせ，共焦点顕微鏡で視野の一部（白枠内）を繰り返し走査した．その後視野全体の画像を撮った．数字は枠内の走査回数．フルオレセインがほとんど退色する走査回数でも Alexa Fluor では目立った退色がない

　標識蛍光物質を選択するときには，そのスペクトルだけでなく，標識物質としての染色性や特異性にも留意しよう．生体染色プローブや生理活性プローブの場合には，細胞毒性の少なさや測定の信頼性が重要だろう．可能なら退色の少ない蛍光物質を選んでおくと観察のときに退色の心配をせずに済む（図5）．

2）走査速度と観察対象

　多くの共焦点顕微鏡の走査装置には，2枚の鏡を扇運動させて光線を振るガルバノスキャナーが用いられている．画面1回の走査は1秒前後．固定標本ならこれで十分である．

　しかし，生きた興奮性細胞のカルシウム濃度を測定する場合など，高速で変化する現象を捉えるには，走査速度が不足がちになる．速度を稼ぐには，走査範囲や密度を限定せざるを得ない．それらを犠牲にしないためには，ニポウ板など，ビデオレート（1/30秒）以上の速度の走査装置を備えた共焦点顕微鏡を使おう（4章-4 参照）．

　このような高速な共焦点顕微鏡では，光源に超高圧水銀灯やキセノン灯が用いられていたり，目視やCCDカメラで共焦点像を観察できるなど，他の共焦点顕微鏡にはない特徴もある．速度だけでなく，それらを活かした利用も考えてみよう．

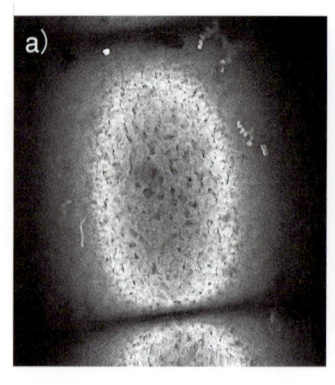

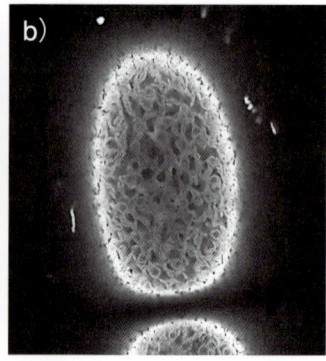

図6 共焦点顕微鏡用水浸レンズ

普通の蛍光顕微鏡用対物レンズ（a, プランセミアポクロマート40×/0.75）と共焦点顕微鏡用40倍水浸レンズ（b, プランアポクロマート40×/1.2W）とを比較した．生きたシオグサ（海藻類）の葉緑体を自家蛍光で観察している．bでは複雑な筒状の葉緑体がわかるが，aではその様子は不明瞭

3）対物レンズを選ぶ

共焦点顕微鏡の性能を活かすためには，対物レンズの選択も重要である．

高い分解能を得るためには，対物レンズの開口数は大きいほどよい．しかし，対物レンズの性能は開口数などの規格や価格だけで推し量ることはできない．収差[*6]のない理想的なレンズはありえないので，実際のレンズは収差・使い勝手・価格などの妥協点を設定して設計されている．したがって，カタログに頼らず実際の標本で試用して最適なレンズをみつけることが肝要である．

例えば，大開口数のレンズに共通する欠点は，作動距離（ピントを合わせたときのレンズ先端から物までの距離）が極端に短いことである[*7]．そのために，全載標本のような厚みのある標本の場合，その十分奥までピントが届かずに困ってしまうことがある．

また，一般の対物レンズは，組織切片などごく薄い標本用に設計されている．このようなレンズで厚みのある標本をみようとすると，想定外の使用条件であるために，収差が増えて画質が悪化してしまう．大開口数のレンズほどその傾向は強い．

そのため，共焦点顕微鏡用として企画された水浸対物レンズが顕微鏡メーカー各社にあり，これら共焦点顕微鏡特有の条件に合わせた設計がなされている．すなわち，大開口数ながら作動距離は比較的大きく確保され，厚みのある標本の観察でも収差の増大が少なくなっている（図6）．

4）カバーガラスの厚さ

一般の対物レンズは厚さ0.17 mmのカバーガラスを使うように設計されている．これから外れたカバーガラスを使うと，収差が増大して画質は低下してしまう．

低倍率レンズではその影響は少ないが，高倍率では無視できなくなる．ドライの高

[*6] レンズを通った光線がきちんと焦点を結ばないこと．レンズ中心と周辺とで焦点がずれる球面収差・コマ収差，縦横で焦点がずれる非点収差，波長によって焦点がずれる色収差，像が歪む歪曲収差，焦点面がたわむ像面歪曲がある．
[*7] 0.1 mm未満のレンズも多い．

memo

対物レンズの開口数と分解能

顕微鏡の性能は対物レンズで大半が決まる．共焦点顕微鏡も例外ではない．

対物レンズの分解能（小さいほどよい）はレンズの開口数（numerical aperture, NA）に反比例する．開口数が大きいほど小さなものまで識別できるわけだ．意外に思われるかもしれないが，レンズの倍率は分解能に関係しないことに注意しよう．

しかし，開口数とはそもそも何か？

開口数の定義と分解能の理論式を図7に示す．感覚的に表現すると，開口数というのは，試料から拡散した光のうちどれだけ広い範囲までレンズが集めて像にできるかを示している．結晶解析のサンプル数が多いほど精度が上がるのと同じで，集められる光が多いほど分解能は高くなるわけだ．

しかし$\sin\theta$は1を超えない．したがって，開口数を1以上にするためにはレンズと標本との間を屈折率の高い物質で満たす必要がある（表1）．それが油浸あるいは水浸対物レンズである．

各顕微鏡メーカーの一般的な対物レンズのうち，最大の開口数をもっているのは，倍率60〜100倍・開口数1.4の油浸レンズである．その理論上の分解能は0.24μmになる．

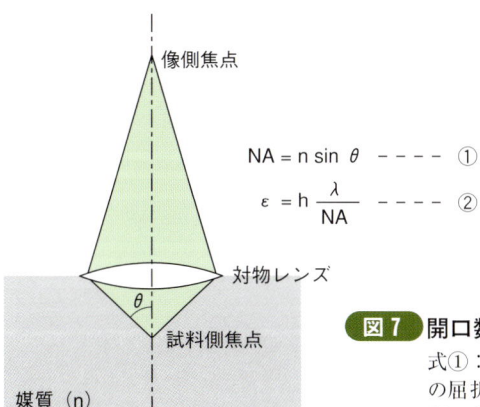

表1 代表的な媒質の屈折率

媒質	屈折率
空気	1.00
水	1.33
グリセリン	1.47
油浸オイル	1.51

$$NA = n\sin\theta \quad \cdots \text{①}$$
$$\varepsilon = h\frac{\lambda}{NA} \quad \cdots \text{②}$$

図7 開口数と分解能

式①：開口数の定義，NA：開口数，n：媒質の屈折率，θ：対物レンズに入射する光の角度．式②：分解能の理論式，ε：分解能（nm），$h = 0.61$，λ：光の波長（nm）

倍率レンズや共焦点顕微鏡用の水浸対物レンズでは，特にカバーガラス厚の影響が大きい．

カバーガラスを購入するときにはJIS規格No.1-S（0.15〜0.18 mm）の厚さのものを指定しよう[*8]．

共焦点顕微鏡の性能評価

共焦点顕微鏡でとりあえず画像を撮ることは難しくない．蛍光顕微鏡の経験があれば，いくらか説明を聞いただけで大抵使えるようになるだろう．

しかし，理論通りの理想的な顕微鏡は存在しない．調整や設定がずれているということもありうる．装置そのものに問題はないとしても，常に最適な光学的条件で観察できるわけではない．それらを承知していなければ，理屈からいってみえないはずのものを，みえたといってしまうかもしれないのだ[*9]．

[*8] 指定しないと，薄めのNo.1（0.12〜0.17mm）が届く．
[*9] 心眼でみろなどといってはいけない．

表2 ピンホールサイズとその効果

ピンホール	解像度	光学的切片厚	像の明るさ	画像取得所要時間
小	高	薄	暗	長
大	低	厚	明	短

pHメーターでキャリブレーションするのと同じで，画像とその解釈の信頼性を確保するためには，使用前に共焦点顕微鏡の性能を実機で確認しておくことが肝要である．

1）光軸調整

共焦点顕微鏡の場合，光軸がきちんと調整されていないと著しく性能が損なわれる[*10]．装置によってはユーザーが光軸を調整するものもある．取り扱い説明書にそれが記載してあったら，説明に従って調整しよう．メーカーによる保守が必要な機種ならサービスにチェックしてもらおう．

2）ピンホールと分解能

共焦点顕微鏡の分解能に大きく影響するのがピンホールサイズである．分解能を上げるためにはピンホールを十分小さくしたい．しかし光量が減るために走査に時間がかかるなど，観察の障害は増してしまう[*11]（表2）．

そこで，ピンホールのサイズを変えて実際の標本の画像を撮り，分解能の変化を確認しておこう．許せる範囲でどこまでピンホールを開けられるか，目安をつけることができる．

特に決まった標本がなければ，培養細胞の蛍光染色標本をつくっておくと便利だろう[*12]．培養線維芽細胞のアクチン線維を染色すると，アクチン線維の太い束，ストレスファイバーがみえる．高性能のレンズを使うと，目視でもそれらの間に刷毛で梳いたような繊細な線維がみえるはずだ．これに着目しよう．

① 厚さNo.1-Sのカバーガラスを紫外線滅菌し，その表面上に3T3や3Y1などの細胞を培養する．

↓

② 細胞が十分に伸展して育っている頃を見計らって，Alexa Fluor 488標識ファロイジン（Molecular Probes社）で染色する．

↓

③ 退色防止封入剤を使って，細胞の生えているカバーガラスをスライドガラスにマウントする[*13]．

↓

④ 共焦点顕微鏡を使い，ピンホールサイズを変更しながら細胞の画像を得る．このとき，画像の明るさが一定になるように励起強度とゲインを調整し，十分にノイ

[*10] 感度の低下や点像強度分布関数の歪みが起こる．
[*11] このジレンマを「共焦点顕微鏡の不確定性原理」という．
[*12] 培養細胞の標準標本はMolecular Probes社から市販もされている．
[*13] Prolong（Molecular Probes社）など，封入後に固化するタイプを用いると繰り返し使えるのでよい．

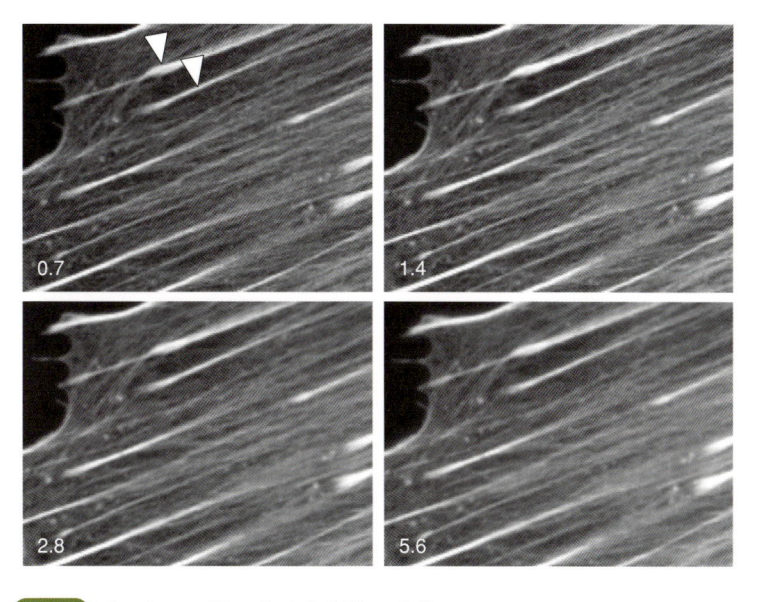

図8 ピンホール径による分解能の変化

培養線維芽細胞を蛍光標識ファロイジンで染色し，ピンホール径を変えて走査した．ストレスファイバー（▽）の間の繊細なアクチン線維の像に分解能の変化がよく現れている．数字はピンホールサイズ（相対値）

ズの少ない画像を撮るようにする．

図8はこのようにして撮影した3Y1細胞である．アクチン線維の像をみるとピンホールサイズによる分解能の違いを確認できるだろう．このような画像を印刷して，顕微鏡の傍らに備えておこう．

memo

ちょっとピンボケ？

高価な共焦点顕微鏡やデジタル冷却CCDカメラを買ったものの，その画像をみて興ざめしたことはないだろうか．肉眼でみえる像のほうがよほどシャープにみえる．普通の写真やビデオカメラで撮った画像と比べてもぼやけている気がする．そういうときだ．しかし，この比較は共焦点顕微鏡やCCDカメラには実はアンフェアなのだ．
ヒトの網膜内には隣接する光受容細胞を連絡する神経[*14]のネットワークがあり，実際に網膜に映る像より明暗の境界が強調された情報が脳に伝えられている．写真の場合はフィルム現像のときに境界の強調が起こる[*15]．ビデオカメラやモニターには画像鮮鋭化の回路が組込まれている．民生用のデジカメではデジタル処理によって境界を強調している．
共焦点顕微鏡やデジタルCCDカメラではこのような境界強調はされず生のデータが正直に記録される．ボケているような気がしたら，アンシャープマスクなどで境界強調処理（第3章参照）を施してやろう．

[*14] 水平細胞．
[*15] エッジ効果という．

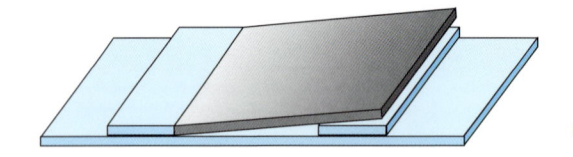

図 9 傾斜した鏡の製作

3) ピンホールと光学的切片の厚さ

ピンホールのサイズによって光学的切片の厚さも増減する．1枚の光学的切片像にどれくらいの厚みの情報が含まれているか評価しておこう．また，光学的連続切片像を撮るときにも，光学的切片の厚さを知っておく必要がある．

ここでは，傾斜させた鏡を使って測ってみよう[*16]．

①幅3cm程度の大きさの表面鏡を用意する[*17]．

↓

②スライドガラスをガラス切りで1cm幅くらいに切り，別のスライドガラスに2.5cmくらい離して接着する．貼りつけたガラス片の距離と厚さを測っておく．この台に表面鏡を載せる．鏡の一端をガラス片に引っかけて，鏡が傾いた状態にする（図9）．

↓

③共焦点顕微鏡を反射顕微鏡モードにして，ピンホールサイズを変更しながら鏡の反射面の画像を撮る．光学的切片の厚さに含まれる部分からの反射が帯状に写る[*18]（図10a）．

↓

④帯を垂直にまたぐ直線上での輝度をグラフ[*19]にし，半値幅を測る（図10b）．半値幅と鏡の傾きから光学的切片の厚さを計算する（図10c）．

4) 画像の直線性と倍率の検定

走査の直線性の良否によって画像に歪みが生じることがある．また画像の倍率にも誤差がある．対物ミクロメーター（微細な目盛りが刻まれたプレパラート）の画像を撮って検定しておこう（図11）．

ニコン製の対物ミクロメーター（定規形の目盛り）や対物方眼ミクロメーター（方眼目盛り）が入手しやすい[*20]．

5) 立体像の歪みの確認

簡単に立体像を得られるのは，共焦点顕微鏡の重要な利点である．しかし，それにも光学系の収差などによって歪みや色ずれが生じることがある．

これを確認するためには，外殻を蛍光染色された球形ビーズ，FocalCheck

[*16] ステージの最小の移動量が十分小さな機種なら，微小な蛍光ビーズのXZ像からも計測できる．
[*17] スライドガラスに金属蒸着して製作することも可能．電子顕微鏡の専門家がいたら訊いてみよう．
[*18] このとき装置に振動があると図の例のように帯が横に揺れるので，振動の確認にもなる．
[*19] プロフィールという．
[*20] 血算盤で代用してもよいかもしれない．

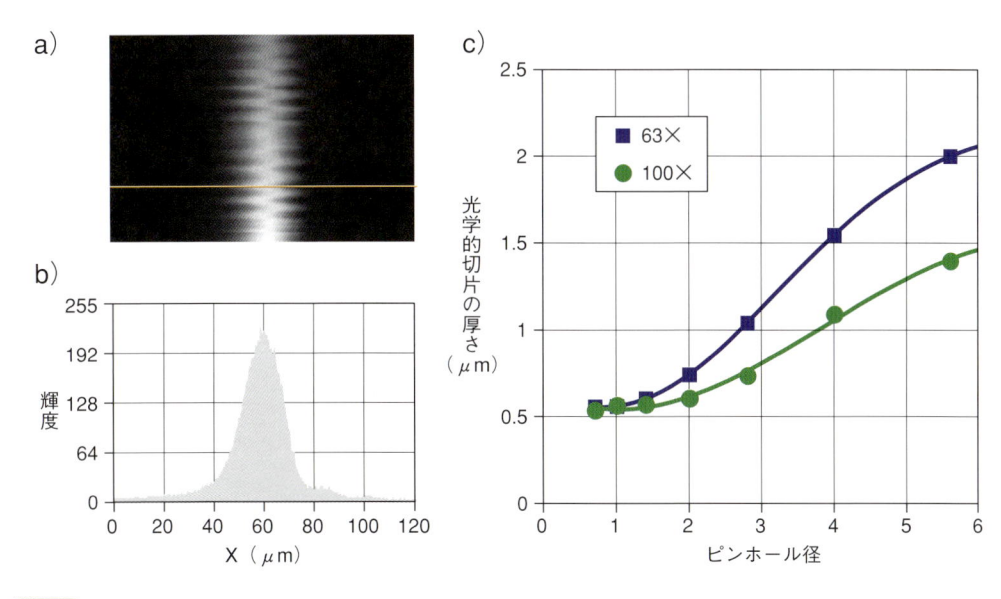

図10 傾斜した鏡を使った光学的切片の厚さの評価

a) 傾斜した鏡の像．b) aの黄色の線に沿った輝度．横軸：位置，縦軸：輝度．c) bの半値幅から計算した光学的切片の厚さ．横軸：ピンホール径（相対値），縦軸：光学的切片の厚さ（μm）．■：プランアポクロマート 63×/1.4，● : 同 100×/1.4

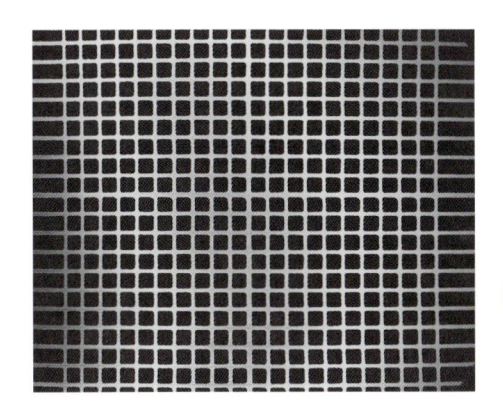

図11 対物ミクロメーターの走査像

63倍の対物レンズを使い，対物方眼ミクロメーターを反射モードで走査した．0.01mm/目盛り

Microspheres（Molecular Probes 社）が便利である．青・緑・赤の3色のレーザーなら，6 μm, fluorescent green/orange/dark-red ring stains [21] を使う．

① スライドガラスに約50 μlの封入剤（封入後に固化するタイプのもの）を置く．そこに5〜10 μlの FocalCheck の懸濁液を加え，気泡が入らないよう注意してピペットの先でかき混ぜる．

↓

② No.1-S のカバーガラスをかけ，水平な面に静置して十分に固化させる[22]．

↓

---

[21] カタログ番号 F-14806．
[22] 封入剤が固化していないとビーズが動いて像が揺れてしまう．

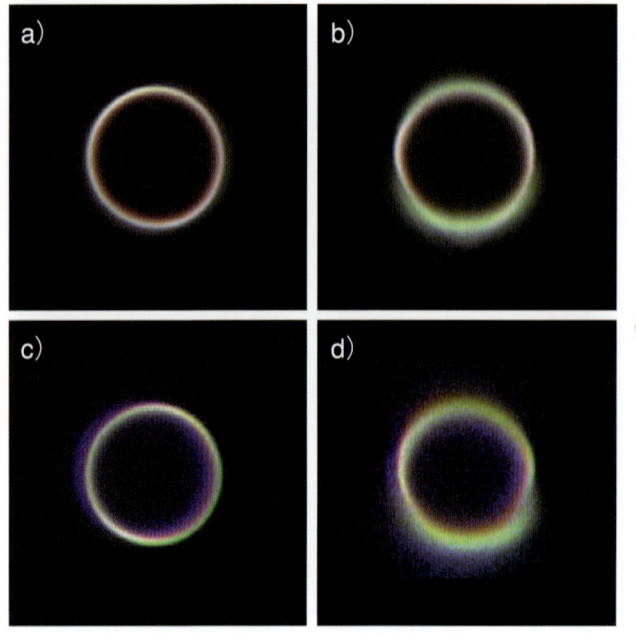

図12 蛍光ビーズの走査像

外殻部が3種類の蛍光物質で染色されている蛍光ビーズを使い，共焦点顕微鏡で，視野中心部（a，b）および辺縁部（c，d）でのXY像（a，c）およびXZ像（b，d）を撮った．いずれもビーズの中心を含む光学的切片の三重染色像．各染色像に赤・緑・青の疑似カラーを配してあるので，3色がちょうど重なれば白になる

③共焦点顕微鏡でビーズの連続切片像を撮る．ここから画像処理でビーズの中心を含むXY像とXZ像をとりだす．

図12はこのようにして得た光学的切片像である．この例では，視野中心部は問題ないが，視野辺縁部の画像には歪みや色ずれが目立つ．

共焦点顕微鏡を使う

それでは実際の実験に共焦点顕微鏡を使ってみよう．画像を撮るのは，およそ次のような手順になるだろう．

①普通の透過顕微鏡像や蛍光像でおよその視野やピントを決めておく．

↓

②光路を共焦点顕微鏡に切り替える．励起強度やピンホール径などの画像取得にかかわるパラメーターを，とりあえずいつもの位置にする．

↓

③走査をはじめて手早くピント・ズーム・視野を決め，最適な露出条件を見つけ，いったん走査を止める．

↓

④本番の画像の走査をして，ファイルに保存．

↓

⑤画像処理．

このうち結果の良否を最も左右するのが，③のステップである．以下，詳しく説明しよう．

表3 画像取得時に調整を要するパラメーターと観察への影響

励起強度	強める	弱める
連動して調節するパラメーター		
ピンホール径	小さくする	大きくする
検出器のゲイン	下げる	上げる
走査の積算回数	減らす	増やす
観察への影響		
退色・光毒性	増える	減る
ノイズ	減る	増える
画像取得所要時間	短くなる	長くなる
分解能	上がる	下がる

励起強度を変化させたとき，それに連動して調整するパラメーターと，観察への影響をまとめた．パラメーターの望ましい変更，それによる望ましい影響を赤色で示す

1）画像取得のパラメーター

共焦点顕微鏡を使う場合，いくつかのパラメーターを勘案して最適な条件を探す必要がある．画像取得のときに調整の必要なパラメーターは，

(1) 励起強度

(2) ピンホール径

(3) 検出器のゲインとオフセット[*23]

(4) 走査の積算回数

である．

ここでは，これらのうち励起強度を変化させた場合を考えよう．画像の明るさを一定に保とうとすると，他のパラメーターも変更する必要がある．これらのパラメーターの変化は観察や画像取得に影響する（表3）．

例えば，蛍光の退色や光毒性[*24]を減らすためには励起強度は低い方がよい．このときの光量減少を補うためには，ピンホール径を大きくするか，検出ゲインを上げることになる．

しかし，ピンホール径を大きくすると分解能は低下してしまう．ゲインを上げるとノイズが増える．走査の積算回数を増やしてそれを低減させたいところだが，画像取得に要する時間は増えてしまう．生きた標本なら動いてしまうかもしれないし，励起光の曝露量がかえって増えることもある．

このように相互に依存するパラメーターとその影響のトレードオフを考え，妥協点を見出して観察するわけだ．標本を無駄に励起光に曝さないよう，これは手早く決めたい．あらゆる場合に通用するようなガイドラインでもあれば便利だろうけれど，そうもいかない．実際の標本で練習しよう．

ただしここで，観察への影響のうち退色と光毒性だけが，他の項目と相反する方向に影響されることに着目しよう．退色や光毒性の少ない標識を選び，より高感度の装

[*23] メーカーによって名称はさまざまだが，ここでは検出感度の調節をゲイン，どのくらいの明るさまで黒で表すかをオフセットとしよう．

[*24] 蛍光物質の励起で生じるラジカルによる細胞への障害．生きた標本の観察のときに問題になる．

置を使うことで，妥協点のレベルを上げられるわけだ．調整で対処できないようなら，実験計画を再考してみよう．

> ### memo
>
> **退色防止封入剤**
>
> 蛍光の退色は，励起された蛍光物質が酸化されて変化することによると考えられている．したがって，酸化防止を図ることによって，退色を抑えることができる．退色防止封入剤は，グリセリンやポリビニルアルコールなどの基剤に還元剤を加えてつくられている．フルオレセインには特に有効．市販品を使ってもよいし，自家製もできる．
>
> しかし，退色防止効果の高いものほど蛍光自体が弱くなるので，励起量を増やさなければならず，かえって退色が増すこともある．Alexa Fluor では退色防止剤との相性があり，逆効果になることもある．また，疎水性のプローブに高濃度のグリセリンを使うと，プローブが外れることがある．

2）画像の明るさを決める

普通の写真の場合には露出を調節して画像の明るさを決める．露出を失敗して明るさやコントラストに多少過不足があっても，現像や焼き付け処理のときに調整可能だ．

一方，共焦点顕微鏡の画像のようなデジタル画像の場合には，露出の失敗は絶対に救えない．デジタル画像では光の輝度を0～255（二進数で8桁）の数値に置き換えて表す．連続的な明暗が記録される写真フィルムと異なり，この範囲を超えた分は情報として欠落してしまうのだ．

よくある失敗が，コントラストのつけすぎによる輝度値の超過（飽和，オーバーフロー）と不足（アンダーフロー）である．共焦点顕微鏡でコントラストのハッキリとした画像が撮れるのに気をよくして，やりすぎてしまうわけだ．

図13b はそのような一例である．ゲインとオフセットを高めにして，コントラストを強調した．一見キリッとしてよさそうだが，ヒストグラム（図13c の赤い領域）でわかる通り，輝度が0～255の数値の範囲を超えてしまっている．そのような部分では，輝度情報が失われているばかりでなく，形態的情報も残っていない．

図13a は設定を変更して同じ視野を取り直した画像である．ヒストグラムに示されているように（図13c の青い領域），全体の輝度が数値範囲に納まるようにした．

ただし，この標本にはごく小さな面積にとても明るい部分があった．できればこれも数値範囲に納めたいところだが，そうするとヒストグラムの山全体が左に偏ってしまう．するとかえって主要部分の階調情報が減ってしまうことになるので，明るい部分をあきらめてオーバーフローさせ，ヒストグラムの山が拡がるように設定した．

このように撮影すると，画面上では明暗の調子が鮮明でないようにみえるかもしれない．しかし情報量は豊富に含まれているので，画像処理をすればさまざまに調子を合わせられる．また，階調をもとに数値データを抽出しようとするときには，このような画像にしておかないとデータの信頼性が薄れてしまう．

共焦点顕微鏡の多くの機種では，画像を蛍光の色に似せて着色する表示が標準設定になっている．しかしこれでは輝度がわかりにくく失敗しやすい[*25]．必ずグレース

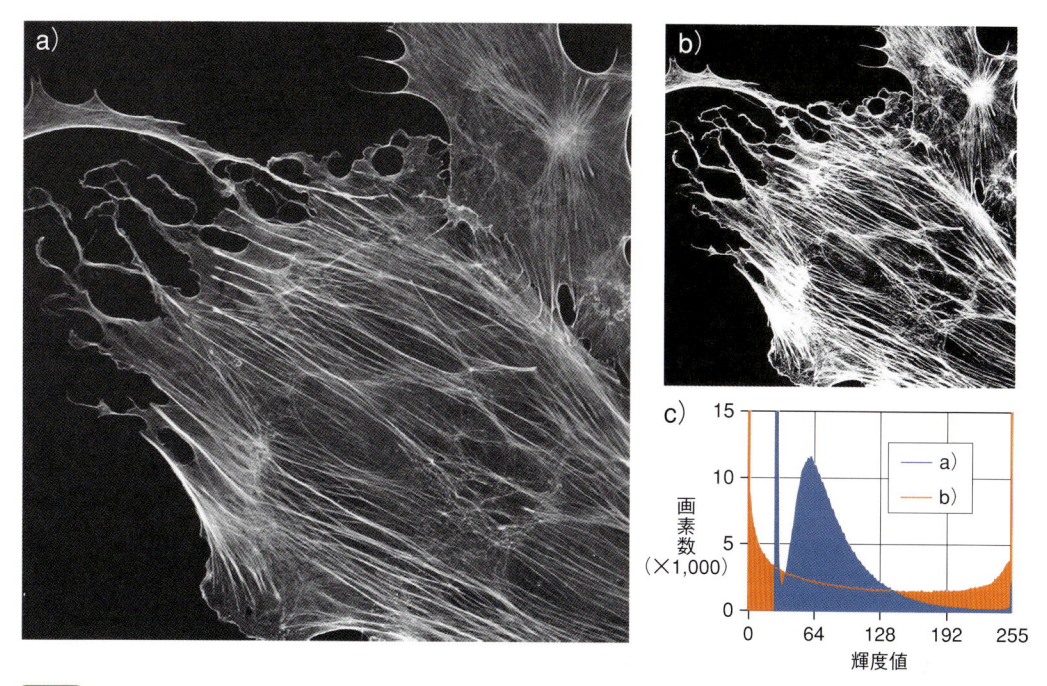

図13　輝度調整とヒストグラム
蛍光標識ファロイジンで染色した3Y1細胞を共焦点顕微鏡で撮影した．a）輝度値が0～255の範囲内に収まるように撮影．b）コントラストを強調して撮影．c）aとbそれぞれの輝度のヒストグラム

ケール（白黒）表示に設定しなおして走査しよう．機種によってはオーバーフローやアンダーフローした部分を特別な色にして警告表示するようにできる[*26]．実際，図13aはそれを使って条件設定した．

また，数値範囲を二進数12桁（0～4,095）または16桁（0～65,535）に設定できる機種もある．オーバーフローやアンダーフローに余裕をもって対応できるから，可能なら桁数を増やしておこう．

■ 連続切片像を撮る

共焦点顕微鏡では，ステージを一定距離ずつ動かすだけで連続切片像を撮影できる．その範囲と画像ごとの移動幅を設定すれば，装置が自動的に処理してくれる．そのデータから立体像を構築するのも容易だ（図14）．ただしいくつか注意しておきたい点はある．

1. 対物レンズを試料にぶつけない

厚みのある試料を観察しようとするとレンズの先端が当たってしまうことがある．ガラス面を傷つけると修理できない．気をつけよう．

2. 油浸レンズには低粘度のオイルを用いる

高粘度のオイルではステージが上下しても焦点位置が変わりにくい．Cargille

[*25]　ヒトの眼は緑色の光に対して感度が高いために明るくみえ，青や赤のには感度が低いので暗くみえる．
[*26]　例えばBio-Rad社ならSETCOL表示．

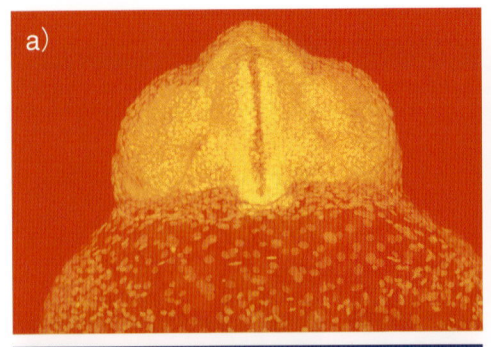

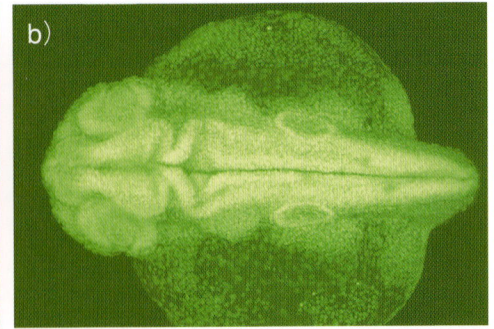

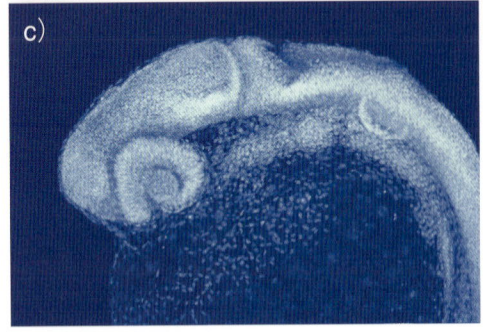

図14 ゼブラフィッシュ胚の三面図
核染色したゼブラフィッシュ胚の頭部を，胚の前方（a）・背側（b）・側面（c）が向くように固定し，おのおのの光学的連続切片を撮って立体像を構築した．図の色は画像処理でつけた疑似カラー

Laboratories 社製 Type DF（粘度 330 cSt）または Type A（同 150）のような低粘度オイルがよい[*27]．Type A は少し蛍光を発するが，共焦点顕微鏡には問題ない．

3. 標本まわりを十分な剛性にする

油浸対物レンズを使ったときに標本がたわむようでは，像が揺れてしまう．また，どのメーカー製でも顕微鏡ステージの多くは標本をしっかり押さえられるようになっていない．少し煩わしいが鉛の重りを標本に載せるとよくなる．

4. ステージの移動幅を光学的切片の厚さより小さくする

移動幅が大きすぎると切片の間にすき間ができてしまい，連続した構造が立体構築したときに途切れてしまう．切片数が大きくなりすぎるときには，ピンホールを広げるか，開口数の低いレンズに替えるかして，光学的切片を厚くする．

■ 画像処理とデータの保存

共焦点顕微鏡の画像はデジタルデータだから，コンピュータ画像処理によっていろいろに加工できる．ただし，それによって見栄えを改善することはできても，画像の情報量自体は決して増えることはない[*28]．情報量の豊富な画像を撮ることが前提である．

[*27] （株）モリテックス扱い．Type DF は（株）ニコンからも販売されている．
[*28] これを「画像処理のエネルギー保存則」という．

また，処理の自由度が高いということは，それと意識しなくともデータの虚飾をしてしまう危険があることに注意しよう．肉眼でみえる像からかけ離れたものをつくらないように心がけるとよいだろう．

　共焦点顕微鏡をしばらく使っていると，画像データが貯まって取り扱いに困るようになる．故障などによるデータの損失も恐い．データの一次保存用に大容量のハードディスクを用意し，バックアップなどによりデータ保存を多重化することで，安心が増す．コンピュータウイルス対策もきちんとしよう．ウイルスの多いOSはデータ管理から切り離すと面倒がない．

❓ トラブルシューティング

トラブル	考えられる原因	解決のための処置
画像が出ない	光路選択が間違っている	👉 共焦点側に切り替える
	フォーカスが外れている	👉 ステージを上下させてみる．目視に戻ってやりなおす
	フィルターやチャネルの選択ミス	👉 よく考えてからやりなおし
	ゲインが低すぎ	👉 ゲインを上げる
	レーザー切れ	👉 サービスを呼ぶ
画像が暗い	励起強度，ピンホール，ゲインなどの調整ミス	👉 調整しなおし
	光軸調整のずれ	👉 調整する
	退色した	👉 退色防止の方策をとる
	レーザーの出力低下	👉 サービスを呼ぶ
フォーカスが動かない	オイルの粘度が高い	👉 低粘度オイルに替える
	レンズが標本に当たっている	👉 もうその先は無理
像がぼけている	ピンホールの開きすぎ	👉 小さくする
	対物レンズの性能不足	👉 ましなレンズを用意する
	振動やドリフト	👉 震動源を離す．防振台を使う
		👉 標本をがっしりつくる．重りで押さえる
		👉 振動の少ない深夜〜早朝，休日に働く
	それが真実	👉 画像処理でアンシャープマスクをかける
データのセキュリティが不安	バックアップしていない	👉 今すぐバックアップする
	ウイルス対策をしていない	👉 ウイルス対策ソフトを買ってくる
		👉 顕微鏡メーカーに別のOSを使うよう要望する

◆ おわりに

　共焦点顕微鏡は研究者の観察の可能性を格段に拡げてくれた，新しい眼である．新しい装置やプローブ，実験法や検出法が次々に開発されているから，これからもその視野は拡大するだろう．

　本項の執筆にあたりオリンパス株式会社および同社の北川純一氏に多大なご協力をいただきました．またシオグサの共焦点顕微鏡法に関して海洋科学技術センター松山和世先生にご協力いただきました．ここにお礼申し上げます．

参考文献

- "Handbook of Biological Confocal Microsocopy, 2nd ed." (Pawley, J. B., ed.), Plenum Press, New York, 1995
  　共焦点顕微鏡が実用化された頃からあるテキスト．
- "Cell Biological Applications of Confocal Microscopy (Methods in Cell Biology Vol. 38)" (Matsumoto, B., ed.), Academic Press, San Diego, 1993
  　多重染色などが詳しい．
- 永田信一："図解 レンズが分かる本"，日本実業出版社，2002
  　レンズの理論が面倒な数式なしにわかる．

2章

実験法各論

1. 蛍光抗体染色
- ① 細胞や組織標本のつくり方 　40
- ② 蛍光抗体染色の実際 　52
- ③ 多重染色法 　70

2. GFP標識法
- ① GFPによる標識
  －共焦点顕微鏡でできること 　78

3. その他の蛍光プローブを用いた蛍光標識
- ① 多様な蛍光プローブ
  －これらのプローブで何を見られるか 　96

4. ライブセルイメージング
- ① 装置のセットアップと
  GFPタイムラプス観察の実際 　107
- ② FRET
  －GFPを用いたFRETによる
  タンパク質-タンパク質相互作用の可視化 　120
- ③ FRAPによるGFP融合分子の解析 　127
- ④ カルシウムイメージングの原理と実際 　133

第2章 実験法各論

1. 蛍光抗体染色

1 細胞や組織標本のつくり方

松﨑利行　高田邦昭

■ はじめに

　共焦点顕微鏡できれいな像を得るためには，蛍光染色を行う前に，できるだけきれいな標本を得ることが必要であることは言うまでもない．きれいな標本を得るためには，組織や細胞を固定する必要がある．形態の保持のためには十分に固定した方がよいが，免疫染色で用いる抗体によっては，固定により抗原が認識されなくなる，すなわち染めたいものが染まらなくなることはよくある．組織は切片にして蛍光染色を行うのが一般的であるが，培養細胞は切片を切らずに，そのまま蛍光染色をして共焦点顕微鏡で観察することができる．この節では組織や細胞の固定方法から，薄切をはじめとする標本の作製までをとりあげる．

■ 原理とストラテジー

　細胞や組織標本作製の全体の流れは，図1にフローチャートで示した．以下に固定と切片作製について詳しく述べる．

1）固定

　組織と細胞のいずれの場合も，基本はパラホルムアルデヒドを用いた固定である．GFP（green fluorescent protein）やその他の蛍光プローブで標識したものを観察する場合は，3～4％程度のパラホルムアルデヒドでしっかり固定すればよい．免疫染色を行う場合は，用いる抗体によってはパラホルムアルデヒドで固定すると抗原を認識しにくくなる，あるいは全く認識しなくなることすらある．このような場合は固定液を変えてみる，あるいは固定時間を短くするといった工夫が必要になってくる．筆者はおもに細胞膜タンパク質の免疫染色を行っているが，パラホルムアルデヒドにリジンとメタ過ヨウ素酸ナトリウムを加えたPLP（periodate-lysine-paraformaldehyde）固定液が有効なことがよくある．また凍結切片を作製する場合は，固定せずに組織を凍結し，薄切して切片をスライドガラスに貼りつけた後に固定することもできる．この場合，パラホルムアルデヒドももちろん使えるが，エタノールやアセトンといった有機溶媒をよく用いる．ただし，あらかじめ固定した組織から切片を切る場合よりも，未固定細胞の凍結・融解によるダメージにより，形態がよく

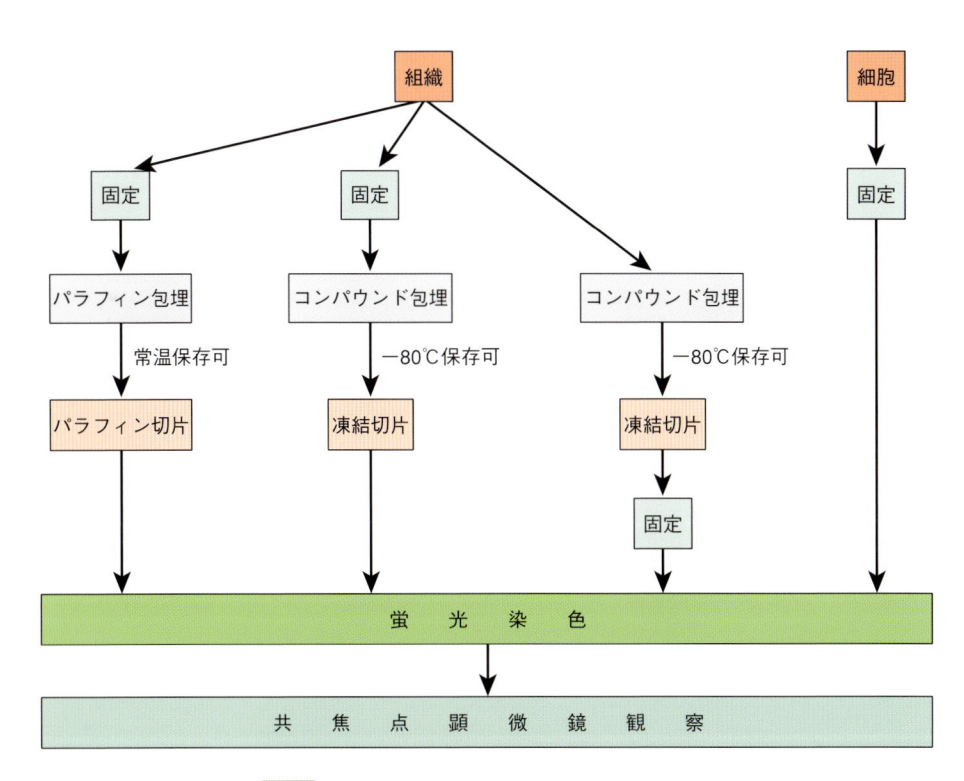

```
組織                                    細胞
 ↓  ↓  ↓                                 ↓
固定 固定                                 固定
 ↓   ↓                                   ↓
パラフィン包埋  コンパウンド包埋  コンパウンド包埋
 │常温保存可   │-80℃保存可    │-80℃保存可
 ↓            ↓              ↓
パラフィン切片  凍結切片       凍結切片
                              ↓
                             固定
 ↓            ↓              ↓            ↓
          蛍　光　染　色
                   ↓
          共　焦　点　顕　微　鏡　観　察
```

図1 細胞・組織標本作製のフローチャート

ないのは言うまでもない．細胞ではパラホルムアルデヒドの他に，1％酢酸を加えたエタノールも有効であり，筆者もよく用いている．

固定液とともに固定時間も重要な要素である．1時間が限度な場合もあれば，一晩固定しても全く染色に影響しない場合もある．すなわち免疫染色で用いる抗体によって固定条件を考慮する必要がある．なお，抗原が同じでも，ポリクローナルかモノクローナルか等の抗体の種類によっても異なるので，抗体ごとに検討する．

固定方法には灌流固定と浸漬固定とがある．灌流固定は固定液を動物の心臓や血管中に注入し，血流路を通じて組織に灌流する方法である．浸漬固定は組織を採取してから固定液に漬ける方法である．細胞の固定はもちろん浸漬固定である．組織を固定する場合，血管を通して固定液が組織中に速やかに浸透するので，一般には灌流固定がよいとされるが，組織の種類によっては必ずしも灌流固定は必要ではない．灌流固定は準備と手技が多少煩雑で，確実に灌流するためにはある程度の熟練を要する．したがって，灌流操作でてこずって組織への固定液の浸透が遅くなるよりは，すばやく取り出して固定液に浸漬する浸漬固定の方がよいとする考えもある．ただし，脳や精巣などは浸漬固定だけでは固定液の浸透が悪く，灌流固定をする必要がある．そのほか，腎臓は灌流することで尿細管の管腔が開き，教科書的な像を得ることができる．しかし腎臓は浸透圧の関係で，等張なPBSを灌流することで細胞が壊れる部位があり，PBSを灌流せずにはじめから固定液を腹大動脈から灌流するなどの工夫が必要である．

2）切片作製

　　共焦点顕微鏡は，光学的にスライス像を得ることができるという特徴があり，細胞の場合，ガラスやフィルター上で培養すれば，切片を切ることなくそのまま観察することができる．これに対して，組織は多くの場合ミクロトーム等を用いてある程度の厚さの切片を切る必要がある．特に抗体を用いて免疫染色する場合は，抗体の浸透性の問題から 10 μm 程度の切片を得ることが望ましい．固定した組織は包埋ののちに切片を作製する．切片は凍結切片のほかにパラフィン切片等があるが，免疫染色に用いる場合は，抗体で染まりやすい凍結切片が第一選択として用いられることが多い．免疫染色で良好な結果が得られるならば，切片の作製はルーティーンに行われているパラフィン切片の方が容易である．以下は凍結切片を用いる方法について説明する．また組織でも，目的と組織の種類によっては切片を切ることなく，肉眼的に切り出した組織片をそのまま全載標本として観察することも可能である．

準備するもの

1）細胞・組織に共通
- PBS
- パラホルムアルデヒド粉末　電子顕微鏡用（ナカライテスク 26126-25）
- 水酸化ナトリウム（NaOH）
- リン酸水素二ナトリウム（Na_2HPO_4）
- リン酸二水素ナトリウム二水和物（$NaH_2PO_4 \cdot 2H_2O$）
- エタノール・アセトンなどの有機溶媒（必要に応じて）

2）細胞の場合
- カバーガラス　9×9mm から 22×22mm まで用途に合わせて
- 塩酸
- エタノール
- アセトン

3）組織の場合
- スクロース
- OCT コンパウンド（サクラファインテック 4583）
- poly-L-lysine solution（シグマ P8920）
- トルイジンブルー
- 液体窒素
- 固定ビン
- アルミ箔
- 解剖用具一式
- カミソリの刃（フェザー青函両刃 FA-10，フェザー青函片刃 FAS-10）
- スライドガラス
- スライドキャリー
- 染色バット
- 凍結ミクロトーム（クリオスタット）
- （灌流固定を行う場合）チューブ，三方活栓，注射針（22G 前後）

プロトコル

A．組織の固定から切片作製まで

1）固定液の作製

パラホルムアルデヒドの20％ストック水溶液の作製 ❶

100ml〜200mlのビーカーに70ml程度の蒸留水を入れ、電子レンジ等で60℃程度に温める

▼

パラホルムアルデヒドの粉末を20g加えてスターラーで撹拌する

▼

1N NaOHを数滴加えて、60℃程度で数分間撹拌する ❷

▼

液がほぼ透明になったら、蒸留水で100mlにメスアップする

▼

濾紙で濾過し、沈殿を除去する

0.2Mリン酸緩衝液の作製

A液：0.2Mリン酸水素二ナトリウム（Na_2HPO_4）
  Na_2HPO_4（MW141.96）28.4gを蒸留水に溶かして1 l にする

B液：0.2Mリン酸二水素ナトリウム（NaH_2PO_4）
  $NaH_2PO_4 \cdot 2H_2O$（MW156.01）15.6gを蒸留水に溶かして0.5 l にする

▼

A液とB液を混合し、pHを7.4に調整する
  おおよそA液：B液＝750：150が目安（4℃で保存可）

3％パラホルムアルデヒド固定液の調製（用時調製） ❸

緩衝液としてPBSを用いる場合と、リン酸緩衝液を用いる場合があるが、筆者の経験上、少なくとも光学顕微鏡レベルでは両者で相違は認められない。

＜緩衝液としてPBSを用いる場合＞

		（最終濃度）
20％パラホルムアルデヒド	15 ml	（3％）
10倍濃度PBS	10 ml	（1倍）
H_2O	75 ml	
total	100 ml	

---

❶ 固定効果という意味で、用時調製がよいと思われるが、通常の染色には4℃で数週間保存したものを用いても特に問題はない。

❷ NaOHを加えないと白く濁ったままでパラホルムアルデヒドは溶けない。NaOHを加えても完全には溶けずに少量の沈殿が残るが、沈殿は後の濾過操作で取り除く。NaOHを加えすぎるとpHが大きくアルカリ側に傾くのでよくない。ホットスターラーを使うとよいが、60℃以上に温度を上げすぎるのもよくない。

❸ 筆者は通常パラホルムアルデヒドの濃度は3％を目安としている。しかし、後の抗体染色で用いる抗体の種類によっては、2％や4％を用いることもある。1％は固定効果が弱く、あまり勧められない。

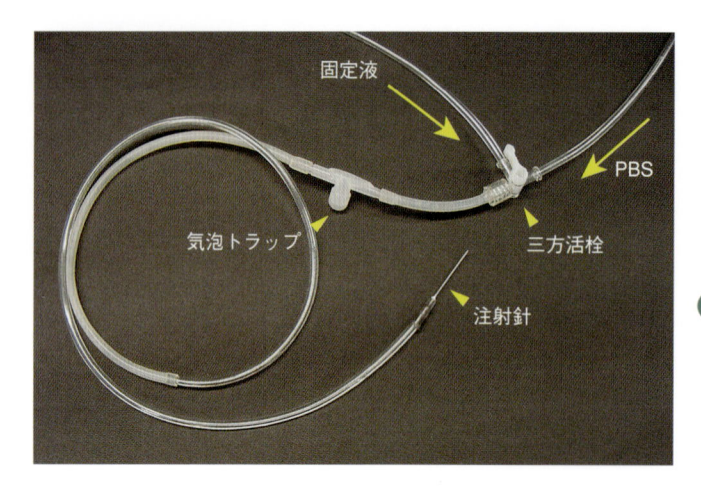

図2　灌流固定のためのチューブ
矢印の方向からPBSまたは固定液が流れるようにする．三方活栓の操作で流路がすぐに切り換えられるようにする．写真の状態ではPBSが流れる

＜緩衝液としてリン酸緩衝液を用いる場合＞

		（最終濃度）
20％パラホルムアルデヒド	15 ml	（3％）
0.2 M リン酸緩衝液	50 ml	（0.1 M）
H_2O	35 ml	
total	100 ml	

2）固定

＜灌流固定の場合＞

装置の作製（図2）

固定液を流すチューブを作製する．灌流は原則として，はじめにPBSを流して血液を洗い流し，続けて固定液を流すので，三方活栓等でPBSと固定液の流路が手元で簡単に切り換えできるように工夫する．チューブの一端に注射針（動物の大きさによって太さを考慮する．4週齢ラットでは22G程度）をつけ，一端はPBSと固定液（各100 ml程度）を入れたビーカーに入れて，ビーカーを1 mくらいの高さに置く．チューブにPBSと固定液を満たし，三方活栓の操作で開くと同時にPBSが流れるようにしておく．チューブの中には気泡がないようにするとともに，気泡のトラップをつけるとよい．また灌流操作はペリスタポンプを用いて行ってもよい．

▼

動物をネンブタールで麻酔する

▼

十分に麻酔がかかったら開胸する

▼

左心室に灌流液のチューブがつながった注射針をさす

▼

右心房にはさみで割を入れる

▼

図3　組織のトリミングと浸漬固定

動物から組織を採取し，少量の固定液に浸しながら，カミソリの刃を用いて厚さ数mm程度に切る（a）．組織は固定液を入れた固定ビンで浸漬固定する（b）．写真はラット腎臓である

PBSを流す（流出液に血液が混入しなくなるまで流せばよい）
▼
固定液を流す（少し多めに数分間流す）
▼
組織片を採取し，カミソリの刃を用いて厚さ数mm程度に切り（図3a），さらに固定液に漬けて浸漬固定する（図3b）
▼
そのまま1時間から一晩固定する[4]

＜浸漬固定の場合＞
動物を麻酔する
▼
十分に麻酔がかかったら，組織片をすばやく採取し，固定液に漬けながらカミソリの刃を用いて厚さ数mm程度に切る（図3a）
▼
すぐに固定液に漬ける（図3b）[5]
▼
そのまま1時間から一晩固定する[6]

3）包埋
固定液を捨てて20%スクロース-PBSで置き換える

＜20%スクロース-PBS＞

		（最終濃度）
スクロース	20 g	（20%）
PBS	80 ml	
total	約100 ml	

▼
数時間から一晩4℃で置く[7]
▼
アルミ箔で容器を作製し，その中にOCTコンパウンドを注ぎ，組織片を入れる（図4a）
▼

[4] パラホルムアルデヒドの濃度と同様に固定時間も用いる抗体によって異なってくる．一晩固定しても全く問題なく染まる抗体もあれば，1時間でも染まりが弱くなってしまう抗体もあり，染まらない場合はいろいろ試してみる必要がある．温度も氷温または4℃で行うこともあるし，室温で行うこともある．固定効果は室温の方が大きい．微小管のように低温で壊れるものについては注意する．

[5] 組織をすばやく取り出してすばやく固定液に漬けることが重要である．

[6] パラホルムアルデヒドの濃度と同様に固定時間も用いる抗体によって異なってくる（[4]を参照）．

[7] 組織が沈めば十分．ただし脂肪が多く含まれるような組織では浮いたままのこともある．

2章-1-**1**　細胞や組織標本のつくり方

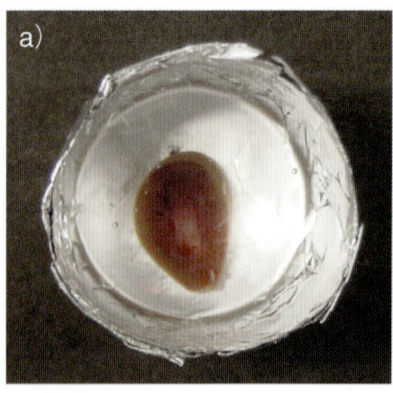

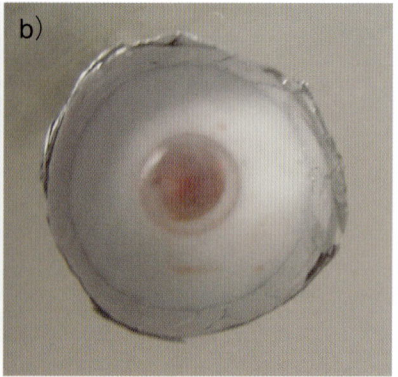

図4 組織のコンパウンドへの包埋
固定ビン等を鋳型にして，アルミ箔で適当な大きさの容器をつくる．a は，組織を入れ OCT コンパウンドを流し込んだ状態．そのまま液体窒素に浮かべ凍結させると b のような状態になる．凍った部分が白くなっている．8割くらい凍ったら液体窒素から取り出して，そのまま切片を切るか－80℃で保存する

液体窒素の中にアルミ容器ごと浮かべ凍結する（図4 b）❽

❽液体窒素の中に入れると，透明だったコンパウンドが凍って白くなる．そのまま液体窒素の中に入れておくと冷えすぎて，凍ったコンパウンドが割れてしまうので，8割くらい凍った時点で液体窒素の中から取り出して，フリーザーに移す．保存は－80℃で行う．

4）スライドガラスの準備

通常のスライドガラスそのままでは，のちの染色過程で切片がはがれることがあるので，あらかじめコーティングする必要がある．筆者は，最も簡単で効果も大きい poly-L-lysine を用いている．シランコーティング（あらかじめコーティングしたものも市販されている）もよい．

poly-L-lysine コーティング

poly-L-lysine solution を蒸留水で10倍に希釈する

▼

スライドキャリーにスライドガラスを入れて，キャリーごと5分間程度漬ける

▼

キャリーごと取り出して室温，または37℃程度で完全に乾くまで乾燥する❾

❾通常一晩置く．コーティングしても，見た目上はコーティング前のスライドガラスと変わらない．温度を上げて急激に乾燥させるとコーティングされない．コーティングしたスライドガラスは数週間保存できるが，ガラスが白く濁ってきたら効果が落ちてきている．

5-A）固定標本からの凍結切片の作製

クリオスタットの温度を－20℃から－30℃に設定する

▼

アルミ箔をはがして凍結試料を試料台にセットする

▼

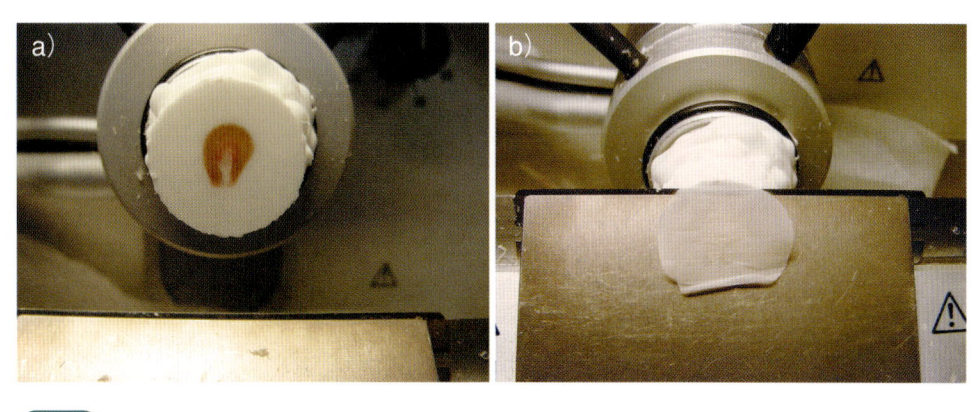

図5 クリオスタットでの薄切
a は凍結したブロックを試料台に取りつけ，面だしをしたところ．b は薄切したところ

面だしをする（図5 a）
▼
組織が切れてきたら，適当なところで1枚切片をスライドガラスにとり，トルイジンブルーで染色して，目的の組織が切れていることを確認する
▼
切片を切る．通常 10 μm 程度の厚さでよい（図5 b）．切片はアンチロール板か筆を使って，カールしないように注意してスライドガラスに貼りつける❿
▼
PBS に漬けて OCT コンパウンドを洗い流す⓫⓬

5-B) 未固定標本からの凍結切片の作製

動物を麻酔する
▼
十分に麻酔がかかったら，組織片をすばやく採取する
▼
採取した組織をそのまま直ちに OCT コンパウンドに包埋し，液体窒素で凍結する〔〔3〕包埋の項を参照〕
▼
凍結切片を作製する
▼
切片をスライドガラスに貼りつけてすぐに，クリオスタット内に入れて冷やしたエタノールやアセトンなどの有機溶媒や，パラホルムアルデヒドの固定液に漬ける⓭

5-C) パラフィン切片の作製（通常の方法）

❿共焦点顕微鏡で観察するわけであるから，苦労してあまり薄い切片を切る必要はない．しかしあまり厚い切片（15 μm 以上）は染色操作中にはがれやすくなる．

⓫切片を PBS に漬ける前にエタノールやアセトンなどの有機溶媒を通す方法がある．後に免疫染色する場合，特に細胞膜タンパク質は，この操作により染まりがよくなることがよくある．筆者の経験では，アセトンを通すことによって，ほとんど染まらなかった切片がよく染まるようになったことがあった．

⓬PBS に漬けて数分間置いておけばコンパウンドは洗い流せる．はがれやすい切片であれば，PBS に漬ける前に切片を乾燥させてもよい．ただし，乾燥させると形態が悪くなるような気がするため，筆者は可能な限り乾燥は避けている．

⓭筆者は未固定標本からの凍結切片の場合，まずはエタノール（−20℃で10〜30分）を用いることにしている．アセトンの方が染まりやすいことがあるが，形態はエタノールの方がよい．

2章−1−**1** 細胞や組織標本のつくり方

B．細胞標本の作製[1]

1）細胞の培養

カバーガラスの大きさを決める．9×9 mm 程度から 22×22mm 程度まで目的に応じて決める．なお正方形のものをあらかじめダイヤモンドペンを用いて台形に切っておくと，染色操作時に表裏の判別が容易である

▼

カバーガラスを約1％の塩酸を含むエタノールに漬けてきれいにする（数分間から数時間）

▼

カバーガラスを蒸留水で洗い，アセトンを通した後，乾熱滅菌する[14]

▼

種々の大きさのウェルやディッシュにカバーガラスを入れる[15]

▼

必要があればカバーガラスのコーティングを行う．通常コーティングをしなくても細胞ははがれないが，はがれやすい場合は poly-D-lysine でコーティングするとよい．神経細胞では polyethyleneimine を用いることもある．また細胞によってはガラス上ではよく生えてこないことがあるので，その場合はコラーゲンなどでコーティングする

▼

poly-D-lysine コーティング

poly-D-lysine（シグマ P7280 5 mg）に滅菌蒸留水を 50ml 加える

▼

0.22 μm の滅菌フィルターを通す

▼

ディッシュに入れたカバーガラス全面に poly-D-lysine 溶液をのせて 5 分間程度置く

▼

poly-D-lysine 溶液を回収して，カバーガラス上に残った poly-D-lysine 溶液をアスピレーターで完全に吸い取る[16]

▼

乾燥する

コラーゲンコーティング

コラーゲン酸性溶液（高研 IPC-03）を必要量だけ取り，滅菌した冷 PBS で 20 倍希釈する

▼

[14] カバーガラス同士が重なったまま乾熱滅菌すると，はがれなくなり，使えなくなるので注意が必要．

[15] 1つのウェルに複数枚のカバーガラスを入れることも可．

[16] 回収した poly-D-lysine 溶液は再利用できる．

すぐにカバーガラスを入れたディッシュにコラーゲン溶液を注ぎ、ディッシュ全体に広げる．35 mm ディッシュに 1 ml が目安

▼

ディッシュごと 37 ℃の CO_2 インキュベーターに入れ，30 分間置く

▼

アスピレーターでコラーゲン溶液を吸い取る

▼

細胞をまく

▼

培養する

2）固定

細胞をカバーガラスごと取り出し（またはディッシュに入ったまま），PBS で軽く洗う

▼

固定液（組織の場合と同様）に漬ける．5 分間から 10 分間程度で十分である

▼

PBS で洗い，免疫染色等に用いる[17]

C．全載標本の作製

組織片を肉眼的に，はさみやカミソリの刃で切り出す．小さな胚組織等では丸ごと使用することもできる

▼

細胞に準じて，そのまま固定し，0.1% Triton X-100 – PBS 等によりパーミアビライズした後，染色操作を行う[18]

▼

封入後観察する[19]

[17] 有機溶媒で固定した場合はそのまま染色できるが，パラホルムアルデヒドで固定した場合は，免疫染色の前に細胞を 0.1% Triton X-100 – PBS などで 5～10 分間パーミアビライズする必要がある．

[18] 免疫染色では，抗体が試料表面と内部に均一に浸透していない場合があるので注意．

[19] 試料をスライドガラスに載せてカバーガラスを被せる際には，試料の厚みがあるので，その分をスライドガラスにビニールテープやカバーガラスを切ったものなどで「土手」をつくってやる必要がある．

❓ トラブルシューティング

トラブル	考えられる原因	解決のための処置
作製した標本を免疫染色しても染まらない	固定の条件が強すぎる	固定液の組成を検討してみる 固定時間を検討してみる 未固定標本で検討してみる

実験例

ラット耳下腺組織を用いて，細胞膜水チャネルのアクアポリン5を免疫染色した．ラットを麻酔後，耳下腺組織をすばやく採取し，一部は未固定のままですぐにOCTコンパウンドに包埋し，凍結した．また一部は3％パラホルムアルデヒド-PBSを用いて氷温で1時間，浸漬固定した．固定した組織は，20％スクロース-PBSに数時間浸した後にOCTコンパウンドに包埋し，凍結した．クリオスタットを用いて7μmの凍結切片を作製し，poly-L-lysineでコーティングしたカバーガラスに貼りつけた．未固定の組織については切片をすぐに－20℃のエタノールに30分間つけた後PBSで洗浄した．3％パラホルムアルデヒド-PBSで固定した組織については，切片をすぐに－20℃のエタノールに30分間つけた後PBSで洗浄したものと，すぐにPBSで洗浄したものを作製した．すなわち作製した切片は以下の3種類である．

・未固定→切片→エタノール（以下：未固定EtOH）
・3％パラホルムアルデヒド1時間→切片（以下：FA）
・3％パラホルムアルデヒド1時間→切片→エタノール（以下：FA-EtOH）

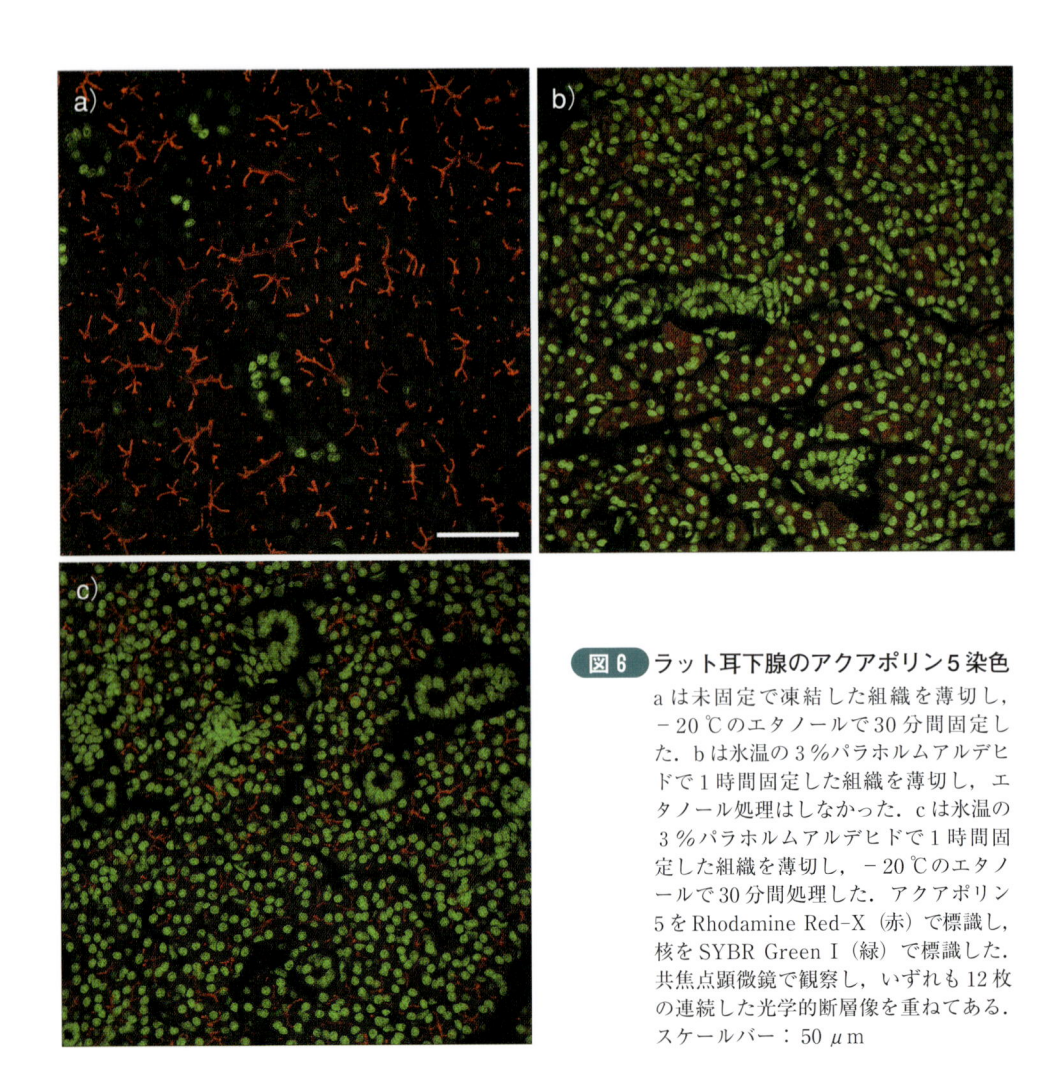

図6 ラット耳下腺のアクアポリン5染色

a は未固定で凍結した組織を薄切し，－20℃のエタノールで30分間固定した．b は氷温の3％パラホルムアルデヒドで1時間固定した組織を薄切し，エタノール処理はしなかった．c は氷温の3％パラホルムアルデヒドで1時間固定した組織を薄切し，－20℃のエタノールで30分間処理した．アクアポリン5をRhodamine Red-X（赤）で標識し，核をSYBR Green I（緑）で標識した．共焦点顕微鏡で観察し，いずれも12枚の連続した光学的断層像を重ねてある．スケールバー：50μm

これらの切片は，一次抗体にウサギ抗アクアポリン5抗体，二次抗体にRhodamine Red-X標識ロバ抗ウサギIgG抗体（Jackson Immunoresearch社）を用いて蛍光染色した．また核をSYBR Green I（Molecular Probes社）で標識した．
　共焦点顕微鏡で観察した結果が図6である．アクアポリン5は未固定EtOHでは耳下腺腺房細胞の頂部細胞膜が非常に強く染まった（図6a）．しかし，FAではほとんど染まらなかった（図6b）．一方，FA-EtOHでは未固定EtOHほどではないが染まった（図6c）．つまり，アクアポリン5は，3％パラホルムアルデヒドで氷温1時間という弱い固定条件でも染まらなくなってしまうが，切片を作製した後でエタノール処理をすることにより，染色性がある程度回復することがわかった．また，図6でわかるように，未固定組織では，組織の種類にもよるが，核がSYBR Green Iをはじめとする試薬でよく標識されないことがある．
　これらの結果から，筆者はアクアポリン5の染色では，染色性を重視する場合は未固定EtOHを用い，形態を重視する場合はFA-EtOHを用いることにしている．前述の通り，未固定ではどうしても形態の保持が悪いことは否めない．しかしながら染色性を重視するのであれば未固定組織を用いざるを得ないことも多い．未固定組織であってもきれいな凍結切片を作製すれば，共焦点顕微鏡観察で十分に満足のいく結果を得ることができる．

おわりに

　抗体を用いた免疫染色を行う場合，細胞や組織標本を作製するにあたり，固定条件の選択が悩ましいところである．本稿では筆者が用いている代表的な方法を紹介したが，用いる抗体によって，いろいろと試してみる必要がある．また組織と細胞とで同じ抗体を用いて染色するのであっても，必ずしも同じ固定条件でうまくいくとは限らない．もちろん十分に固定した組織できれいな切片を作製した方がよりよい形態を得ることができるが，弱い固定であってもある程度満足のいく結果が得られる．

参考文献

1）野村隆士ほか：培養細胞を使った蛍光抗体法の実践的テクニック，組織細胞化学2003（日本組織細胞化学会，編），学際企画，pp25-34, 2003

memo

筆者はおもに動物組織における細胞膜タンパク質の局在を蛍光抗体法で検討している．多種類のポリクローナル抗体を作製し，組織を免疫染色しているが，常に悩まされるのが組織の固定条件である．パラホルムアルデヒドで固定して染まれば，何の支障もなく仕事が進むことは言うまでもない．しかしながら，未固定組織ではよく染まったのに，パラホルムアルデヒドで固定したら，全く染まらなくなってしまうことがたびたびある．このような場合は，さまざまな固定条件を試し，形態を保持しつつもきれいに染める工夫をするのである．ある意味，試行錯誤するのもおもしろいことであり，腕の見せ所かもしれないが，あまり固執しすぎても時間がもったいない．費やす時間と得られる成果をはかりにかけ，適当なところで妥協するのも必要であると筆者は考える．

2章 実験法各論

1. 蛍光抗体染色

2 蛍光抗体染色の実際

青木武生　高田邦昭

■ はじめに

　蛍光抗体法は，抗体を用いた免疫組織細胞化学技法（酵素抗体法，コロイド金法等）の1つである．近年，共焦点レーザー顕微鏡や冷却CCDカメラ等，いわゆるハード面としての観察システムの進歩や，画像解析ソフトの発達によって，モノクロ画像からカラー画像に至る解析，リアルタイムの観察が一般化した．また，蛍光強度が強く，退色しにくい色素や，適切なフィルターとの組合わせも相まって，二重，三重染色を用いた解析法や核染色が広く行われるようになってきた[1)2)]．また，ボリュームレンダリングなどによる三次元構築も容易になってきた．細胞や動物に，GFPなどの蛍光を発する発光団やその融合タンパク質を発現させる方法との併用など，応用例は非常に広がっている．

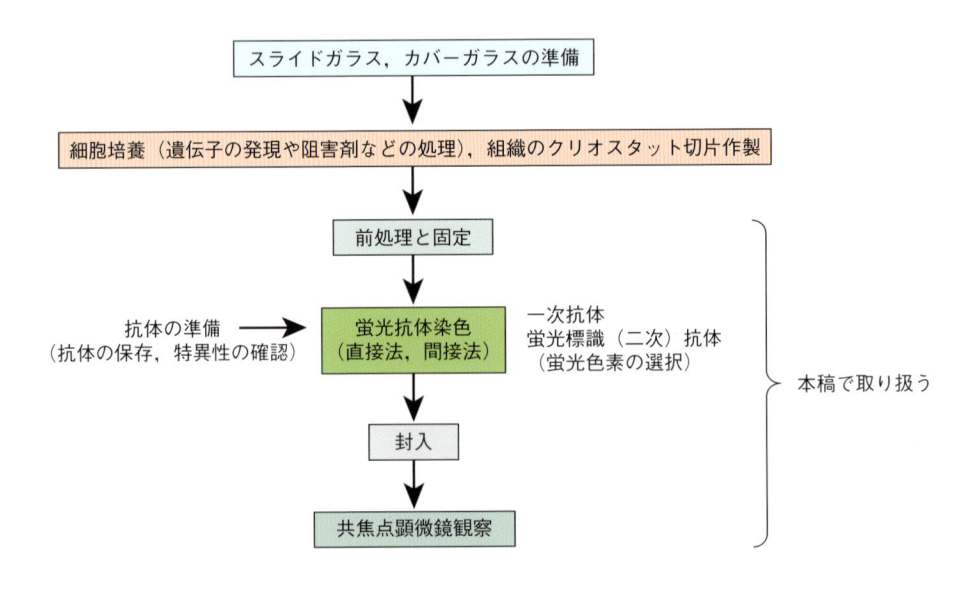

```
          スライドガラス，カバーガラスの準備
                      ↓
   細胞培養（遺伝子の発現や阻害剤などの処理），組織のクリオスタット切片作製
                      ↓
                   前処理と固定
                      ↓
   抗体の準備  →   蛍光抗体染色      一次抗体
 （抗体の保存，       （直接法，間接法）   蛍光標識（二次）抗体       本稿で取り扱う
   特異性の確認）                   （蛍光色素の選択）
                      ↓
                     封入
                      ↓
                 共焦点顕微鏡観察
```

図1 蛍光抗体染色の手順
詳細については本文にて説明する

前処理

A）細胞の前処理（固定）

準備するもの

①か②のどれかを選ぶ．細胞を①か②に播種すれば，そのまま蛍光抗体染色し，観察できる．血管内皮細胞等には，生育にコラーゲンコート〔高研，セルゲン，Ⅰ型コラーゲン酸性液（Ⅰ-PC）〕やフィブロネクチン，ラミニンなどが必要な場合もある．血球などの観察には，サイトスピンによって細胞を貼りつけるのもよい．

①カバーガラス（9mm角）

カバーガラスが水をはじいて，細胞を播種しても接着しない場合がよくある．ルーチン作業としてカバーガラスを洗浄した方がよい．次のコーティングもこの洗浄をきちんと行わないと，溶液がはじかれてしまうことがしばしばある．
1) 塩酸アルコールで，2～3日洗浄する．
2) 超音波洗浄器でアルコールを数回取り替えながら洗う．
3) アセトンでもう数回洗浄する．
4) オートクレーブにかける．

② Tissue culture chamber slide（Lab Tek 社）

おもに組織の凍結切片において，抗体を用いた処理中に，切片が剥離してしまうことがある．これを防ぐためにスライドガラスのコーティングが必要となる．詳細は，2章-1-■ 参照．

1) ポリ-L-リジン・コーティング	・0.05% ポリ-L-リジン（MW.70,000～150,000：0.1% in DW）
	・Sigma-Aldrich 社 P8920
2) シラン・コーティング	・2% 3-(trimethoxysilyl) propylamine-acetone 溶液
	・信越化学工業（LS-3150），Sigma-Aldrich 社 09326
3) MAS コートスライド	・松浪硝子工業　S-9011

プロトコール

A．パラホルムアルデヒド固定

3～4%パラホルムアルデヒド（PFA）で固定する．固定が不十分と思われる場合や，薬剤投与による早い変化を経時的に観察したい場合，細胞骨格の固定には，マイクロウェーブ迅速固定装置などを用いると，良好な染色が得られる場合がある[3]．3%PFA の固定条件でさえ，抗原性が失活する場合もある．この場合，3%PFA に 20mM ethyl acetimidate を混入するとしばしば抗原性が保たれる．

B．アセトン，メタノール，エタノールなどの有機溶媒による固定

固定と同時に細胞膜が脱脂されることによって，形質膜に透過性をもたせることができる．可溶成分の多くが溶出するので，細胞質に浮遊している物質の染色には不適であるが，中間径フィラメント等，この固定法でないと明瞭に染まらない場合がある．室温では1分，4℃で5分，−20℃の液では10分間の固定を最初の目安とする．

C．その他の手技

固定した細胞のZ軸方向の詳しい情報が特にほしい場合や，限定された微細な構造に対する局在がみたい場合には，スクレイパー等で細胞を集め，あらかじめ湯煎で溶解しておいた10％ゼラチン−PBSや，電子レンジで溶解した2％アガロース−PBS（35〜36℃でゲル化するものが便利）内に分散させ，速やかに遠沈して細胞を密に包埋する．これを細胞塊のブロックとして切り出し，組織片と同様に20％ショ糖−PBSに浸漬しコンパウンド（OCT compound：サクラファインテックジャパン）に包埋し，クリオスタットで薄切する．また，20％PVP（polyvinyl pyrrolidone）−1.84Mショ糖[4]❶に浸漬した後，凍結準超薄切片法で0.3〜0.5μmの切片をスライドガラスに貼付して，蛍光抗体法で染色すると，フレアのない非常に明瞭な像が観察できる．

＜凍結準超薄切片で細胞を蛍光抗体観察する方法＞

培養した細胞をスクレイパーでかきとり，遠沈して集める

▼

湯煎で溶解した10％ゼラチン−PBS，電子レンジで溶解した1〜2％アガロース−PBSに集めた細胞を分散

▼

すぐに室温で遠沈 → 3000回転，10分

▼

氷温で十分に固め先端に集まっている細胞を切り出す❷

▼

20％PVP入り1.84Mショ糖液に4時間浸漬 → 凍結準超薄切片を作製

▼

塩酸アルコールに浸しておいたスライドガラス → 水分を完全にぬぐって切片を貼布

▼

蛍光抗体染色を行う

---

❶ 20％PVP（polyvinyl pyrrolidone）−1.84Mショ糖の作り方

2.3Mショ糖	80 ml
0.25M Na₂CO₃	4 ml
PVP	20 g
（Sigma-Aldrich社 PVP360 Av. MW=360,000）	

これらを温度をかけながら完全に溶解し，室温まで冷却してから密栓し，一晩置いて気泡を抜き，その後使用する．室温で保存する．

❷ 溶解したゲル内への分散が不十分だと，細胞が切り出せない．ゼラチンの場合はやりなおすことができるが，アガロースの場合は失敗ができない．

B）組織の前処理[*1]

組織内の血管の走行と観察したい細胞の位置関係が，結果の解釈上重要な場合（特に甲状腺，肺組織など），蛍光抗体法を施す前にFITC-BSA（ウシ血清アルブミン），FITC-ゼラチン[5]）などを灌流して，血管を標識することができる．

準備するもの

- 炭酸ナトリウム　Na_2CO_3
- 炭酸水素ナトリウム　$NaHCO_3$
- NaCl
- BSA
- PBS
- 灌流装置（ペリスタポンプなど）
- チューブ
- 注射針，サーフロー留置針（テルモ社）などが扱い易い
- 麻酔薬
- ヘパリン酸ナトリウム

プロトコール

50 mlの0.25 M 炭酸緩衝液（pH 9.0）❶に，NaClを最終濃度0.1 Mの濃度になるように加え，この液に1 gのBSAを溶解する

▼

50 mgのFITCを加えて遮光下，撹拌しながら，4℃で一晩混合する

▼

透析チューブに入れて大量のPBSに対して透析する

▼

動物を麻酔下で灌流して，固定する
この場合，灌流はできれば低い温度で行い，しかもあまり長時間行わない方がよい（室温で長時間灌流している間に，アルブミンがカベオラに取り込まれたり，内皮下に抜ける可能性が出てくるため）

❶ 0.25M 炭酸緩衝液のつくり方
　① 0.25M 炭酸ナトリウム（Na_2CO_3：105.99）2.65g/100ml
　② 0.25M 炭酸水素ナトリウム（$NaHCO_3$：84.01）2.60g/100ml
　②に①を加えてpHを9.0に調整する

■ 免疫染色

A）抗体とのインキュベート

モノクローナル抗体，ポリクローナル抗体ともに，ウェスタンブロッティングなどで目

---

*1　組織の灌流固定，クリオスタット切片に関する詳細は2章-1-■を参照．

的のタンパク質等のみを認識しているかを確認しておく．特異性が高く，高親和性の抗体が手に入れば，ベストの結果が得られる．市販の抗体もロットが変わると，認識しているものが変化している場合があるので注意する．時には免疫沈降法を行わないと，存在すべきバンドが認識されない場合もある．モノクローナル抗体でも，ファミリーを構成するタンパク質の1つを抗原としているときには，交叉反応がないかを確認する．糖タンパク質に対する抗体では，ウェスタンブロッティングではアミノ酸配列から予測されるのとは異なる分子量として検出される．このような場合には，試料をグリコシダーゼ処理して糖鎖を除去してみる．また，tunicamycin[*2]などで細胞の糖鎖合成の阻害処理をして，推定される分子量と一致するのを確認するのもよい．また，リン酸化の起こる場合にも見かけ上異なる位置にバンドが検出される．

表1　抗体の種類と基準となる希釈率

一次抗体	ポリクローナル抗体	
	血清	1：200〜1：500
	IgGフラクション	1〜100 μg/ml
	アフィニティー精製抗体	1〜50 μg/ml
	モノクローナル抗体	
	ハイブリドーマ培養上清	1：1〜1：5
	腹水	1：200〜1：500
	精製抗体	1〜5 μg/ml
蛍光標識二次抗体（ストック　1 mg/ml）		1：500〜1：2000

＊これらはあくまで最初に試す目安である．抗体の種類によって大きく変わる

表2　抗体染色の手順と戦略

直接法	検出したい抗原に対する特異的な抗体を直接蛍光色素で標識して用いる方法．手技が単純であるという利点はあるが，間接法に比べて感度が低く，また抗体ごとに蛍光標識をする必要がある
間接法①	マウス一次抗体 → 蛍光標識抗マウス二次抗体 → 観察
間接法②	マウス一次抗体 → ビオチン化抗マウス二次抗体 → 蛍光標識streptavidin → 観察
間接法③	マウス一次抗体 → 蛍光標識プロテインA あるいは蛍光標識プロテインG → 観察 この場合ブロッキングには血清ではなくBSAを用いる
間接法④	マウス一次抗体 → HRP標識抗マウス二次抗体 → 蛍光色素標識Tyramide（H_2O_2存在下）→ 観察 マウス一次抗体 → ビオチン化抗マウス二次抗体 → HRP標識streptavidin 　　　　→ ビオチン標識Tyramide（H_2O_2存在下）→ 蛍光色素標識streptavidin → 観察 異なる動物種で作製された異なる抗原を認識する抗体があり，交叉がないことが示されていれば，一次抗体については，インキュベーションの順番を考慮しなくてもよい．蛍光標識二次抗体は，一次抗体の動物種のイムノグロブリンのみを特異的に認識するものを用いる

プロトコール

通常の固定した凍結切片の場合には，室温に戻しPBSに2回浸してコンパウンドを除去する．培養細胞の場合，抗体の浸

[*2]　1 mg/100 μl DMSO（dimethyl sulfoxide）に溶かして30 μlづつ分注して，ディープフリーザーに保存．1〜10 μg/mlで数時間〜3日程度前処理する．

透を容易にするために0.1% Triton X-100 － 0.1M リン酸緩衝液（5分間）で処理する．Triton X-100 は，固定液や一次抗体希釈液に入れる場合もある

▼

10mM グリシン-PBS で2回洗浄する ❶

    ❶ グリシンは未反応のアルデヒド基をクエンチするため．

▼

グルタールアルデヒドなどの強い架橋剤を用いて固定した場合には，非特異的なバックグラウンドを下げるために，NaBH₄-PBS（1 mg/ml，使用直前に調合）の処理を10分間処理して，フリーの活性基を中和する ❷．10mM グリシン-PBS で洗浄後，次の操作に移る

    ❷ NaBH₄は，未反応のアルデヒド基や，アルデヒドとアミンの間で形成されているシッフ塩基を還元する．グルタールアルデヒドを固定に用いたときには，特に有効[6]．泡がぼこぼこ出るのが正常で，この泡の発生はPBS，Tris-HCl緩衝液で比較的抑えられる．

▼

ブロッキング．3% BSA-PBS で室温で30分処理．バックグラウンドが強い場合には，二次抗体を作製した動物の非感作血清1～3%を用いる．2%ゼラチン-PBS もよい

▼

10mM グリシン-PBS で洗浄する

＜以下は組織のクリオスタット切片の場合＞
キムワイプで，切片の周囲を拭き取る ❸

    ❸ 抗体を滴下する領域を決める．

▼

1% BSA-PBS で希釈した一次抗体を，滴下する．切片上に抗体希釈液をのせる．抗体は15,000rpm，5分間遠沈し，上清を使用した方がよい ❹

    ❹ 至適濃度は通常1～100μg/mlの範囲．

▼

湿箱内で室温で1時間（あるいは37℃，30分／4℃，12時間）インキュベートする

▼

0.1% BSA-PBS で3回洗浄する

▼

二次抗体（FITC-標識など）を滴下する ❺．二次抗体も15,000rpm，10分間遠沈し（Alexa Fluor や Cy5，Cy3 標識抗体は必ず行う），上清を使用する

    ❺ これ以後は，できるだけ遮光下で行う．

▼

暗湿箱内で室温，1時間（あるいは37℃，30分）インキュベートする

▼

0.1% BSA-PBS で3回洗浄する

▼

水分をある程度切って，封入剤をたらし，カバーガラスをかけて封入する．切片の上に気泡が入らないよう注意する．カ

2章-1-2　蛍光抗体染色の実際

ダイヤモンドペンでカットする

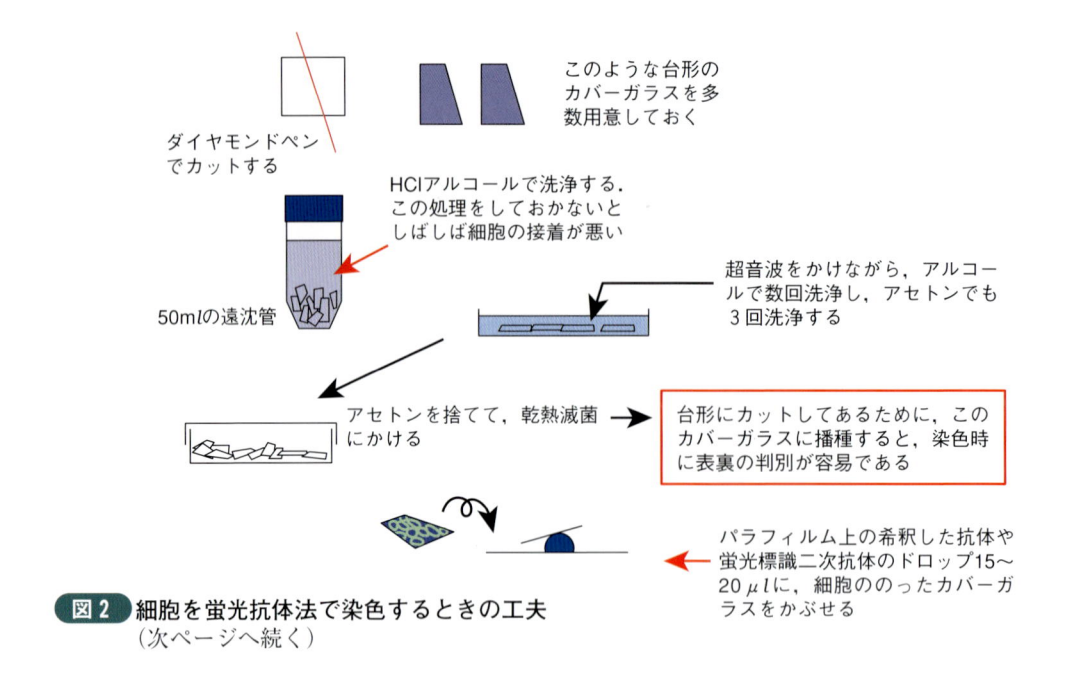

このような台形のカバーガラスを多数用意しておく

HClアルコールで洗浄する．この処理をしておかないとしばしば細胞の接着が悪い

50 mlの遠沈管

超音波をかけながら，アルコールで数回洗浄し，アセトンでも3回洗浄する

アセトンを捨てて，乾熱滅菌にかける

台形にカットしてあるために，このカバーガラスに播種すると，染色時に表裏の判別が容易である

パラフィルム上の希釈した抗体や蛍光標識二次抗体のドロップ15〜20 μlに，細胞ののったカバーガラスをかぶせる

図2 細胞を蛍光抗体法で染色するときの工夫
（次ページへ続く）

バーガラスの周囲をマニキュアでシールしてもよい❻

❻ 遮光した状態で，持ち運ぶこと

＜カバーガラスに培養した細胞の場合＞（図2を参照）
★一次抗体と細胞をインキュベート．カバーガラスの裏側についた余分な液はできるだけ拭き取り，抗体が希釈されないようにする．ディッシュの底面に水で貼りつけたパラフィルム上に，15〜20 μlの抗体でドロップをつくり，細胞の付着した面を下にしてかぶせる．濾紙を十分に湿らせて蓋の裏面に貼りつける．蓋をした周囲をパラフィルムでシールする．室温で1時間（あるいは37℃，30分／4℃，12時間）インキュベートする

▼

0.1% BSA-PBSで3回洗浄する

▼

★と同様に二次抗体液とインキュベートする．反応時間も同様である

▼

0.1% BSA-PBSで3回洗浄する

▼

封入液をスライドガラスに置き，裏側についた余分な液はきれいに拭き取った細胞の付着したカバーガラスを，気泡が入らないように載せる．周辺にはみ出た封入液は吸引装置などで除去する

細胞名などを書いておく

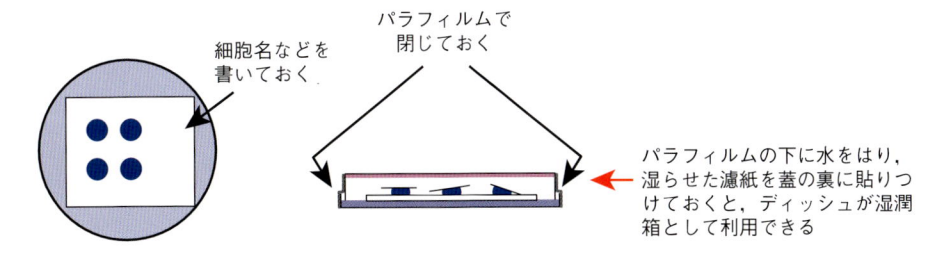

パラフィルムで閉じておく

パラフィルムの下に水をはり，湿らせた濾紙を蓋の裏に貼りつけておくと，ディッシュが湿潤箱として利用できる

このように裏返ってしまうと通常は使用できなくなる

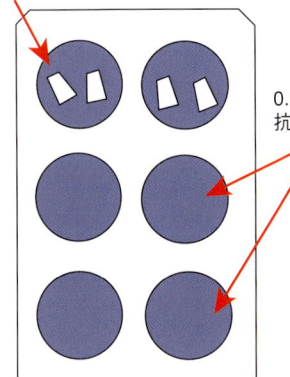

0.1% BSA/PBSで過剰な抗体を洗浄する

一次抗体と二次抗体等の洗浄には，6穴ディッシュを利用できる．蓋にマーキングしておけば，多種類の抗体や細胞を染色しても混乱することはない

図2 細胞を蛍光抗体法で染色するときの工夫（続き）

表3 蛍光抗体法で用いられるコントロール

	予想される結果
一次抗体の代わりに	
免疫前血清	−
正常血清	−
正常IgG	−
一次抗体に	
抗原分子（全長または部分）を添加	−
合成抗原ペプチドを添加	−
識別したい別のアイソフォームの相同部位を添加	＋
一次抗体を省く	−
抗原を発現している細胞や組織を染色	＋
強制発現させた細胞を染色	＋
蛍光標識二次抗体の種類を変える	＋
ウェスタンブロッティングでシングルバンドになる	＋

❗ 実験のコツ

抗体の保存方法

凍結乾燥した抗体は，送られてきたデータシートを見て，水を加え無菌的に溶解

① すぐに使用する場合には，4℃冷暗所保存　　0.02%アジ化ナトリウムを加えておく
② −20℃で保存する場合　　　　　　　　　　グリセロールを50%の割合になるように添加
③ −80℃で保存する場合　　　　　　　　　　そのまま分注して凍結
④ 抗体の濃度が1 mg/ml以下の場合　　　　　　BSAを0.1%になるように添加する

> **蛍光色素の選択についての注意**
> 詳細は1章-①, 2章-1-③ 参照.
> 従来 FITC とローダミン系の蛍光色素(TRITC 等)が多用されてきた. FITC は退色が早いので, 二重染色の場合は, FITC の蛍光を先に観察した方がよい. 最近は Alexa 488, Alexa 647 や Cy3 などの, 蛍光強度が大きくて退色しにくい色素で標識された抗体などが市販されるようになった. さまざまな動物のイムノグロブリンで吸収した種特異性の高い標識二次抗体もあり, 多重染色には便利である. われわれは, B励起(緑の蛍光)には FITC, Bodipy-FL, Alexa Fluor 488 などを用いている. G励起(赤の蛍光)には, TRITC, LRSC, Rhodamine Red-X などのローダミン系の色素を使用している. また, 二重染色の場合は Texas Red もよい. 3番目の色素として Cy5 も有効である. リソソーム系には自家蛍光をもつものもあるが, その場合, 多くは B励起, G励起の両方で同じ程度蛍光を発しており, 二次抗体を除去しても蛍光を発するのでコントロールは注意深くとる必要がある. なお, 上記の蛍光色素で標識した二次抗体は Molecular probes 社や Jackson ImmunoResearch 社などから市販されている.

B)対比染色について

蛍光抗体法が最も適切に行われた場合, バックグラウンドがほとんどないので, 細胞の輪郭や組織の位置等がわかりにくくなる場合が多い. そこで以下の核染色やアクチン染色, あるいは位相差やノマルスキー微分干渉像を記録しておき, 後にコンピュータ処理で重ねると非常にわかりやすい像が得られる.

準備するもの

A) 核染色[7]
- TO-PRO-3 iodide (Far Red, 青い蛍光:Molecular Probes 社 T3605 など)
- SYBR Green I (B励起, 緑の蛍光:Molecular Probes 社 S7563 など)
- Propidium iodide (G励起, 赤の蛍光:Molecular Probes 社 P3566 など)
- DAPI (UV励起, 青い蛍光:同仁化学研究所 D523, Molecular Probes 社 D1306 など)
- DMSO

B) F-アクチンの染色
- Fluorescein-ファロイジン, Molecular probes 社 F432, Sigma-Aldrich 社 P5282 など
- ローダミン-ファロイジン, Molecular probes 社 R415, Sigma-Aldrich 社 P1951 など
- 100%メタノール

C) 脂肪染色
- Sudan Ⅲ (Chroma 社)
- 70%アルコール溶液
- 50%アルコール溶液
- 目の細かい濾紙(アドバンテック No. 5C あるいはミリポアフィルター)

プロトコール

A. 核染色[1]

色素を添付のプロトコールに準じて，TO-PRO-3 iodide，SYBR-Green I の場合は DMSO で 1 mM の濃度になるように，Propidium iodide と DAPI は DW に 1.0mg/ml の濃度で溶解する

▼

通常の通りに 0.1% Triton X-100 で形質膜に透過性をもたせる

▼

一次抗体で反応させる

▼

蛍光色素標識二次抗体に，核染色液を混じて反応させる
- TO-PRO-3 iodide は 1,000 倍希釈
- SYBR-Green I と DAPI は 10,000 倍希釈
- Propidium iodide は 2,000 倍希釈

で用いる

B. F-アクチンの染色[2]

メタノール溶液として −20℃でストックしておく

▼

細胞や組織をパラホルムアルデヒドで固定するが，メタノールは使用しない方がよい（アクチンが破壊されるから）

▼

0.1% Triton X-100 で透過性をもたせる

▼

通常のごとく一次抗体と反応させる

▼

蛍光標識二次抗体と反応させる

▼

1% BSA-PBS で 25〜50 倍に希釈する[3]

C. 脂肪染色[4]

染色液のつくり方

① 色素 0.3g を 70%エタノール 100cc に入れ，水浴上で沸騰するまで温める．
② 室温まで冷却して通常の濾紙で濾過する．
③ 37℃の恒温器中に 3〜4 時間放置する．
④ 密封して室温で保存しておく．
⑤ 使用直前に目の細かい濾紙（アドバンテック No. 5C）で濾過しておく．

---

[1] 核染色はすべての反応のあと，核染色をしてもよい．核染色の蛍光の選択は，目的の抗原標識でどの蛍光を使用するかに依存している．目的の抗原を標識した蛍光よりも波長の長い蛍光を用いた方が，他の執筆者が触れているように，色のかぶり（クロストーク）が起こり難い．

[2] 細胞膜の裏打ち構造や，培養細胞のストレスファイバーのアクチン線維を染色すると，細胞の輪郭が非常に明瞭となる．Alexa，Bodipy，NDB，ローダミン，Fluorescein などで標識したものが販売されている．ファロイジンはF-アクチンと特異的に結合するキノコ毒の一種である．

[3] このとき TO-PRO-3 を同時に反応液に入れておけば，核染色も同時にできる．このF-アクチン染色は蛍光色素標識二次抗体に混ぜて使用してもよい．

[4] 脂肪滴と蛍光抗体法を同時に観察したい場合には，Sudan III 脂肪染色が有効である．G 励起フィルターで観察できる．他のフィルターへのクロストークもほとんどない．

0.1% Triton X-100 で細胞膜に透過性をもたせる
▼
一次抗体で反応させる
▼
蛍光標識二次抗体で染色する
▼
0.1% BSA-PBS で洗浄する
▼
50%メタノールで洗浄する
▼
70%メタノールで洗浄する
▼
Sudan III 染色液で 15 分〜20 分間染色する
▼
70%メタノールで数回洗浄する
▼
50%メタノールで洗浄する
▼
0.1% BSA-PBS で洗浄する
▼
Mowiol などで封入する

memo

増幅法

Molecular Probes 社や PerkinElmer 社から HRP 標識二次抗体をさらに増幅する Tyramide Signal Amplification キット（Molecular Probes 社 T20912）が販売されていて，最終的に蛍光色素のシグナルとして観察できる．ただし，手順が煩雑でありバックグラウンドやノイズを増幅しないように，細心の注意が必要である．

C）封入剤について

　　グリセロールを基剤とし，退色防止剤として，PPDA（p-phenylenediamine），DABCO（1, 4-diazabicyclo-2, 2, 2-octane），n-propyl gallate などを混入溶解して適宜使用する．さらにポリビニルアルコール（PVA：polyvinylalcohol）や Mowiol 4.88 のようなポリマーを使用することで，迅速な乾燥と試料の保持が容易になる．封入した試料は，冷所保存で数日は観察できる．退色防止剤を含んだ封入剤もいくつか市販されているが，Mowiol 封入液，PVA 封入液などは，安価で非常に大量に作製できるし，効果も安定しているので，われわれは，これらに DABCO や PPDA を混入して用いている．

Mowiol 封入液のつくり方

① Mowiol 4.88（Calbiochem 社 #475904）　　2.4 g
　グリセロール　　6 g
　DW　　6 ml
　数時間（できれば1日）室温に放置し，膨潤させる．
② 0.2 M Tris-HCl（pH 8.5）12 ml を加えて，スターラーで撹拌しながら50℃，10分間加熱する．
③ Mowiol 4.88 が溶けたら，5,000×g で，15分間遠心する（室温）．
④ 上清をとり，退色防止剤としてDABCO（Sigma-Aldrich 社 D2522）を最終濃度2.5％になるように溶かす．
⑤ 少量ずつ小分けにして，−20℃で保存する．解凍後は室温で数週間は安定．

PVA 封入液のつくり方

① A液：1 M Tris-HCl 緩衝液（pH 9.0）　　5 ml
　DW　　65 ml
　ポリビニルアルコール　　20 g
　（Sigma-Aldrich P8136 Av. MW=30,000～70,000）
　をこの順番に60℃で撹拌しながら溶かし，
　グリセロール　　10 ml
　を最後に加える．
② B液：DABCO　　5 g
　DW　　5 ml
③ A液混和後すぐにB液を加える（ゲル化してしまうので注意）．
④ A液とB液で約100 ml となるので分注して−20℃で保存する．

観察の際の注意事項

　モノクロで取り込んだデジタル画像をTIFFかPSDファイルで保存し，Photoshopで擬似カラーをつけて表示する．位相差像や微分干渉像を並行して取り込める機種では，その像をもう1つのチャンネルとして使用する．
　二重染色の場合，適切なフィルターを選択すれば，そのまま同時取り込みを行うことができる（図3）．核染色に使うTO-PRO-3蛍光はfar-redの場所に出るので，青などの別の色で表示させる．フィルターの組合わせによって蛍光が他のチャンネルに「かぶる」おそれがある場合には，必要に応じて補正操作を行うか，単色ずつ取り込み，後にPhotoshop上で重ね合わせを行う（2章−1−3 参照）．

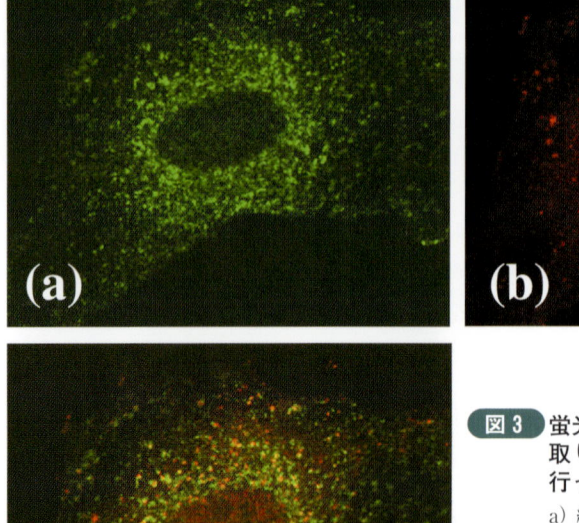

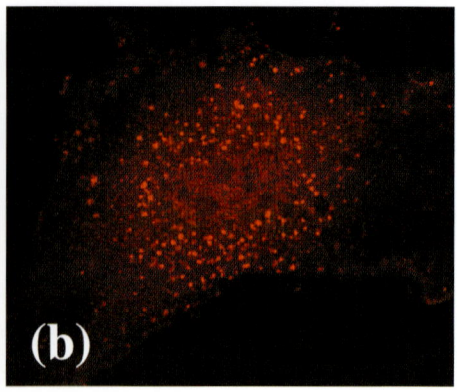

図3 蛍光トランスフェリンをあらかじめ取り込ませ，その後抗体で染色を行った例

a) 緑の蛍光はOregon Green標識トランスフェリンで2分間標識した像．b) 赤い蛍光はEEA1抗体（初期エンドソームを標識）で染色を行い取り込んだ像．c) aとbを重ね合わせたもの．2つの像は非常に近い隣接した場所を標識しているが，すべては一致していないことを示している．スケールは20μm

実験のコツ

- 必ず低倍から観察する（いきなり強拡大から観察すると，その部分にのみ強力にレーザーが照射され，退色部分となり，後に低倍像が撮れなくなる）．
- 像はできるだけ高解像度のピクセル数の多い像として取り込んでおく．
- スケールバーをデジタル像の中に入れておく．倍率による画像の修正のとき非常に便利である．
- ピンホールの大きさは小さい方が，像がシャープになる（ただし像は暗くなる）．二重染色の場合，取り込みの強度を調節し，画像上でバランスよく取り込まれるように調整する．元の像が良好でないときにはPhotoshop上の調節は像質を悪化させる．
- 装置固有のフォーマットの原画像データも残しておき，CDなどに焼いてストックしておく．（Photoshopファイルが何らかの傷害で壊れたときに，大事なデータを復元することができる）Macintoshコンピュータユーザーには，変換ソフトとしてGraphicConverter 4.8J日本語版がある．これは，ほぼどのようなファイル形式にも対応しているので非常に便利である（http://www.bridge1.com/）．（付録「画像ファイル形式」参照）

特殊な試料調製法

種々の刺激に対して細胞基底面のみの情報を得たいときや，頂上面のみの反応を観察したいときに，以下の方法が効果的である．

準備するもの

A）Alcian blue カバーガラスによる表面細胞膜観察法
- 9mm角カバーガラス
- HCl-アルコール
- 1% Alcian blue 染色液
- ミリポアフィルター
- inside 緩衝液（次ページ❶）
- 2倍希釈 inside 緩衝液
- inside 緩衝 3%パラホルムアルデヒド

B）ニトロセルロース膜による接着面形質膜観察法
- PBS
- inside 緩衝液（次ページ❶）
- ニトロセルロース膜
- 3倍希釈 inside 緩衝液
- 3%パラホルムアルデヒド-0.1Mリン酸緩衝液 あるいは 3%パラホルムアルデヒド-PBS

C）トランスフェリンの取り込みによるエンドソームの標識
- Oregon Green あるいは Texas Red 標識トランスフェリン
- ウシ胎仔血清を含まない培養液
- 通常のウシ胎仔血清を含む培養液（非標識トランスフェリンを含む）
- low pH 緩衝液（150mM NaCl, 10mM 酢酸, pH=3.5）
- 3%パラホルムアルデヒド-0.1Mリン酸緩衝液 あるいは 3%パラホルムアルデヒド-PBS

プロトコール

A．Alcian blue（AB）カバーガラスによる表面細胞膜観察法[8]

9mm角カバーガラスをHCl-エタノールで十分洗浄した後，蒸留水で2回洗浄

▼

70%エタノールでもう一度洗浄し，ガスバーナーで乾燥させる

▼

1% AB を調製し，0.22 μm のミリポアフィルターで濾す

▼

カバーガラスに 20 μl のせ，10分間待つ

▼

蒸留水で水洗し，37℃で乾燥させる

▼

密に生育させた培養細胞を冷PBSで3回洗う

▼

冷 inside 緩衝液❶（IB）で 2 回，2 倍希釈冷 IB で 1 回洗い，細胞が乾く直前ぎりぎりまで吸い取る

▼

カバーガラスを AB コート面を下にして細胞上に置き，カバーガラスをずらさないように注意しながら，周囲からしみ出てくる IB を吸い取り，5 分置く

▼

冷 IB を入れて，カバーガラスを浮上させる．このとき，ピンセットで摘もうとせずディッシュの側面を指で弾く

▼

冷 IB で緩衝した固定液を入れ，カバーガラスをひっくり返す

▼

固定終了後，別のディッシュに入れ，倒立顕微鏡で確認してからよいものを選んで蛍光抗体染色を行う

❶ 冷 inside 緩衝液
(25mM KCl, 2.5mM MgAcetate, 2 mM EGTA, 150mM acetate, 25mM Hepes, pH 7.4 with KOH)

B．ニトロセルロース膜による接着面形質膜観察法[9]

細胞を冷 PBS で 3 回洗う

▼

3 倍希釈冷 IB で 2 回洗い，2 回目のとき 30 秒待ち，その後少し IB を吸い取る

▼

ニトロセルロース膜を細胞上に置き，膜がずれないように注意しながら，周囲からしみ出てくる IB を吸い取る．指で少し押さえる

▼

冷 IB を入れて，ニトロセルロース膜を浮上させる．さらに IB で 1 回洗う

▼

冷 3％パラフォルムアルデヒド 0.1M リン酸緩衝液（あるいは PBS）で 30 分固定

▼

倒立顕微鏡で確認してからよいものを選んで次の実験に使用する

C．トランスフェリンの取り込みによるエンドソームの標識

事前に，細胞の培地を，血清を除いたものに交換しておく（2 時間）

▼

Oregon Green あるいは Texas Red 標識トランスフェリンは 25 μg/ml の濃度で取り込ませる．
追跡実験の場合 2 分間だけ標識する．氷冷した low pH 緩衝液

（150mM NaCl, 10mM 酢酸, pH 3.5）で洗浄して，表面に接着した過剰のトランスフェリンを除去する

▼

通常の培養液に戻す．2〜5分で初期エンドソームが，20分後にはリサイクリングエンドソームが標識される

▼

目的に応じた時間の後に固定する

❓ トラブルシューティング

トラブル	考えられる原因	解決のための処置
抗体が特定の物質を認識しない	抗体の力価が低くなっている 異なったパターンを呈する（染色する動物組織のIgGと交差している） 抗体に温度感受性がある 1. 抗体が37℃でのみ，室温が低いと結合が悪くなる（特に冬季） 2. 室温では正常に反応しない 固定が強すぎる	☞ 希釈濃度を指定の希釈よりも濃くする ☞ 高感度の二次抗体や標識法を用いる ☞ 二次抗体には，各種の動物のIgGで完全に吸収したロバ等のものを用いる ☞ 他のロット，メーカーの抗体を用いる ☞ 室温や37℃で反応させる ☞ 氷上で抗体を反応させる ☞ 固定時間を短くする．アセトン，メタノール固定で行ってみる
凝集物が混在していて観察を妨げている	二次抗体の蛍光色素が原因で凝集している（Cy系色素，Alexa系色素でしばしば起こる）	☞ 希釈後15,000 rpm, 20分遠沈する
どのフィルターを用いても同じ物が染まっている	非特異的反応（リソソーム等）が見えている（弾性線維はFITCフィルター陽性である）	☞ コントロールをさまざまな形でとり，非特異的反応部位を特定する ▶表3参照
モニター用の蛍光顕微鏡では染め分けられているのに，共焦点レーザー装置を通すとおのおのの蛍光部分に重なった部分がある	蛍光顕微鏡のフィルターの選択は適しているが，共焦点レーザー装置のフィルターに対して，蛍光色素が適していない	☞ 共焦点レーザー装置のフィルターとマッチする蛍光色素に変える ☞ 1色ずつ取り込む ☞ 重なる部分を差し引くように，装置を設定する ▶2章-1-③参照
細胞がカバーガラスからはがれてしまう	カバーガラスの表面が汚れている コートが一様でない	☞ アルカリ洗剤や塩酸アルコールで，もう一度洗浄し直す ☞ コラーゲンコートをする ▶2章-1-①参照
二重標識を行うと，一方のタンパク質が標識されなくなる	目的の抗原が，組織や細胞内でごく近傍にあるために，抗体の認識部位が一方の抗体により隠れている	☞ どちらか一方の標識を，GFP融合タンパク質発現法で標識する ▶2章-2-①参照 ☞ 二重標識の抗体のインキュベーションの順序を変えてみる

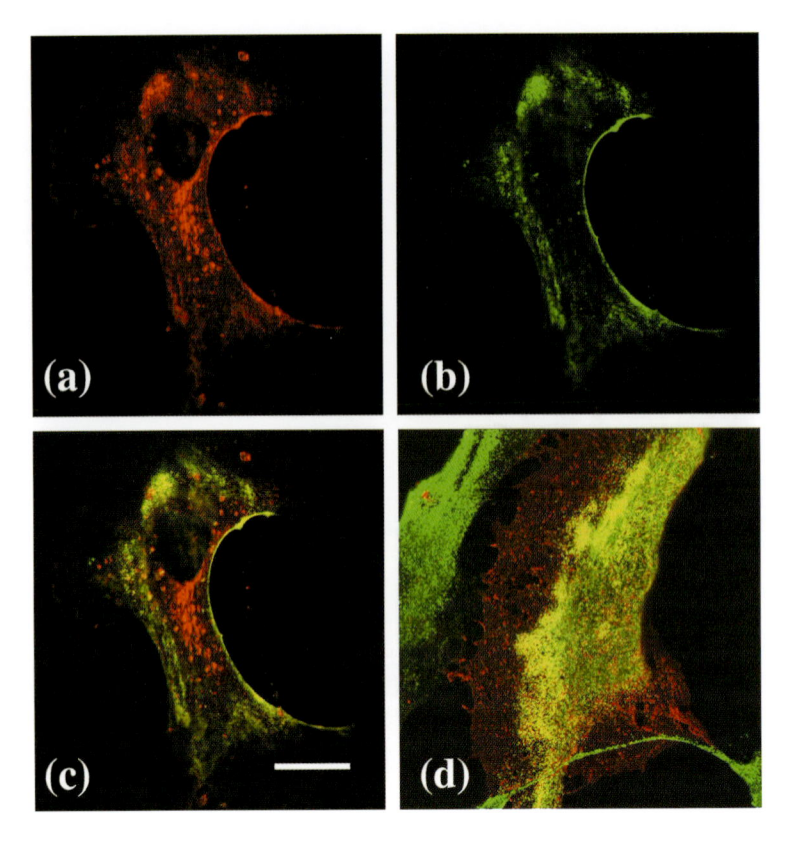

図4 コレラトキシンBサブユニットの取り込みとカベオリン-1との関係を見た共焦点レーザー顕微鏡像

a) Alexa Fluor 555標識コレラトキシンBサブユニット．膜脂質のGM1をAlexa Fluor 555標識コレラトキシンBサブユニットで標識して30分間培養した像．ゴルジ装置様の区画が標識されているのがわかる．取り込みの方法の詳細は，2章-3-■参照．b) カベオリン-1．c) aとbを重ね合わせた像．d) 細胞をpervanadateで30分処理した細胞．重ね合わせ像．膜表面のカベオラが細胞内に移動し，その部分はコレラトキシンBサブユニットと結合するGM1と一致していることがわかる．スケールは20μm

■ 実験例（図4）

　　未固定の細胞であらかじめ使用できる標識として，エンドソームを標識するトランスフェリンがあるが，他にも細胞膜ラフトドメインを，特定の蛍光で標識されたコレラトキシンBサブユニットで標識できる．この細胞に発現している（あるいは安定的に導入した）他のタンパク質に対して蛍光抗体法で2番目の染色を行い，両方の像を重ね合わせることで，有力な像が得られる．トラブルシューティングにあるように，二重染色，三重染色を行ったとき，片方の標識が消えてしまう場合などに特に，有効な手段である．

■ おわりに

　　蛍光抗体法はGFPなどの標識融合タンパク質を発現させた細胞でのタンパク質の挙動や相互作用の観察と併用されることも多い．また，使いやすい共焦点顕微鏡の開発や，新たな蛍光物質が，次々と開発されていることとあいまって，蛍光抗体法は休みなく発展している．

参考文献

1) 蛍光抗体法．"新細胞工学実験プロトコール"（東京大学医科学研究所制癌研究部，編），秀潤社，pp323-326, 1993
2) 青木武生ほか：蛍光抗体法－基礎から多重染色まで－．組織細胞化学 2002（日本組織細胞化学会，編），学際企画，pp33-41, 2002
3) 水平敏知ほか：マイクロウェーブ照射（MWI）固定による組織・細胞化学的研究のための基本．組織細胞化学（日本組織細胞化学会，編），学際企画，pp1-14, 1993
4) Tokuyasu, K. T.：Histochem. J., 21：163-171, 1989
5) Hashimoto, H. et al.：Anat. Rec., 250：488-492, 1998
6) Eldred, W. D. et al.：J. Histochem. Cytochem., 31：285-292, 1983
7) Suzuki, T. et al.：Acta Hictochem. Cytochem., 31：297-301, 1998
8) Rutter, G. et al.：Eur. J. Cell Biol., 39：443-448, 1985
9) Fujimoto, T. et al.：J. Histochem. Cytochem., 39：1485-1493, 1991

memo

共焦点友の会（http://bioimage.med.yokohama-cu.ac.jp/confocal/index.html）ではこのような情報から，共焦点レーザー顕微鏡に関するノウハウが掲載されている．海外にも以下のように，同様な会が存在する．
http://www.histosearch.com/histonet.html
http://home.no.net/immuno/wwwboard/wwwboard.html

2章 実験法各論

1. 蛍光抗体染色

3 多重染色法

萩原治夫　高田邦昭

■ はじめに

目的とする分子の細胞・組織内における分布局在の詳細な解析，なかでも，複数の分子の位置関係やコロカライズについての情報を得たいときは，試料を多重染色する．共焦点レーザー顕微鏡は，多重染色標本の解析にきわめて威力を発揮する．蛍光抗体法による多重染色が一般的であるが，レクチン標識法などの他の蛍光標識法やGFP融合タンパク質を発現した細胞を利用して，多重蛍光標識を行うこともできる．本稿では蛍光抗体法を利用した多重染色標本の共焦点レーザー顕微鏡観察を中心に紹介する．

■ 原理とストラテジー

蛍光抗体法（直接法，間接法）やさまざまな種類の蛍光プローブを使用して，細胞・組織における複数の物質（タンパク質，糖，脂質，核酸など）を，それぞれ異なる蛍光色素で標識することによって多重染色を行う．手順の概略は以下の通りである．①使用する共焦点レーザー顕微鏡に装着されているレーザー光源を確認し，②レーザー光源に対応した異なる蛍光色素を選択して標識に使用する．③多重染色を行い，④共焦点レーザー顕微鏡で蛍光クロストークのない多重染色像を得る．

表1に主なレーザー光源と，それに対応している蛍光色素について示した．共焦点レーザー顕微鏡の標準的なタイプには，緑とオレンジ/赤の蛍光の検出に対応したレーザー光源と検出系を備えているものが多い（もちろん例外もある）．さらに，青，ファーレッドに対応したシステムも増えている．

準備するもの

- PBSグリシン（10mM glycine/PBS）
- 2%ゼラチン/PBS（ブロッキング溶液）
  60〜70℃に加温して，10%ゼラチン水溶液を作製する．10%ゼラチン水溶液：10×PBS：蒸留水を2：1：7の割合で混合し，NaN$_3$を10mM加える．冷蔵庫保存．使用時に37℃の湯で溶かして使用する．

表1 主なレーザー光源と，それらに対応している代表的な蛍光色素・蛍光タンパク質

レーザー光源の種類	蛍光色素（励起ピークnm/蛍光ピークnm）[1]	蛍光型
ブルーダイオード（405nm）	DAPI（358/461） Hoechst33258（352/461）	青
アルゴン（488nm）	FITC（494/518） EGFP（488/507） Alexa Fluor 488（495/519）	緑
クリプトンアルゴン（488nm）	BODIPY FL（505/513） DiO（484/501）	
グリーンヘリウムネオン（543nm）	TRITC（Tetramethylrhodamine-isothyocyanate）（541/572）	オレンジ/赤
クリプトン（568nm）	Cy 3（550/570） Texas Red（595/615） Alexa Fluor 546（555/570）	
クリプトンアルゴン（568nm）	Alexa Fluor 568（575/600） DiI（549/565） Mito Tracker Red（578/599）	
レッドヘリウムネオン（633nm）	Cy 5（649/670） Alexa Fluor 647（650/670） TO-TO-3（642/660）	ファーレッド
レッドダイオード（638nm）	TO-PRO-3（642/661）	
クリプトンアルゴン（647nm）		

（注）蛍光色素の蛍光の波長は，pH等により変化するものもある

- 1% BSA/PBS
  Bovine Serum Albumin Fraction V を，スターラーを使ってPBSに溶解する．NaN$_3$ を10mM加える．冷蔵庫保存．
- 0.1% BSA/PBS
  1% BSA/PBS をPBSで10倍に希釈する．冷蔵庫保存．
- 一次抗体（異なる動物種でつくられたもの）
- 二次抗体（それぞれの動物種の抗体に対する抗体で，異なる蛍光色素で標識されたもの）
- TO-PRO-3 iodide（Molecular Probes社，T-3605）
  小分けして，－20℃に保存する．DMSOに溶解しているので，使用するときに，等量の蒸留水を加えて2倍希釈し，冷蔵庫に保存すると扱いやすい．
- その他の蛍光プローブやGFP発現細胞など，目的に応じて

プロトコール

蛍光色素の標識方法，使用する蛍光プローブの種類，多重標識反応を同時に行うか，それともそれぞれ別々に順次行うかによって，いろいろな方法が行われる．代表的な手順を述べる．

A．蛍光抗体法（間接法）による三重染色（抗体を混合する場合）

2章-1-**1**の方法で試料を準備する
▼
PBSグリシンで5分，3回洗う
▼
2%ゼラチン/PBSで15分ブロッキングを行い（他の方法でもよい），PBSグリシンで洗って，0.1% BSA/PBSに浸す
▼
異なる3種類の抗原に対する3種類の一次抗体（抗体A，抗体B，抗体C）を1% BSA/PBSに混合希釈し，適量（1cm×1cmの大きさのもので，20～30μl程度）を試料と反応させる❶
▼

❶ 一次抗体，二次抗体の反応は，室温で2時間，あるいは37℃で40分，保湿箱の中で標本が乾燥しないように十分気をつけて行う．

反応液を捨てて，0.1% BSA/PBS で 5 分，6 回洗う
▼
それぞれの一次抗体（抗体 A，抗体 B，抗体 C）に対する蛍光標識二次抗体を，1% BSA/PBS に混合希釈して反応させる❶❷❸
▼
反応液を捨てて，0.1% BSA/PBS で 5 分，6 回洗う
▼
封入して観察を行う

❷ 蛍光色素，蛍光プローブを取り扱うときは，部屋の照明を落とし，インキュベート中は遮光する．
❸ 蛍光標識二次抗体液，蛍光プローブ液は，使用前に 15,000 回転，4℃，5 分遠心し，凝集した色素を取り除いて使用する．

B．蛍光抗体法（間接法）による三重染色（抗体を混合しない場合）

A．の方法でうまく染まらない場合，多重染色しようとする抗原の固定法が異なる場合，あるいは一次抗体を原液で用いなければならない場合は，抗体を混合しないで，それぞれの一次抗体反応，二次抗体反応を順々に行う．

A．にならってブロッキングを行う
▼
抗原抗体反応を別々に行う（抗体 A→水洗→抗体 A に対する二次抗体→水洗→抗体 B→水洗→抗体 B に対する二次抗体→水洗→抗体 C→水洗→抗体 C に対する二次抗体）❶❷❸．A．と同様に水洗，封入し，観察をする
▼
抗体 A と抗体 B のための固定方法が異なる場合は，抗体 A に対する二次抗体を反応させたあとに，抗体 B のための固定を行う．PBS で洗い，再度ブロッキングし，抗体 B，抗体 B のための二次抗体の順に反応を行う❶❷❸

C．蛍光抗体法（間接法）による二重染色と核染色[2)]

A．にならって 2 種類の抗体（抗体 A，抗体 B）を同時に試料と反応させ❶，0.1% BSA/PBS で洗う．それぞれの一次抗体（抗体 A，抗体 B）に対する蛍光標識二次抗体を 1% BSA/PBS で混合希釈し，TO-PRO-3 iodide（2 倍希釈保存液）をさらに希釈率 200〜400 倍で混合して反応させる❶❷❸．A．と同様に水洗，封入し，観察をする

D．蛍光抗体法と他の蛍光プローブによる多重染色

蛍光抗体法と，蛍光標識したレクチンやファロイジンなどの蛍光プローブを組合わせて，多重染色を行うことができる．

A．にならって抗体 A の反応を行う❶
▼

抗体Aに対する蛍光標識二次抗体と蛍光プローブを1%
BSA/PBSで混合希釈し，反応させる❶❷❸．A．と同様に水洗，
封入し，観察を行う

E．生きた状態で蛍光標識された細胞の蛍光抗体法による多重染色

Mito Trackerなどで生きた状態で蛍光染色をした培養細胞
や，GFP融合タンパク質を発現した培養細胞を用いて，蛍光
抗体法で多重染色を行うことができる．

2章-1-**1**にしたがって培養細胞を固定・処理し，蛍光抗
体法を行う❶❷❸

！ 実験のコツ

- 冬と夏で室温は，微妙に異なる．室温を自分なりに定義する（例えば20℃というふうに）．
- 多重染色は単染色の延長にある．単染色で正確なデータをとっておく．

共焦点レーザー顕微鏡観察

1）画像の取り込み

レーザーを照射して，各画面ごとに明るさの調節を行う．各蛍光色素に対応したレーザーを同時に照射して多重染色像を取り込む．クロストーク（蛍光の漏れ込み）が問題となる場合は，各レーザーを別々に，順次，連続的に（sequential）照射し，得られた画像を重ね合わせて多重染色像を獲得する．赤，緑，青のレーザー顕微鏡擬似カラー像は，重なると図1のようになる．

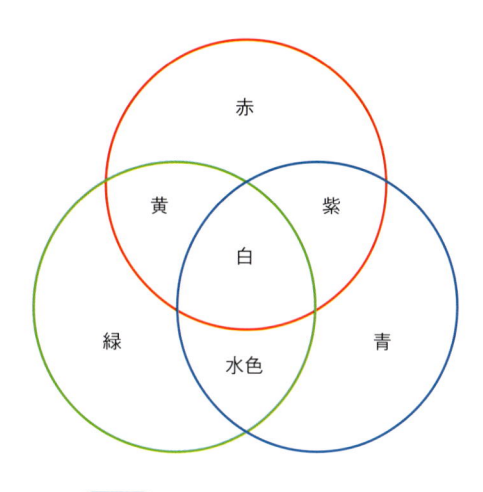

図1 デジタル画像の三原色

2）クロストークについて

2つ以上の蛍光色素で染色した標本では，蛍光スペクトラムの重なりに起因する蛍光の漏れ込みが生じる．このような漏れ込みがあると，コロカライズについて誤った解釈をする原因になる．例えば，FITCとTRITC（ローダミン）で標識した試料を488 nm（青）と543 nm（緑）の波長のレーザーで同時に励起すると，出てくる蛍光スペクトラムはそれぞれ図2の緑のカーブ，赤のカーブのようになる．

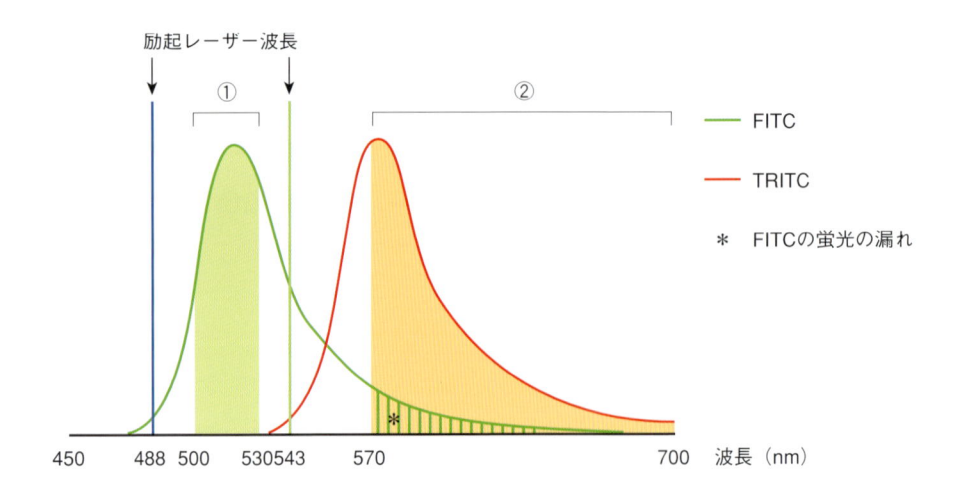

図2 FITCとTRITCの蛍光スペクトラムとクロストーク

緑と赤の曲線は，488nmと543nmの波長のレーザーで励起したときの，FITCとTRITCの蛍光スペクトラムである．①と②は蛍光の検出器で，①は500nmから530nmの範囲のFITCの蛍光を，②は570nm以上のTRITCの蛍光を検出している．このとき検出器②は，緑の縦線の部分（＊印）のFITCの蛍光も同時に検出してしまう．これがTRITCの蛍光像へのFITCの蛍光の漏れこみである

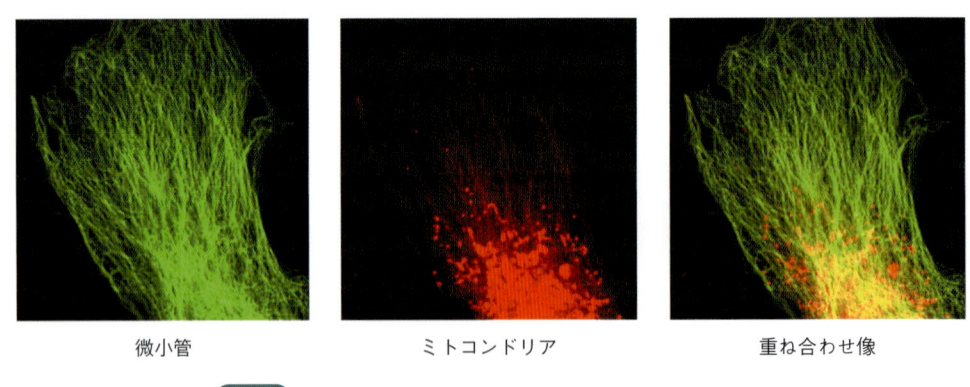

図3 レーザーの同時照射による蛍光クロストーク像

微小管　　　　ミトコンドリア　　　　重ね合わせ像

　このとき，FITCの蛍光は500〜530nmの範囲を検出器①で，TRITCの蛍光は570nm以上の部分を検出器②で検出すると，検出器②は，TRITCの蛍光に加えて，FITCの蛍光スペクトラムの570nmより長い部分（＊緑の縦線の範囲）も同時に検出してしまう．このような蛍光の漏れこみがクロストークである．図3にクロストークの例を示した．微小管が緑で，ミトコンドリアが赤で標識されているが，微小管の像が，赤の画面でも漏れ出ていて，重ね合わせ像では微小管が黄緑になっている．

3）クロストークを防ぐ方法[3)4)]

1．蛍光色素の選択

　蛍光スペクトラムに重なりが少ない蛍光色素を選択する．FITCとの組合わせでいうと，TRITC（ローダミン）よりTexas Redの方が，重なりが少ない．

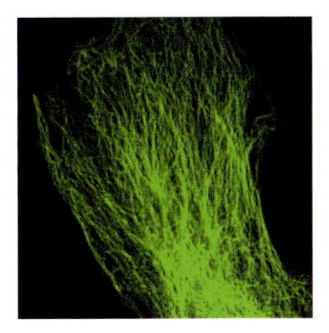

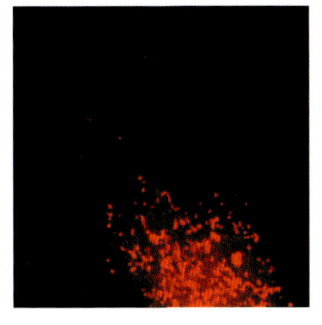

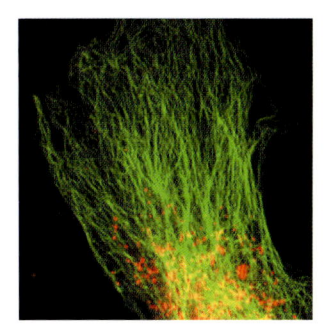

| 微小管 | ミトコンドリア | 重ね合わせ像 |

図4 レーザーのシーケンシャル照射によるクロストークの防止

2. 蛍光の検出幅の狭小化

3. シーケンシャルによる画像の取り込み

レーザーの照射を別々に，順々に連続して行って，画像を別々に取り込む．得られた画像を，Photoshopを使って重ね合わせて，多重染色像を獲得する[#]．この場合，最初の走査と次の走査で，像のずれや蛍光の退色という問題が生じてくる．図3と同じ試料をシーケンシャルに取り込んだ像を図4に示す．赤の画面に，微小管の蛍光像が漏れていない．

4. シーケンシャル機能をもった共焦点レーザー顕微鏡の使用

最新のレーザー顕微鏡には，マルチトラッキングやラムダストロービングによって，クロストークを防止するシステムが搭載されている．

＃ Photoshopを用いた重ね合わせの方法

例として，FITCとTRITCで二重染色した標本の画像をシーケンシャルに取り込んで，Photoshopで画像を重ね合わせる方法について説明する．

① FITCの励起レーザーのみを照射して，FITCの単染色画像（白黒）を取得する．

▼

② 引き続き，TRITCの励起レーザーのみを照射して，TRITCの単染色画像（白黒）を取得する．

▼

③ これらをTIFFファイルに変換し（ここでは，それぞれFITC.tif，TRITC.tifと名前をつける），ディスクに保存する．

▼

④ Photoshopを起動する．背景色は黒を選択する．

▼

⑤ 共焦点レーザー顕微鏡で取得した画像と同じ条件（画素数と解像度）で，RGB

⑥ FITC.tif ファイルを開き，すべてを選択し，コピーする．新規 RGB ファイルのグリーンのチャンネルをクリックし，この画面に FITC.tif ファイルをペーストする．

▼

⑦ ⑥と同様に TRITC.tif ファイルを開き，すべてを選択してコピーし，新規 RGB ファイルのレッドのチャンネルにペーストする．

▼

⑧ ブルーのチャンネルをクリックする．すべてを選択し（通常，すでに選択されている），Delete をクリックする．白だったブルーのチャンネルが，背景色の黒になる．チャンネルの RGB をクリックすれば，FITC と TRITC の二重染色像が得られる（三重染色の場合は，⑥と同様に，ブルーのチャンネルに画像をコピー＆ペーストする）．

▼

⑨ 名前をつけてファイルを保存する．

❓ トラブルシューティング

トラブル	考えられる原因	解決のための処置
単染色のときと比較して染色性が低下した	抗体や蛍光プローブの希釈率の誤り 固定方法の誤り 一方のみの場合は，抗体のかぶり	☞ 抗体や蛍光プローブを混合するときに，最終希釈率を間違えない ☞ それぞれの抗原抗体反応に見合った固定を行って免疫反応を行う ☞ 抗体液を混合しないで，反応が低下した方から，一次，二次の抗体反応を別々に順々に行う．あるいは，反応の低下した方の抗体の濃度を上げる ▶プロトコールB 参照
単染色のときには染まらなかったものが染まった	二次抗体の交叉反応（抗体Aと抗体B，抗体Aに対する二次抗体と抗体Bに対する二次抗体で多重染色したときに，抗体Aに対する二次抗体が，抗体Aと抗体Bの両者に反応した） 蛍光色素の沈殿	☞ 交叉反応のない二次抗体を選択する．多重染色を行う前に，抗体Aに対する二次抗体が，抗体Bに反応しないことを確認する ☞ 遠心を強力に行う．蛍光標識を別々に行う

▦ 実験例

培養線維芽細胞における孤立線毛と線毛に付属する構造の三重染色像（図5）．マウス抗アセチル化チューブリン抗体，ウサギ抗ガンマチューブリン抗体，ラット抗ルートレット抗体（R67）[2]，FITC 標識抗マウス IgG 抗体，Cy5 標識抗ウサギ IgG 抗体，

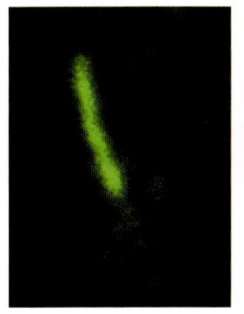

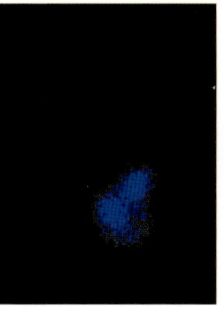

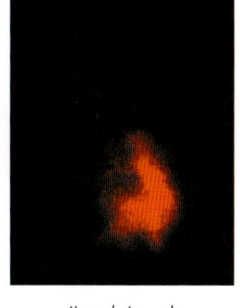

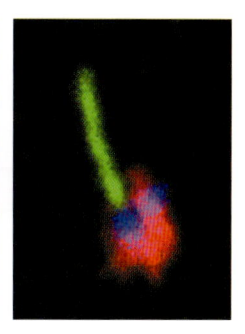

| アセチル化チュブリン | ガンマチュブリン | ルートレット | 重ね合わせ像 |

図5 孤立線毛とその付属構造の三重染色像

TRITC標識抗ラットIgG抗体を用いて，孤立線毛を緑で，中心子（基底小体）を青で，ルートレットを赤で染色をしてマージした．

おわりに

　多重染色写真は，それから得られる情報に加えて，視覚的にもヒトの心を捉える．生命科学の専門雑誌の表紙は，多重染色したきれいな写真によって飾られているし，学会のポスター展示で，自分の専門分野と離れた発表でも，多重染色したきれいな写真があると，つい立ち止まってしまう．蛍光クロストークのないきれいな多重染色画像の撮影は，生命科学の研究者に必須のテクニックであるといえる．ここでは，筆者の経験をもとにして多重染色の実際について紹介をしたが，これを参考にして各自工夫をし，きれいな多重染色画像の撮影をめざしてほしい．

参考文献

1) Haugland, R. P.："Handbook of Fluorescent Probes and Research Products 9th Edition", Molecular Probes, Eugene, 2002
2) Hagiwara, H. et al.：Histochem. Cell Biol., 114：205-212, 2000
3) 志田寿人：第11回電顕サマースクール 電子顕微鏡基礎技術と応用2000，学際企画，pp110-118, 2000
4) 石館文善："改訂 顕微鏡の使い方ノート"（無敵のバイオテクニカルシリーズ），羊土社，pp143-147, 2003

2章 実験法各論

2. GFP標識法

1 GFPによる標識
―共焦点顕微鏡でできること

松田賢一　河田光博

I. 総説

■ はじめに

　細胞の移動や形態変化を，時間経過を追って観察するとき，以前は蛍光色素を細胞内に注入するといった操作が必要であった．また，特定のタンパク質の細胞内でのふるまいを可視化するには，タンパク質を精製後に蛍光色素で標識し，細胞内に注入するといった過程を要していた．このように，生体内で起きている現象を生きた組織・細胞内で蛍光を用いて観察することはきわめて魅力的な研究手段であるものの，実験過程が複雑であり，組織・細胞にダメージを与えやすいという欠点を有していた．しかしながら，green fluorescent protein（GFP）の発見に伴い，これらの観察がきわめて簡便になった．GFPはオワンクラゲ（*Aequorea victoria*）由来の27 kDのタンパク質で，発光基質や補因子を他に添加することなく，励起光のみで自らが緑色の蛍光を発する[1)2)]．GFPは人工的に合成された化合物ではなくタンパク質であるため，最近進歩を遂げている遺伝子導入技術を用いてGFPをコードする遺伝子を組織・細胞内に導入することにより，特定の細胞を容易にラベルすることが可能となる．また，遺伝子工学的にGFP遺伝子と目的のタンパク質の遺伝子を融合させることによって，目的のタンパク質の挙動をGFPの蛍光を追うことで容易に観察することが可能となる．このような簡便性ゆえ，GFPを用いた研究が盛んに行われており，医学・生物学の論文雑誌には必ずと言ってよいほどGFPの蛍光画像がみられ，そのきれいな画像がたびたび表紙を飾っている．本稿では，GFPと共焦点顕微鏡を用いてどのような実験ができるかを概説する．

■ 原理とストラテジー

1）GFP分子の特性

　GFPの特性として，まず，発光基質などを細胞に取り込ませなくても，励起光のみで蛍光を発するという点があげられる．この特性ゆえに，細胞に生きたままでダメージを与えることなく，より生理的環境に近い条件で観察することが可能となる．

次に，GFPが細胞内で比較的安定に存在し，生体に対して毒性が少ないことがあげられる．もし，GFPが不安定な物質であったら，十分な蛍光が検出できない可能性や，融合タンパク質が実際より早く分解・変性されて，正常な生理反応を見ることができなくなってしまう可能性が出てくる．しかし，実際は，GFPは安定な物質であるため，目的のタンパク質との融合タンパク質を作製しても，GFPがそのタンパク質自体の生体内での安定性を極端に変えてしまうことはあまりない．また，GFPを用いた実験はさまざまな生物種に対して適用されているが，GFPを発現させることによって問題になるような表現型の変化が見られるようになることはなく，したがって，GFP自身には細胞毒性がない，またはあってもほとんどないと考えられている．融合タンパク質においても，GFPを付加することにより細胞に対して毒性をもたらすことはほとんどない．

さらに，GFPは，融合タンパク質としてでなく単独で発現させた場合，特定のオルガネラに結合することなく，核を含めた細胞内を隅々まで拡散する性質をもっている．この性質を利用して，GFPを細胞自身のタグ（tag，荷札）として用い，細胞の移動や形態の変化などを経時的に観察する実験がさまざまな分野で盛んに行われている．

2）蛍光タンパク質の種類

野生型のGFPは励起スペクトルに紫外光395nmのメジャーピークと可視光470nmのマイナーピークをもち，最大波長508nmの緑色蛍光を発するタンパク質である．この野生型のGFPに変異を導入し，実験に用いるうえで都合がよいように改変されたGFP変異体がいくつか開発されている．GFP変異体それぞれの詳しい蛍光特性や観察に必要なフィルター等については参考文献1および2を参照して欲しい．

1．蛍光強度が強い変異体

一般に，蛍光色素としては蛍光強度が強い分子の方が，観察中あるいは画像取得中に蛍光が消失されずに済むため，観察に適している．特にGFPは生きた細胞・組織を用いた実験に使用される分，細胞にダメージを与えるレーザーの照射量をなるべく少なくするために，より明るい蛍光を発生することが望ましい．このような目的のもと，野生型のGFPの発色団を形成するアミノ酸のいくつかを置換して，より強い蛍光を発するGFP変異体が複数開発されている．これらの変異体は，最大蛍光波長は野生型とほとんど同じで，励起スペクトルのピークが487nm〜489nmと長波長側に単極化したため，以前より幅広く使用されている蛍光色素FITCと同じフィルターセットを使えるという利点もあり，現在最も多く使用されている．このうちBD Bioscience Clontech社のenhanced GFP（EGFP）ではアミノ酸置換により野生型GFPの35倍の強度の蛍光を発するように改良されているだけでなく，ヒトのコドン使用頻度に合わせた塩基配列の最適化がなされているため，哺乳類細胞においての高い翻訳効率が実現されている．BD Bioscience Clontech社の商品の詳細についてはホームページ http://www.clontech.co.jp/ を参考にして欲しい．

2．カラーバリアント

EGFPにいくつかのアミノ酸置換を加えた，励起・蛍光スペクトルの異なる蛍光タ

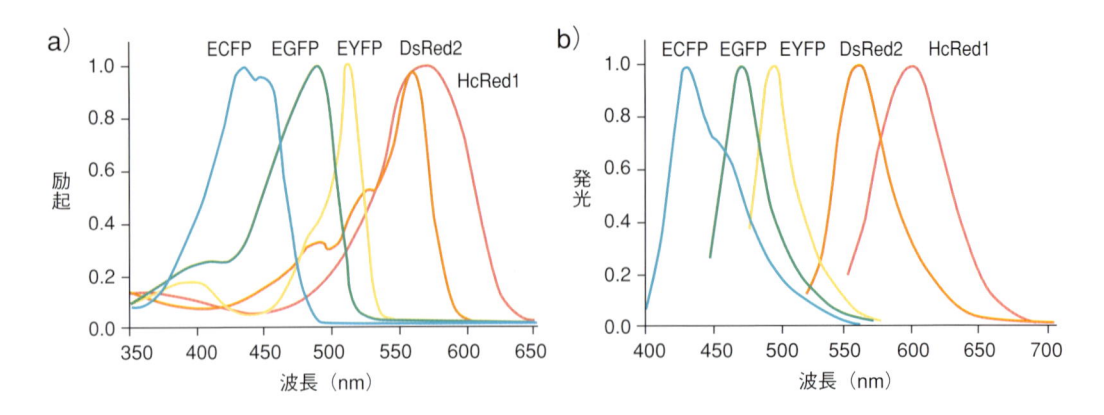

図1 各種改変型蛍光タンパク質の励起（a），蛍光スペクトル（b）

ンパク質が開発されている．緑黄色の蛍光を発する enhanced yellow fluorescent protein（EYFP），緑青色の蛍光を発する enhanced cyan fluorescent protein（ECFP）および青色の蛍光を発する enhanced blue fluorescent protein（EBFP）である（図1）．EBFP は蛍光強度が低いため，使用頻度がほとんどないが，EYFP と ECFP は適切なフィルターおよびミラーを用いれば，それぞれの蛍光を完全に分離できるため，同時に2種類の分子の細胞内分布を観察する際などに多く用いられている[3]．Carl Zeiss 社の共焦点顕微鏡 LSM 510 META を使えば，これに加えて EGFP の蛍光も分離できるため，三重標識も可能となる（4章-**1**参照）．また，EYFP と ECFP は後述する FRET 解析にも利用されている．スペクトルの異なる GFP 変異体がさらに開発されれば，より多重の標識が可能となる．特に，赤色系の蛍光を発するものは，古くから FITC とともに二重標識に幅広く使われてきた赤色色素に用いたフィルターを利用できる可能性があるため有用である．現在まで赤色を発する GFP 変異体は存在しないが，同じく BD Bioscience Clontech 社が，サンゴの仲間から単離した蛍光タンパク質にいくつか変異を導入し，赤色の蛍光を発する DsRed および HcRed を開発している（図1）．ただし，これらの赤色蛍光タンパク質は二量体や四量体を形成する（GFP は単量体）性質があるため，目的のタンパク質との融合タンパク質が細胞内で正常な挙動を示さない場合があるので注意を要する．DsRed にさらにアミノ酸置換を導入し，凝集化傾向を抑えた DsRed2 および DsRed-Express が同社から販売されているが，残念ながらこれらの変異体においても四量体を形成する性質は除かれていない．さらに，DsRed・HcRed とは異なる励起・蛍光スペクトルを示す，別の蛍光タンパク質（サンゴ由来）（AmCyan1, ZsGreen, ZsYellow および AsRed2）を組込んだベクターも最近販売された．これらの実験への適用性については今後の報告を待ちたい．

3. その他の変異体

この他，より微細な経時的変化を追う実験などへの適用を目的に，GFP に分解を促進する配列を導入し半減期を短くした変異体や，発現後時間経過に伴い蛍光色が緑から赤に変化する変異体なども開発されている．

3）蛍光タンパク質の発現ベクター

蛍光タンパク質の組込まれたプラスミドベクターが，さまざまな実験に適した形にデザインされ，BD Bioscience Clontech 社から多数販売されている．以下に，共焦点顕微鏡を用いた観察に利用可能なものを簡単に紹介する．それぞれのタイプのプラスミドには前述のカラーバリアント（EGFP, EYFP, ECFP, DsRed2 または HcRed）が取りそろえられているので，ここでは蛍光タンパク質のことを総称して fluorescent protein（FP）と表すことにする．

1. 融合タンパク質発現ベクター

FP を用いた実験で最も頻繁に行われているのは，目的のタンパク質のタグとしてである．タグのつけ方としては，目的のタンパク質の N 末端側につける場合と，C 末端側につける場合があり，それぞれ pFP-C1 が N 末端標識用として，pFP-N1 が C 末端標識用として販売されている．これらのベクターはサイトメガロウイルスプロモーターの制御下，哺乳類の細胞内において融合タンパク質を発現させるが，マルチプルクローニングサイト（MCS）に何も挿入せずにそのままトランスフェクトすれば蛍光タンパク質が単独で発現するようにデザインされている．また，EGFP のベクターに限り，目的遺伝子をインフレームで挿入しやすくするように MCS のフレームをずらした pEGFP-N2/3 および pEGFP-C2/3 も販売されている．

2. 細胞内局在化ベクター

特定の細胞内構造物に分布するタンパク質あるいはその局在化配列がすでに FP にタグされたタンパク質を細胞内で発現させるベクターである．これらのベクターは，オルガネラのダイナミックな動きなど，細胞内で起こる生命現象をホルマリンなどで固定せずに経時的に観察するために用いられる．標的とされている細胞内構造物はエンドソーム，ミトコンドリア，核，小胞体，ゴルジ装置，細胞膜，ペルオキシソーム，アクチンフィラメントおよび微小管である．FP の蛍光色もそれぞれ複数用意されているため，多重の標識をして目的のタンパク質がどのオルガネラと共存するかなどを解析することも可能となる．

3. プロモーターレスベクター

FP の上流に MCS をもち，そこに目的の遺伝子プロモーター/エンハンサーを組込んで，その制御下で FP を単独で発現させるベクターである．プロモーター/エンハンサーアッセイのレポーターとして，あるいは細胞自身のタグとして FP を用いる場合に都合がよい．

4. その他のベクター

半減期を早くした FP の発現ベクター，レトロウイルス発現ベクターや Tet 発現ベクターも購入可能である．

4）GFP を単独で用いる実験

GFP（あるいはその他の蛍光タンパク質）を単独で発現させる実験として考えられ

るものを以下にあげる．もちろん，それぞれを組合わせての実験も可能である．

1. **特定の遺伝子を発現する細胞のラベリング**

　目的の遺伝子のプロモーター/エンハンサーの制御下でGFPを発現させることで，そのプロモーター/エンハンサーが活性化している細胞，すなわち目的の遺伝子を発現している細胞をGFPの蛍光を指標に観察できる．さらに，プロモーター/エンハンサーを削っていくことで，活性化に必要な領域を絞り込むこともできる（プロモーター/エンハンサーアッセイ）．発生過程や生理反応に伴う目的の遺伝子の時・空間的発現制御機構の解析にも有効である．目的のプロモーター/エンハンサーにGFPをつないだトランスジェニック動物や，目的の遺伝子にGFPを導入したノックインマウスなど，遺伝子組換え動物を用いた解析が主体となる．

2. **細胞の移動**

　特定の細胞にGFPを発現させ，組織培養の系などを用いてその細胞の移動過程を追跡することも可能である．遺伝子組換え動物を用いた解析のほか，ウイルスベクターやエレクトロポレーションを用いたGFP遺伝子導入法でも解析可能である．

3. **細胞の形態変化**

　GFPが細胞内を十分に拡散することを利用して，発生過程や刺激に伴う細胞の形態変化の解析に用いる．遺伝子組換え動物を用いた解析，ウイルスベクターやエレクトロポレーションを用いた遺伝子導入法に加え，細胞レベルの実験ではリポフェクション法やリン酸カルシウム法などの簡便な方法でも観察が可能である．

4. **移植実験**

　GFPでラベルした細胞を移植実験のドナーとして用いる．染色をせずにドナー由来細胞を検出できるため有用である．

! 実験のコツ

> GFPを単独で用いる実験では，まず，「光っている細胞が本当に光るべき細胞なのか」を確認する必要がある．それらしく光っていても，それが目的の細胞でなければ無意味な実験になってしまうからである．GFPは安定な分子であるため，以前光るべき細胞だったものが光るべきでない細胞に変わっていても，GFPが残っていて光ってしまう可能性もある．また，目的の遺伝子のプロモーターの制御下でGFPを発現させる実験では，プロモーターがうまく働かない，あるいは働いても弱いなどの理由で，GFPの光をとらえられない場合があるので注意を必要とする．

5）GFPを目的のタンパク質と融合して用いる実験

　目的のタンパク質の細胞内局在の解析で最も一般的に行われる方法は，抗体による免疫染色である．しかし，そのタンパク質に対する抗体を入手できない場合には，抗体を作製するか，あるいは，他のアプローチを考えなければならない．このようなと

きに，GFPとの融合タンパク質を用いた実験が有用となる．遺伝子工学的にGFPと目的のタンパク質の遺伝子を結合させた発現プラスミドを作製し，細胞に導入することで，GFPの蛍光を指標にタンパク質の局在を解析することができる．さらに，目的の遺伝子に対して点変異や欠失変異を導入したり，遺伝子の一部分をGFPにつないだりすることで，局在に必要な領域・配列の同定も可能となる．この方法には細胞を固定せずに生きたままで観察できるといった大きな利点がある（GFPの生細胞イメージング法については2章-4-1を参照して欲しい）．これによって，まず，固定操作によって目的のタンパク質の分布が変化してしまう可能性を除去できる．実際にわれわれも，細胞骨格への結合が予想される分子が免疫染色では細胞骨格との共存が観察されなかったが，GFPと融合して生細胞で観たことによって共存が確認されたという経験をしている．また，GFP融合タンパク質を用いれば，生理反応に伴うタンパク質分子の局在の変動を，同一細胞で時間経過を追って解析することが可能である．さらに，GFPの蛍光を，強いレーザー光を照射して退色させた（photobleaching）後，経時的に画像を取得することで，その分子の動態を観察することができる〔fluorescence recovery after photobleaching（FRAP）法およびfluorescence loss in (during) photobleaching（FLIP）法（詳しくは2章-4-3を参照して欲しい）〕．その他，ECFPおよびEYFPでラベルしてfluorescence resonance energy transfer（FRET）を検出することによって，2つの分子の相互作用やシグナル伝達の様子をリアルタイムで観察することも可能である（詳しくは2章-4-2を参照して欲しい）．

実験のコツ

> GFPの融合タンパク質を用いる実験で最も注意しなければならない点は，GFPが27kDの比較的大きなタンパク質であるため，目的のタンパク質の機能や局在性・流動性が阻害される可能性があるという点である．実験にあたっては，解析前にできる限り融合タンパク質がその機能を十分保っているか確認しておく必要がある．細胞内局在の解析では，できれば，免疫染色で内在性に発現しているタンパク質の分布を押さえておいた方がよいと思われる．また，この実験では過剰発現の系を用いることが多いが，過剰な分が正常とは異なる分布や機能を示してしまう可能性があることも注意しなければならない．

おわりに

GFPの遺伝子がクローニングされて十数年．GFPが急速に幅広く使われるようになった理由は，なんと言っても生化学的手法ではとらえることができない生命の営みを実験者の目で直接とらえることができるからであろう．「みどりの光が意外なことを教えてくれた」と言う研究者も少なくはないと思われる．「とりあえずGFPで光らせてみる」——こんなやり方が新たな世界に引き込んでくれる可能性は大きい．

Ⅱ. GFP コンストラクトの作製

◼️ はじめに

Ⅰの総説で述べたように，GFPと目的のタンパク質の融合タンパク質を発現させる実験は，GFPが光るかどうかはもちろん，目的のタンパク質の機能・局在性が保持されているかどうかが非常に重要になってくる．融合タンパク質は，内部に挿入する特殊な場合を除いて，通常GFPを目的のタンパク質のN末端側かC末端側に結合させる．N末端側とC末端側のどちらに結合するのがよいのかといわれると，正直なところわからないとしか答えようがない．機能ドメインを阻害しないように結合するとか，目的のタンパク質が他のタンパク質と結合する場合には立体障害を与えないようにするとかなど考えが及ぶ．だからといって必ずしもそれでうまくいくとは言えず，むしろ反対側に結合させた方がよい場合も多々ある．もし双方のベクターをもっているのなら，両方つくってみるのが一番ではないかと思われる．以下に，目的のタンパク質の全長とその一部分のN末端側およびC末端側にGFPをラベルする方法について述べる．GFPの生細胞イメージング法については2章-4-◼️を参照して欲しい．

◼️ 原理とストラテジー

BD Bioscience Clontech社のC-Terminal Fluorescent Protein Vectorおよび N-Terminal Fluorescent Protein Vector（図2）のマルチプルクローニングサイト（MCS）に，目的のタンパク質をコードする遺伝子（目的の遺伝子）を挿入して作製する．C-Terminal Fluorescent Protein Vectorでは目的のタンパク質のN末端側に，N-Terminal Fluorescent Protein VectorではC末端側にGFPが結合したコンストラクトとなる．MCSのどの制限酵素サイトに組込むかによって，GFPと目的のタンパ

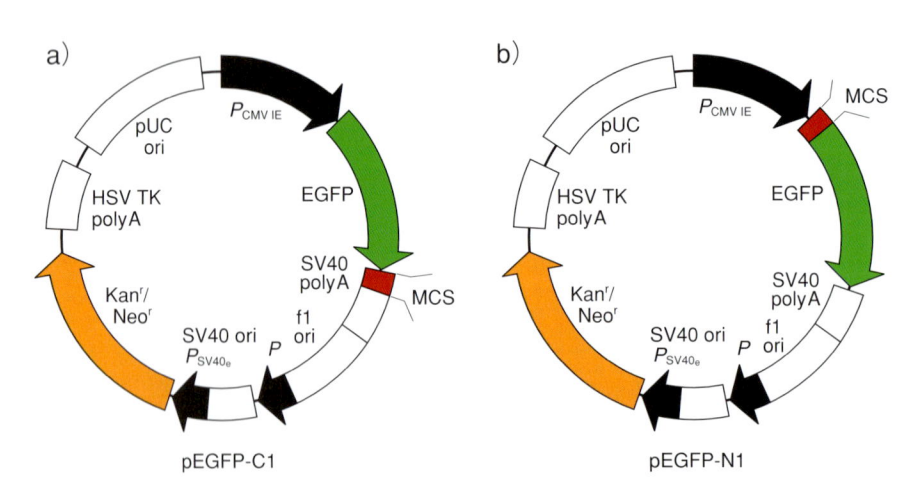

図2 pEGFP-C1 および pEGFP-N1 ベクター

pEGFP-C1ベクター（a）はEGFP遺伝子の3'側に，pEGFP-N1ベクター（b）はEGFP遺伝子の5'側に目的の遺伝子を導入するためのマルチプルクローニングサイト（MCS）がついている．したがって，それぞれ目的のタンパク質のN末端側およびC末端側にEGFPが融合したタンパク質を発現させることができる．これらの融合タンパク質はサイトメガロウイルスプロモーター（$P_{CMV\ IE}$）の制御下発現される．Kan^r/Neo^{r}の薬剤耐性遺伝子（橙色）が入っているため，大腸菌（カナマイシン）・哺乳類細胞（G418）いずれにおいても遺伝子導入体の選択ができる

ク質の間を結ぶリンカーの長さ（5～25アミノ酸）が異なってくる．目的の遺伝子に変異を導入して制限酵素サイトを作製して，それを切り出し，ベクターに組込むことでコンストラクトができる．

準備するもの

- C-Terminal Fluorescent Protein Vector（BD Bioscience Clontech社）
  どの蛍光タンパク質でも方法は同じであるので，ここでは仮にpEGFP-C1を用いることとする．
- N-Terminal Fluorescent Protein Vector（BD Bioscience Clontech社）
  同様に，ここでは仮にpEGFP-N1を用いることとする．
- QuikChange Site-Directed Mutagenesis Kit（Stratagene社）
- QIAquick Gel Extraction Kit（QIAGEN社）
- DNA Ligation Kit Ver. 2（タカラバイオ社）
- オリゴDNAプライマー

プライマーの設計

① pEGFP-C1に目的の遺伝子全長を組込む場合

目的のタンパク質のN末端をGFPと結合するための変異導入プライマーを設計する．目的の遺伝子の翻訳開始点の直前に，ベクターのMCSに含まれ目的の遺伝子のコーディング領域には含まれない制限酵素サイトを導入するように変異を導入する．このとき，GFPと目的の遺伝子がインフレームでつながるようにする．また，導入する制限酵素サイトは，目的の遺伝子の3'側を切断する制限酵素と同一のものか，あるいはそれよりMCSの位置関係において前（5'側）のものを選ばなければならない（図3 a）．

② pEGFP-N1に目的の遺伝子全長を組込む場合

まず，目的のタンパク質のC末端をGFPと結合するための変異導入プライマーを設計しなければならない．目的のタンパク質の終止コドンを，ベクターのMCSに含まれ目的の遺伝子のコーディング領域には含まれない制限酵素サイトに置換するように変異を導入する．このとき，GFPと目的の遺伝子がインフレームでつながるようにする（図3 b）．

融合タンパク質の翻訳開始のためのKozak配列は目的の遺伝子についているものを使うことになる．目的の遺伝子の5'-非翻訳領域（UTR）ごとベクターに組込んでもよいが，5'-UTRが長い遺伝子では発現効率が低下する場合がある．そのような場合には，翻訳開始点の直前に，制限酵素サイトと確実に発現させることができるKozak配列（CCACC<u>ATG</u>GまたはCCACC<u>ATG</u>）を導入するようなプライマーを設計する必要がある．このとき導入する制限酵素サイトは，目的の遺伝子のコーディング領域には含まれないもので，さらに，終止コドンに導入した制限酵素と同一のものか，あるいはそれよりMCSの位置関係において前（5'側）のものを選ばなければならない（図3 c）．

③ pEGFP-C1に目的の遺伝子の一部を組込む場合

目的の遺伝子の一部を切り出すため，その部分の5'側と3'側の2カ所の変異導入プライマーを設計する．5'側は，ベクターのMCSに含まれ遺伝子の目的の部分には含まれない制限酵素サイトを導入するようにする．このとき，GFPと目的の遺伝子がインフレームでつながるようにする（図3 aと同様）．3'側は終止コドンと制限酵素サイトを導入するようにする．この制限酵素サイトは，ベクターのMCSに含まれ遺伝子の目的の部分には含まれないもので，さらに，目的の遺伝子の5'側を切断する制限酵素と同一のものか，あるいはそれよりMCSの位置関係において後ろ（3'側）のものにする（図3 d）．

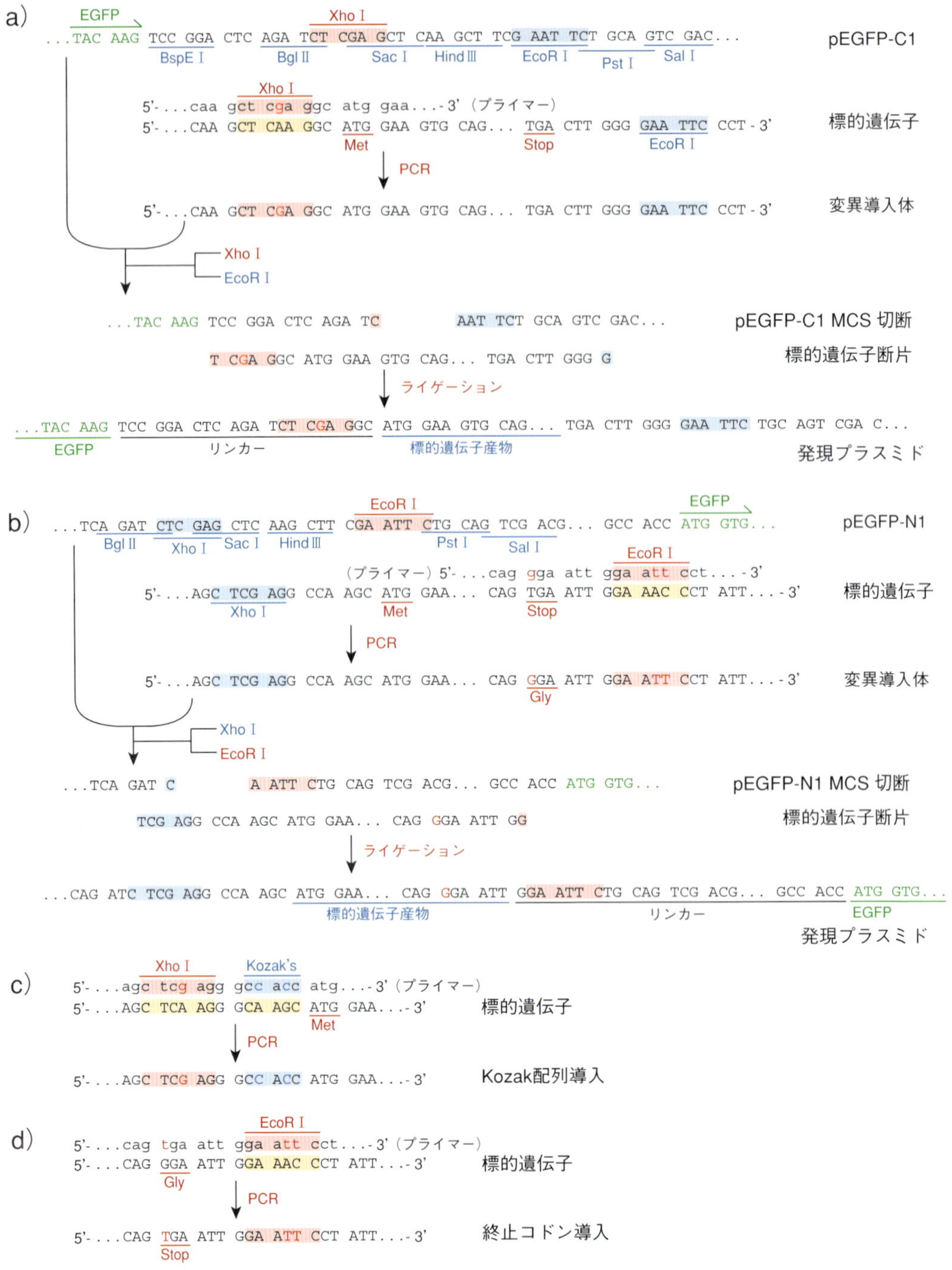

図3 変異導入プライマーの設計の例

a) 目的の遺伝子（Target gene）の1st ATG（Met）の直前にXho Iサイト（桃色）を導入している．ライゲーション後にはGFPと目的の遺伝子がインフレームにつながっている．b) 目的の遺伝子の終止コドン（stop）に変異を入れ，その直下にEco RIサイト（桃色）を導入している．ライゲーション後には目的の遺伝子とGFPがインフレームにつながっている．c) 目的の遺伝子の1st ATGを含む部分にKozak配列（青色）を，さらにその直前にXho Iサイト（桃色）を導入している．d) 目的の遺伝子に終止コドンとEco RIサイト（桃色）を導入している

④ pEGFP-N1 に目的の遺伝子の一部を組込む場合

目的の遺伝子の一部を切り出すため，その部分の 5'側と 3'側の 2 カ所の変異導入プライマーを設計する．5'側は，目的の部分の直前に，制限酵素サイトと Kozak 配列を導入するようなプライマーを設計する必要がある．制限酵素サイトはベクターの MCS に含まれ遺伝子の目的の部分には含まれないものを選ぶ（図 3 c と同様）．3'側は終止コドンと制限酵素サイトを導入するものにする．このとき，GFP と目的の遺伝子がインフレームでつながるようにする．この制限酵素サイトは，ベクターの MCS に含まれ遺伝子の目的の部分には含まれないもので，さらに，目的の遺伝子の 5'側を切断する制限酵素と同一のものか，あるいはそれより MCS の位置関係において後ろ（3'側）のものを選ばなければならない（図 3 d と同様）．

プロトコール

設計したプライマーを用いて，目的の遺伝子を組込んであるプラスミドをテンプレートにサーマルサイクラーで PCR を行う．反応は QuikChange Site-Directed Mutagenesis Kit を用い，添付のプロトコールに従って行う❶

▼

small scale preparation にてプラスミドを抽出し，制限酵素サイトが導入されているか確認する

▼

large scale preparation にてプラスミドを抽出する

▼

2 カ所変異を導入する場合は以上の操作をもう一度行う

▼

pEGFP-N/C1 ベクターおよび変異を入れたプラスミドを制限酵素で切断する

▼

アガロースゲル電気泳動で目的のバンドを切り出す

▼

QIAquick Gel Extraction Kit を用いて DNA 断片を抽出する

▼

DNA Ligation Kit Ver. 2 を用いてベクターと目的の遺伝子断片をライゲーションする

▼

small scale preparation にてプラスミドを抽出し，正しく組込まれているか確認する

▼

large scale preparation にてプラスミドを抽出する

▼

細胞にトランスフェクションして解析に用いる❷❸

❶目的の遺伝子を組込んであるプラスミドのサイズが大きいときには QuikChange XL Site-Directed Mutagenesis Kit （Stratagene 社）を用いる．

❷解析の前にウェスタンブロットで正しい分子量サイズのものができているかを確認する．検出には抗 GFP 抗体（BD Bioscience Clontech 社）および（できれば）目的のタンパク質に対する抗体を用いる．さらに，分子の種類によって方法は異なるが，融合タンパク質が機能を保持しているか確認するのが望ましい．

❸GFP の生細胞イメージング法については 2 章 - 4 - ■ を参照して欲しい

❓ トラブルシューティング

トラブル	考えられる原因	解決のための処置
融合タンパク質が光らない	GFPがインフレームにつながっていない 融合タンパク質の発現量が少ない 融合タンパク質が不安定	☞ プライマーの設計の確認 ☞ シークエンス ☞ 5'-UTRをなるべく短くする ☞ GFPをつなげる側を替える
ウェスタンブロットで予想される分子量にならない	目的の遺伝子が正しいフレームで結合していない 融合タンパク質が不安定	☞ プライマーの設計の確認 ☞ シークエンス ☞ GFPをつなげる側を替える （目的のタンパク質自体が分解されやすい可能性があるので，目的のタンパク質単独も泳動して，融合タンパク質とパターンを比較する）
明らかに細胞内分布がおかしい	目的の遺伝子が正しいフレームで結合していない GFPが目的のタンパク質の機能を阻害している	☞ プライマーの設計の確認 ☞ シークエンス ☞ 機能を保持しているか確認する ☞ GFPをつなげる側を替える

■ 実験例

　エストロゲン受容体（ER）はERαおよびERβの2つのサブタイプからなる．これらERαおよびERβのN末端側にEGFP/EYFP/ECFPを融合させたコンストラクトを作製した．ウェスタンブロットで分子量の確認後，ルシフェラーゼアッセイで転写活性可能を保持していることを確認した．ラット視床下部由来のRCF12細胞にYFP-ERαとCFP-ERβを発現させ，エストロゲン添加に伴う細胞内局在の変化を解析した．YFP-ERαもCFP-ERβもエストロゲン非存在下で核に局在した．エストロゲン添加10分後から核内で斑点状の分布に変化した．YFP-ERαとCFP-ERβは同一斑点に共存した（図4）．アンドロゲン受容体とGFPを結合したコンストラクトを細胞に発現させたところ，リガンド非存在下ではERと異なり細胞質に分布し，リガンド添加に伴い核内に移動し斑点を形成した（図5）．ERαのN末端側とC末端側から欠失変異体とYFPの融合タンパク質コンストラクトを作製し，ウェスタンブロットで分子量を確認した．エストロゲン依存的な斑点形成にERαのどの部分が必要か解析した（図6）．N末端側81アミノ酸を削ったもの（ΔN81）以外は斑点を形成しなかったため，ERαの幅広い部分が必要であることがわかった．斑点形成の生理的意味を明らかにするため，4％パラホルムアルデヒド/PBSで固定後（GFPの蛍光はパラホルムアルデヒド固定では失われないが，アルコール固定では失われるので注意を要する），染色体のリモデリングにかかわるBRG-1，染色体の活性化とかかわるhyper acetylated histone H4（AcH4）とGFP-ERαの斑点との共存を蛍光抗体法で調べた（図7）．半数以上の斑点がAcH4およびBRG-1と共存した．ERαの核内での動きをFRAP法で調べた（図8）．リガンドと結合したERαは数十秒程度しか核内のある所にとどまっていないことがわかった．

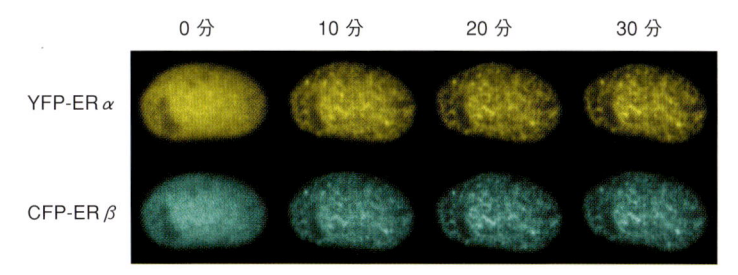

図4 ERαおよびERβのリガンド添加に伴う細胞内局在の変動

pEYFP/pECFP-C1のマルチプルクローニングサイトにERのそれぞれのサブタイプを組込んだコンストラクト（YFP-ERαおよびCFP-ERβ）を視床下部由来のRCF12細胞にトランスフェクトし，両者の細胞内分布を17β-エストラジオール添加後経時的にCCDカメラで取得した

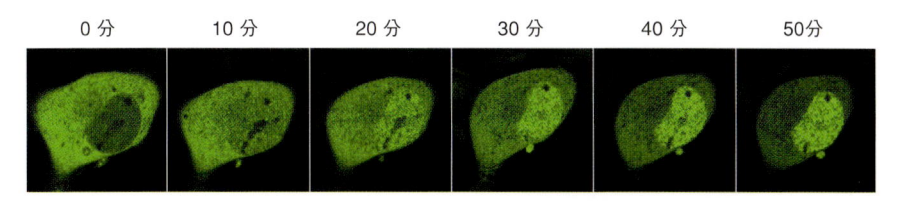

図5 アンドロゲン受容体（AR）のリガンド添加に伴う細胞内局在の変動

ARのN末端側にGFPを融合したコンストラクト（AR-GFP）をCOS-1細胞内で発現させ，テストステロン添加に伴う細胞内局在の変動を，共焦点顕微鏡を用いて観察した

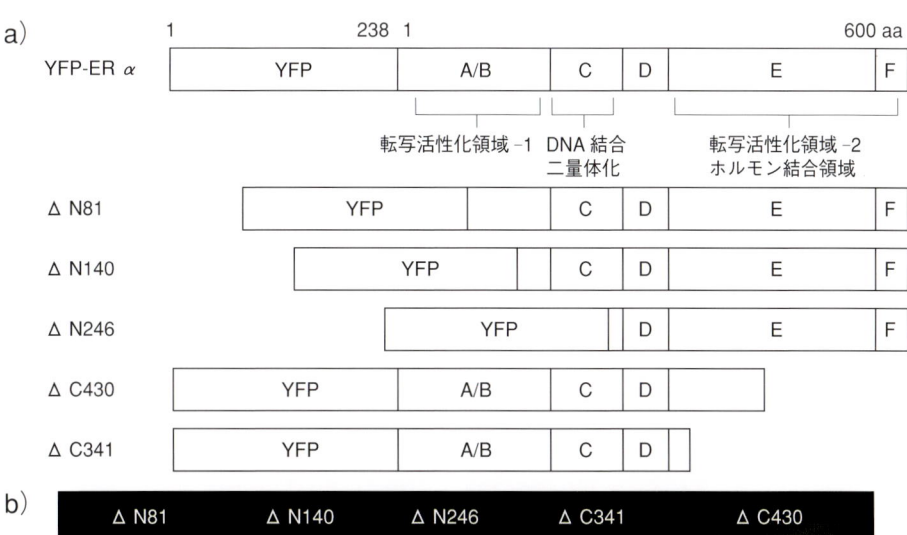

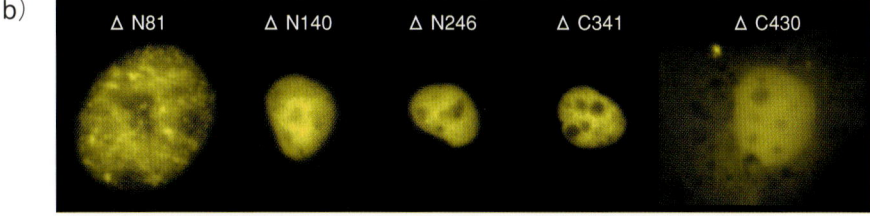

図6 ERα欠失変異体の細胞内分布

a) ERαのN末端側81，140，246アミノ酸までを削ったもの（それぞれΔN81，ΔN140，ΔN246）およびC末端側341，430アミノ酸からを削ったもの（それぞれΔC341，ΔC430）のN末端側にEYFPをつないだコンストラクトを作製した．b) それぞれのコンストラクトをCOS-1細胞に発現させ，17β-エストラジオール存在下斑点形成が見られるかCCDカメラで観察した

2章－2－**1** GFPによる標識

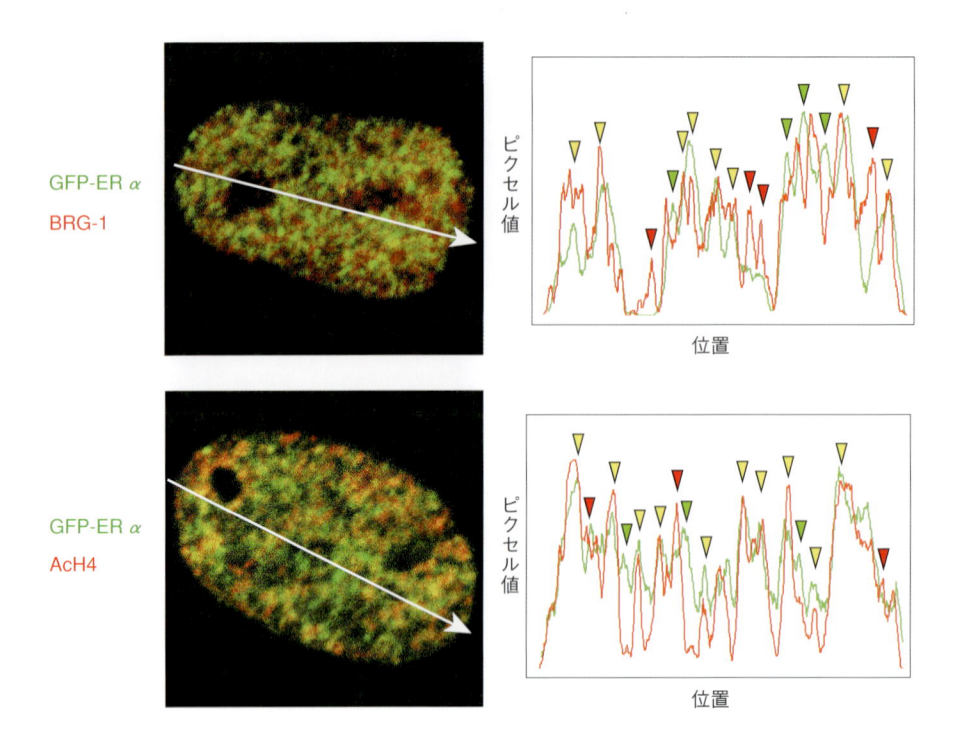

図7 GFP-ERαとBRG-1またはhyper acetylated histone H4との共存

RCF12細胞にGFP-ERαコンストラクトをトランスフェクトし，4％パラホルムアルデヒド/PBSで固定後，抗BRG-1または抗hyper acetylated histone H4（AcH4）抗体を用いて蛍光免疫染色を行い，共焦点顕微鏡で画像を取得した．緑がGFPの蛍光，赤がBRG-1またはAcH4の分布を表している．白線上の蛍光強度を右にプロットした．緑矢頭がGFP単独の斑点，赤矢頭がBRG-1またはAcH4単独の斑点，黄矢頭が両者が共存する斑点の分布を表している

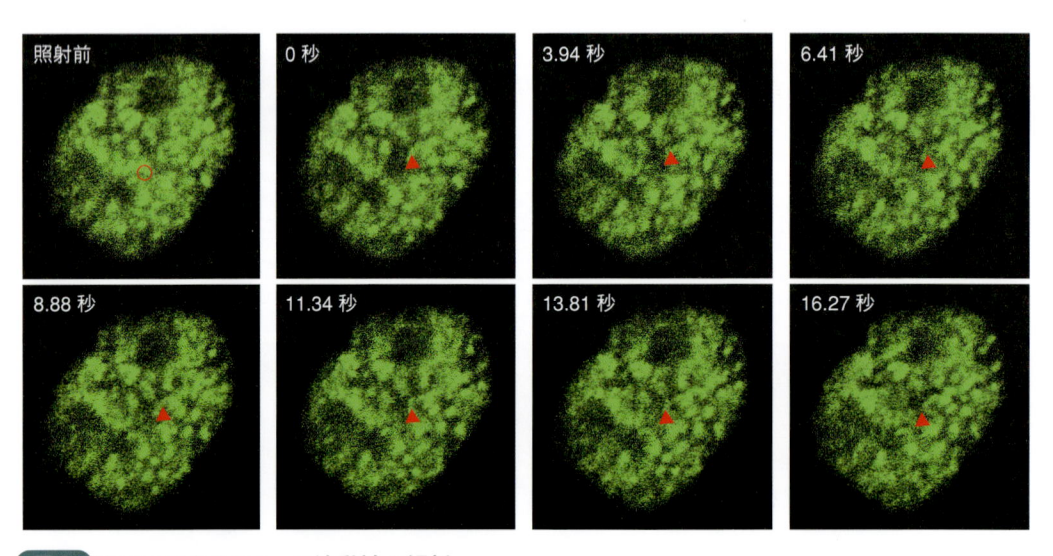

図8 FRAPによるERαの流動性の解析

COS-1細胞にGFP-ERαを発現させた後，17β-エストラジオールを添加し斑点を形成させた．共焦点顕微鏡を用いて，図中の赤丸の領域に強いレーザーを照射し蛍光を退色させた後，経時的に画像を取得した．照射後（0秒）に退色している部分（赤矢頭）の蛍光が時間経過とともに回復していることがわかる．このことはリガンドと結合して活性化しているERαはせいぜい数十秒程度しか，核内の1つの場所にとどまっていないことを示している

◼ おわりに

　GFPを正しく結合しても，分子の性質によっては，どうしてもうまくいかない場合がある．また，GFP融合タンパク質が十分に機能を有しているか，完全に評価するのは難しい．機能がわかっていない分子であればなおさらである．このような問題点がありながらも，生きた組織・細胞で時間経過を追って動きを見ることができるといった魅力は捨てがたく，GFP融合タンパク質を用いた解析は十分に試してみる価値があると思われる．

III. GFPトランスジェニック動物

◼ はじめに

　遺伝子組換え動物を用いてのGFP観察は，さまざまな動物種に適用されているが，ここでは，マウスおよびラットに限って話を進める．

　Iの総説で述べたように，遺伝子組換えマウス・ラットを用いた実験はGFPを単独で用いるものが主体となっている．目的の遺伝子のプロモーターにGFPをつないだトランスジェニックマウス・ラットや，目的の遺伝子にGFPを導入したノックインマウスを作製し，その遺伝子を発現する細胞をGFPでラベルして，その細胞のふるまいを経時的に観察する．

　また，GFPを発現している細胞は移植した場合，拒絶を受けずに生着するため，GFPトランスジェニックマウス・ラットは移植・再生実験の有用なツールとして用いられる．さらに，GFP（正確にはEGFP）はFITCと類似の蛍光特性をもっているため，フローサイトメトリーを用いて，GFP陽性細胞を分離することができる．幹細胞や前駆細胞を，遺伝子組換え動物を作製することでGFPラベルし，フローサイトメトリーで陽性細胞を回収し，発生・分化の研究や移植実験に用いられている．最近では，GFP融合タンパク質を発現する遺伝子組換え動物を用いた研究も行われており，その数は今後ますます増加するものと考えられる．

　以下に，GFPを発現するトランスジェニックマウス・ラットの作製と，その実験例について述べる．

◼ 原理とストラテジー

　トランスジーンのコンストラクションおよびトランスジェニックマウス・ラットの作製方法の詳細については他のマニュアル本（参考文献4など）を参照して欲しい．GFPのトランスジェニックマウス・ラットだからといって，他のトランスジェニックマウス・ラットの作製と特別に異なる点はない．コンストラクションのポイントになる点をあげると，①トランスジーンの発現効率を上げるために，トランスジーンが転写される際スプライシングが起きるように組立てること，②打ち込む遺伝子はプラスミドなどのベクター部分をなるべく除くように切り出した方がよいなどであるが，これらのポイントはあくまでも一般論であって，すべての遺伝子に対してあてはまるものではない．トランスジェニックマウス・ラットの作製については，作製の実験系をもっているのならばその系に乗せて行えばよいが，もしもっていない場合は，トラ

ンスジェニックマウス・ラットの受託作製を行っている会社があるので、そこに依頼することもできる.

トランスジェニックマウス・ラット作製サービスを行っている会社

オリエンタル酵母工業株式会社	URL：http://www.oyc-bio.jp/
株式会社ワイエステクノロジー研究所	URL：http://www.t-cnet.or.jp/~ysnt/
日本エスエルシー株式会社	TEL：053-437-5348

トランスジェニックマウス・ラットのファウンダーが生まれたら、尾DNAを用いてPCRもしくはサザンブロットを行い、トランスジェニックラインを選択する。われわれはPCRを用いて選別しているが、GFPがオワンクラゲの遺伝子である分、エクストラバンドも出ずに、感度よく検出している。われわれが用いているプライマー配列は以下の通りである.

センスプライマー： CGACGTAAACGGCCACAAGT
アンチセンスプライマー： GATGTTGCCGTCCTCCTTGA　　350 bp

トランスジェニックライン選択後、交配してF1を生ませる。F1の尾DNAを用いて再びトランスジェニックを選別し、表現型の解析を行う。目的の遺伝子のプロモーターの制御下GFPを発現させるトランスジェニックの場合は、その遺伝子の産物の発現パターンとGFPの分布パターンが一致するか、免疫染色や in situ hybridization で確認する必要がある.

❓トラブルシューティング

トラブル	考えられる原因	解決のための処置
トランスジェニックラインが生まれてこない	トランスジーンの精製状態が悪い トランスジーンの遺伝子産物に細胞毒性がある トランスジェニック作製過程に問題がある	👉精製をもう一度行う* 👉コンストラクトを工夫する 👉作製過程を再チェック
GFPの蛍光が検出されない**	コンストラクトが間違えている プロモーターがうまく働いていない	👉コンストラクトを再チェック 👉培養細胞でレポーターアッセイを行い、プロモーターが働くか確認する 👉プロモーターの長さを変える 👉エンハンサーを入れるなどコンストラクトを工夫する
GFPが異所的に発現している***	プロモーターがうまく働いていない	👉培養細胞でレポーターアッセイを行い、プロモーターが働くか確認する 👉プロモーターの長さを変える 👉コンストラクトを工夫する

*われわれはQIAquick Gel Extraction Kit（QIAGEN社）を用いて精製している

**GFPの蛍光が検出されない場合、GFPが発現していないのかあるいはGFPは発現しているが量が少ないため検出できないのかを、RT-PCR、免疫染色やウェスタンブロットなどで確認してみる必要があると思われる。発現しているか否かで解決の措置も変わってくる。GFPの発現があるのであれば、トランスジーンのコピー数や導入された染色体のポジショナルエフェクトも影響しているので、あきらめずにさらに複数のラインを作製することで、目的にかなったラインを得ることができる可能性もある

***トランスジェニックの系で、目的の遺伝子の分布とGFPの分布が完全に一致することはなかなかない。目的の遺伝子を発現する細胞の一部がGFPを発現するものや、全く関係のないところで発現してしまうものも多々ある。原因としては、目的の遺伝子の半減期とGFPの半減期が異なることや、プロモーターが不十分であるなどさまざま考えられる。しかし、だからといって悲観せずに、「完璧な実験系はないのだ」と、ある程度開き直って、分布パターンをじっくり調べたうえで、使える範囲内で使っていく必要があると思われる

図9 マウス ERα 遺伝子とトランスジーンコンストラクト

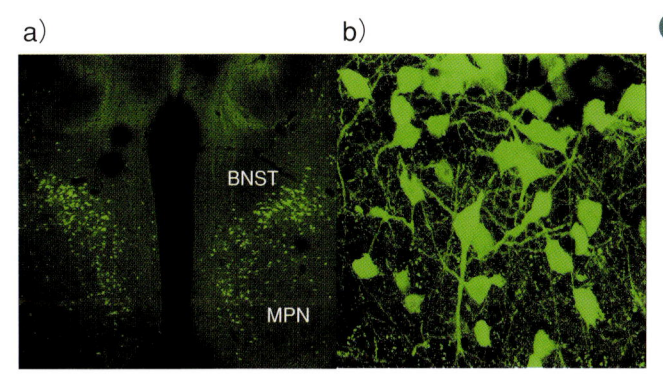

図10 トランスジェニックマウスにおける GFP 陽性細胞の分布

トランスジェニックマウスを 4％パラホルムアルデヒド/PBS で灌流固定後，脳を取り出し，25％ショ糖/リン酸バッファーに浸漬，50μm の冠状脳切片を作製し，共焦点顕微鏡で観察した．a は内側視索前野（MPN）・分界条床核（BNST）を含む断片を表している．GFP 陽性細胞の分布が観察される．b) MPN の強拡大像．突起の形態も観察される

■ 実験例

1) GFP トランスジェニックマウスを用いたエストロゲンの脳への作用機構の解明

エストロゲンの作用に伴い，脳の神経細胞にどのような構造的変化がもたらされ，その結果，どのような機能的変化が生じるのかを明らかにするために，マウスエストロゲン受容体α（ERα）遺伝子プロモーターの下流に GFP の cDNA をつないだ遺伝子のトランスジェニックマウスを作製した．導入遺伝子コンストラクトは ERα 遺伝子の 2nd エクソンにコードされた 1st ATG の直前から転写開始点上流 5 kb までの下流に GFP の cDNA および SV40 の polyA 付加シグナルをつないだもので，生体内でこの遺伝子が転写される際，1st エクソンと 2nd エクソンの間のイントロンがスプライスアウトするようにした（図9）．このコンストラクトを 218 個の受精卵にマイクロインジェクションし，偽妊娠マウスに移植した（業者に依頼）．得られた 45 匹の産子のうち遺伝子解析により 7 匹に遺伝子が導入されていることがわかった．これらのトランスジェニックマウスを野生型マウスと交配し，トランスジェニックであった F1 マウスを 4％パラホルムアルデヒド/PBS で灌流固定し，脳切片を作製し，GFP 陽性神経細胞の分布を蛍光顕微鏡で観察したところ，3 系統において，視床下部，中隔，分界条床核や扁桃体など，これまでに ERα を発現すると報告されている脳領域に GFP 陽性の神経細胞が分布しており，また，GFP の蛍光を指標にこの神経細胞の形態が観察可能であることがわかった（図10）．さらに，脳切片を ERα に対する抗

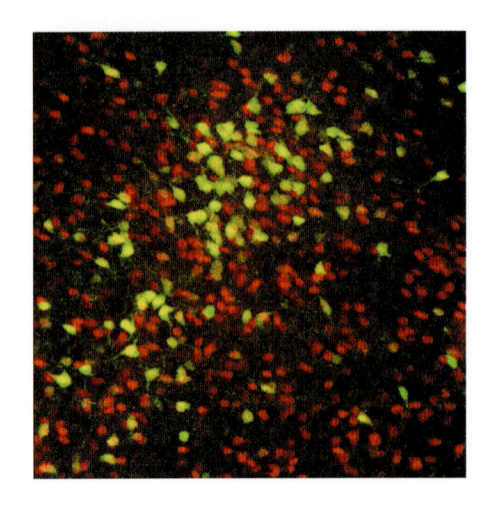

図11 GFPとERαの共存
トランスジェニックマウスの脳切片を抗ERα抗体で染色し，共焦点顕微鏡で観察した．図はMPN/BNST領域の画像である．緑がGFPの蛍光，赤がERαの免疫反応を示している．ERα免疫陽性細胞の一部がGFP陽性であることがわかる

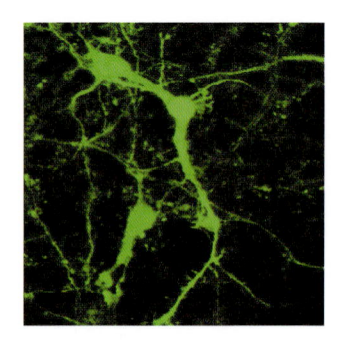

図12 トランスジェニックマウス視床下部の初代培養
トランスジェニックマウスの胎生15日の胎仔脳の視床下部領域を分散培養し，1週後のGFP蛍光画像を細胞が生きた状態で共焦点顕微鏡を用いて取得した．突起の微細な構造も観察される

図13 Green Rat由来骨髄間質細胞の骨軟骨欠損部への移植
Green Ratの大腿骨より骨髄細胞を取り出し，1週間培養後，付着性細胞を回収し，大腿骨膝関節面に作製した骨軟骨欠損部位に移植した．移植後経時的に大腿骨を回収，固定・脱灰後，切片を作製し，共焦点顕微鏡で修復過程を観察した．図は移植後24週での移植部位の画像である．上段はGFPの蛍光，中段は透過光，下段は両者のマージ画像を示している．移植したGFP陽性の細胞が生着し軟骨細胞に分化している様子が認められる

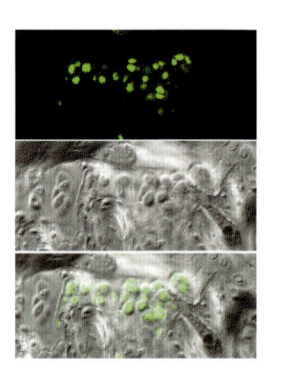

体で蛍光染色し，GFP陽性細胞がERα免疫陽性であることを確認した（図11）．トランスジェニックマウスの胎生15日の視床下部を1週間分散培養し，生きた細胞を用いてGFPの蛍光の観察を行った．神経細胞の突起の分岐や微細な構造が観察された（図12）．ホルモン環境の変動に伴い神経細胞の形態が変化することが示された．

2）GFPトランスジェニックラットの移植実験

全身の細胞がGFPを発現するトランスジェニックラット（Green Rat）＊の骨髄中の間質細胞を培養し，野生型ラットの大腿骨膝関節面に作製した骨・軟骨欠損部に移植した．移植後経時的に大腿骨を採取し，4％パラホルムアルデヒド/PBSで固定，脱灰後，切片を作製した．共焦点顕微鏡でGFPの蛍光を観察し，移植細胞が修復過程にどのようにかかわるのか解析した（図13）．

＊岡部勝ら（大阪大学遺伝情報実験センター）が作製したトランスジェニックラット[5]．ほぼ全身の細胞がGFPを発現することが確認されている．同様のマウス（Green Mouse）も開発されている．共同研究同意書を送付し許可が得られれば，日本エスエルシー（株）経由で入手可能．詳しくは，大阪大学遺伝情報実験センターのホームページ（http://kumikae01.gen-info.osaka-u.ac.jp/TG/greenrat.cfm）を参照して欲しい．

おわりに

　遺伝子組換え動物を用いた解析は時間とコストを必要とするが，多種・多様の細胞が複雑に分布している臓器・組織でも，細胞種特異的に GFP を発現させることができる点においてきわめて有用である．遺伝子導入が難しい臓器・組織に対してはウイルスベクター，エレクトロポレーションや遺伝子銃といった技術も適用されているが，これらの技術を用いて，プロモーターの下流に GFP をつないだ遺伝子を導入しても，そのプロモーターがうまく働かず，発現すべきでない細胞においても GFP を発現してしまう場合が多いと聞いている．遺伝子組換え動物の系は，完全とはいえないものの，異所的な発現の危険性が他の方法に比べて最も低いように思われる．

参考文献

1) 宮脇敦史：GFP の実用的基礎知識．"実験医学別冊 ポストゲノム時代の実験講座 3 GFP とバイオイメージング"，pp17-30，羊土社，2000
2) 松崎正晴，宮脇敦史：市販されている GFP の種類，特性と選択方法．"実験医学別冊 ポストゲノム時代の実験講座 3 GFP とバイオイメージング"，pp31-37，羊土社，2000
3) 西 真弓，河田光博：細胞内機能タンパク質の局在・動態の可視化．"実験医学別冊 ポストゲノム時代の実験講座 3 GFP とバイオイメージング"，pp52-59，羊土社，2000
4) Andras Nagy et al.：Manipulating the Mouse Embryo: A laboratory manual. 3rd ed., Cold Spring Harbor Laboratory Press, New York, 2003
5) 伊川正人ほか：マウス．"実験医学別冊 ポストゲノム時代の実験講座 3 GFP とバイオイメージング"，pp130-141，羊土社，2000

2章 実験法各論

3. その他の蛍光プローブを用いた蛍光標識

1 多様な蛍光プローブ
― これらのプローブで何を見られるか

秋元義弘　川上速人

■ はじめに

レーザー顕微鏡の改良ならびに新世代の蛍光色素の導入により，さまざまな蛍光プローブが入手可能となり，多重染色への応用が可能になってきた[1〜4]．これに伴い，生きた細胞の形態と機能を in situ で観る技術が発展している．本稿では種々の蛍光プローブ（表）を取り上げる．

■ 原理とストラテジー

1）方法の原理

細胞，組織を構成する物質あるいは細胞内小器官をそれらに特異的に結合する蛍光物質を用いて標識し，レーザー顕微鏡で観察する．これによって物質や細胞内小器官の細胞内・外における局在あるいはその動態を調べることができる．

2）操作の概略

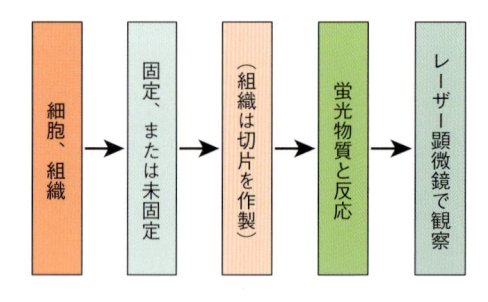

細胞、組織 → 固定、または未固定 → （組織は切片を作製）→ 蛍光物質と反応 → レーザー顕微鏡で観察

■ 準備するもの

1）機器
・クリオスタット
・マイクロスライサー，ビブラトーム等の未凍結切片作製装置

表 蛍光標識に用いるプローブと標識される構造物

蛍光標識に用いるプローブ	標識される主な物質または構造物
1. ファロイジン	F-アクチン
2. トキシン	脂質ラフト，アセチルコリン受容体など
3. レクチン	複合糖質
4. ミトトラッカー	ミトコンドリア
5. DiOC$_6$, ER-Tracker® Blue-White	小胞体
6. ライソトラッカー	リソソーム
7. C$_6$NBD-Ceramide, BODIPY®-Ceramide	ゴルジ体
8. DiI, DiO, DiA	脂質二重層
9. 蛍光標識ゼラチン	血管

- CO$_2$インキュベーター
- インキュベーションチャンバー
- 染色バット

2）試薬

- 固定剤（パラホルムアルデヒド，アセトン，エタノール，メタノール等）
- ブロッキング剤（BSA，ブロックエース等）
- 蛍光退色防止封入剤
- サポニン，Triton X-100

プロトコール

A．ファロイジン（phalloidin）

ファロイジンは細胞中のアクチンフィラメント（F-アクチン）に特異的に結合する❶❷．細胞骨格系の観察に用いられる．また一般に培養細胞の輪郭を明らかにするのにもよく使用される．同様の作用をもつファラシジンも使用可．

　　ストック溶液：メタノールで濃度 6.6 μM に溶解，-20℃保存（Molecular Probes 社，A-12379 など）．

＜培養細胞のファロイジン染色＞（図1参照）

細胞
▼
PBSにて洗浄，2分，2回
▼
4％ホルムアルデヒドで固定（室温，30分）❸，または冷アセトンで固定（-20℃，5分）
▼
PBSにて洗浄，5分，3回
▼
Alexa Fluor®-phalloidin（ストック溶液を PBS で 50〜100倍

❶生きている細胞のF-アクチンの染色には，蛍光アクチンをマイクロインジェクションまたはトランスフェクションによって細胞内に導入するか，GFPアクチンを用いる．

❷G-アクチンを染色するには，Alexa Fluor® 488, 594標識 DNase I (Molecular Probes社，D-12371, D-12372) を用いる．

❸ホルムアルデヒド固定した細胞は，試薬の浸透をよくするために，0.1％ Triton X-100 またはアセトンで室温，5分処理する．

希釈）と反応，遮光，室温，1時間
▼
PBSにて洗浄，5分，3回
▼
蛍光退色防止封入剤にて封入
▼
レーザー顕微鏡で観察

＜組織のファロイジン染色＞
組織
▼
4％ホルムアルデヒドで固定（室温，1時間）
▼
PBSにて洗浄，5分，3回
▼
切片作製（凍結切片あるいは未凍結切片，厚さ10〜200 μm）
▼
Alexa Fluor®-phalloidin（ストック溶液をPBSで50〜100倍希釈）と反応，遮光，室温，1時間
▼
PBSにて洗浄，5分，3回
▼
蛍光退色防止封入剤にて封入
▼
レーザー顕微鏡で観察

B．トキシン（toxin）

1．Cholera toxin subunit B

Cholera toxin subunit B（CT-B）はGanglioside GM_1[4]に特異的に結合する．近年，生体膜には脂質ラフトとよばれるコレステロールとスフィンゴ脂質が豊富に存在し，シグナル伝達やタンパク質の輸送に関与する膜の微小領域が存在することが明らかになった．CT-Bは脂質ラフトを構成するGM_1のマーカーとしても有用である．

　　ストック溶液：Alexa Fluor®標識Cholera toxin subunit B（Molecular Probes社，C-34775など）をPBSで濃度1 mg/mlに溶解，−20℃保存．

細胞
▼
冷無血清培地で洗浄，2分，2回
▼

[4] GM_1をはじめとする他の糖脂質一般を染色するには特異抗体の利用も可能である[5]．

Alexa Fluor® 標識 Cholera toxin subunit B（10〜25 μg/ml）-0.1% BSA-PBS と反応，0℃，30分❺

▼

冷 PBS で洗浄，5分，3回

▼

4% ホルムアルデヒドで固定，室温，30分

▼

PBS で洗浄，5分，3回

▼

蛍光退色防止封入剤にて封入

▼

レーザー顕微鏡にて観察❻

❺脂質ラフトの移動と凝集を観察するときはさらにこの後，37℃で5〜20分間インキュベートする．

❻GFP や FRET と多重染色が可能である．

2．α-bungarotoxin

Alexa Fluor® 標識 α-bungarotoxin（Molecular Probes 社，B-13422 など）は後シナプス膜に存在するアセチルコリン受容体を染色する．

　ストック溶液：PBS で濃度 1 mg/ml に溶解，−20℃保存．

組織

▼

4% ホルムアルデヒドにて固定，4℃，1時間

▼

PBS で洗浄，5分，3回

▼

切片作製（凍結切片あるいは未凍結切片，厚さ 20〜40 μm）

▼

0.01% サポニン処理（室温，30分）

▼

PBS で洗浄，5分，3回

▼

Alexa Fluor® 標識 α-bungarotoxin（2 μg/ml）-0.1% BSA-PBS と反応，室温，1時間

▼

PBS で洗浄，5分，3回

▼

蛍光退色防止封入剤にて封入

▼

レーザー顕微鏡にて観察

C. レクチン（lectin）

レクチンは特定の糖鎖構造を認識し，結合するタンパク質である．ただし糖鎖を認識する抗体はレクチンには含まれない．レクチンを用いてある特定の糖鎖が細胞，組織のどこに局在するかを可視化することができる[6)7)]（図2参照）．
蛍光標識レクチンまたはビオチン化レクチンがEY Laboratories社（コスモ・バイオ），Vector Laboratories社（フナコシ），Molecular Probes社（フナコシ，コスモ・バイオ），ホーネン（生化学工業）などより市販されている．

　　ストック溶液：PBSまたはD.W.で濃度1 mg/mlに溶解，
　　　　　　　　−20℃保存[❼]．

細胞，組織
　▼
4％ホルムアルデヒド−PBSにて固定[❽]，室温，1時間
　▼
PBSにて洗浄，室温，5分，3回
　▼
組織はクリオスタットにて5〜10 μmの凍結切片を作製[❾]
　▼
ドライヤー（冷風）にて，切片を風乾
　▼
PBSにて洗浄，室温，5分，3回
　▼
ブロッキング[❿⓫]．1％ BSA-PBS（精製したBSAを使用する）または4％ブロックエース（大日本製薬），室温，10分
　▼
蛍光標識レクチン（5〜25 μg/ml）と反応[⓬⓭⓮]（室温，1時間または4℃で一晩）
　▼
PBSにて洗浄，室温，5分，3回
　▼
蛍光退色防止封入剤にて封入
　▼
レーザー顕微鏡にて観察

[❼] ビオチン化レクチンは凍結により失活するのでアジ化ナトリウム（NaN$_3$，終濃度0.02％）を入れて冷蔵保存．

[❽] ホルムアルデヒド固定した細胞は，試薬の浸透をよくするために，0.1％ Triton X-100またはアセトンで室温，5分処理する．

[❾] パラフィン切片や未凍結切片も使用できる．

[❿] ブロッキングには糖タンパク質を含む正常血清，non-fat milk，卵白アルブミン，グレードの低いBSAを使用しないこと．

[⓫] ビオチン化レクチン使用時にはAvidin/Biotin Blocking kit（Vector：SP-2001）も使用可．

[⓬] 直接，蛍光標識レクチンで染色する代わりに，まずビオチン化レクチンを反応し，その後に蛍光標識ストレプトアビジンと反応して染色することも可能である．

[⓭] 対照として，0.1〜0.2Mのハプテン糖をレクチン反応時に添加して，反応が阻害されるのを確認する．

[⓮] レクチンによって金属イオン要求性のものがあるので，必要に応じて金属イオンを反応液に添加する．

D. ミトトラッカー（MitoTracker®）

ミトトラッカーはミトコンドリアを染色する．
　　ストック溶液：DMSOにて1 mMに溶解，−20℃保存
　　　　　　　　（Molecular Probes社，M-7512など）．

＜生きた培養細胞または組織の染色＞
ミトトラッカー含有培地（250 nM in PBS または phenol red を含まない培地）にて培養細胞または切片にした組織（非凍結組織からマイクロスライサーを用い，適当な厚さの切片を作製）を 37℃，15～45 分間培養

▼

ミトトラッカー非含有培養液または PBS で 37℃，10～60 分間培養

▼

レーザー顕微鏡にて観察

＜固定した細胞または組織の染色＞
4％ ホルムアルデヒドにて固定，室温，1 時間

▼

PBS にて洗浄，5 分，3 回

▼

組織の場合，切片作製
　未凍結組織からマイクロスライサーを用いて未凍結切片を作製するか，あるいは凍結組織からクリオスタットを用いて適当な厚さの凍結切片を作製[15]

▼

MitoTracker® （10～200 nM in PBS または phenol red を含まない培地）と反応，室温，10～20 分[16][17][18]

▼

PBS にて洗浄，5 分，3 回

▼

蛍光退色防止封入剤にて封入

▼

レーザー顕微鏡にて観察

[15] 固定後の組織の標識の際，凍結切片を用いると標識強度が低くなることがある．その場合は非凍結切片を用いる．
[16] ミトコンドリアが自家蛍光を発する場合があるので，ミトトラッカーで染色しないコントロールを必ずとって観察する．
[17] MitoTracker® Red 580，MitoTracker® Deep Red 633 が使用可能．
[18] ミトコンドリアの染色には Rhodamine 123 や TMRE なども使用可能であるが，固定した細胞や組織には使用できない．

E．DiOC$_6$，ER-Tracker® Blue-White

DiOC$_6$ はカルボシアニン系の脂好性色素の 1 つで，小胞体を主に染色する．固定した組織，細胞だけでなく生きた細胞も染色することができる．うまく染色されれば小胞体の網状の染色像が観察される[19]．ER-Tracker® Blue-White は生きた細胞の小胞体を染色するのに使用できる．

　ストック溶液：DiOC$_6$（Molecular Probes 社，D-273）を
　　　　　　　エタノールに溶解，濃度 0.5 mg/ml，−20℃
　　　　　　　保存．
　　　　　　　ER-Tracker® Blue-White DPX（Molecular
　　　　　　　Probes 社，E-12353）を DMSO に溶解，濃

[19] ミトコンドリアも一緒に染色するので像の解釈には注意が必要である．

度 1 mM，-20 ℃保存．

＜固定した細胞の染色＞

4％ ホルムアルデヒド-PBS にて細胞を固定，室温，3〜5 分間

▼

PBS にて洗浄，5分，3回

▼

2.5 μg/ml DiOC$_6$ 溶液中に約10秒間浸す[20]

▼

PBS にて洗浄，5分，3回

▼

蛍光退色防止封入剤にて封入

▼

レーザー顕微鏡にて観察

＜生きた細胞の染色＞

PBS または無血清培地にて洗浄

▼

0.5 μg/ml DiOC$_6$ 溶液（ストック溶液を培養液または PBS で 1,000 倍希釈）中で細胞を 37 ℃，5〜10 分間インキュベートする[20][21][22]

または 100nM〜1 μM ER-Tracker® Blue-White 溶液中で細胞を 37 ℃，30 分間インキュベートする[23][24]

▼

PBS または無血清培地にて洗浄，2分，3回

▼

レーザー顕微鏡にて観察[25]

F．ライソトラッカー（LysoTracker®）

ライソトラッカーは生細胞のリソソームを染色する色素である．

ストック溶液：ライソトラッカーを DMSO にて濃度 1 mM に溶解（Molecular Probes 社，L-7528 など），-20 ℃保存．

細胞

▼

75 nM ライソトラッカー溶液（ストック溶液を培養液または PBS で希釈）中で細胞を 37 ℃，5〜30 分間インキュベートする[26]

▼

[20] ミトコンドリアだけしか染色されないときは，DiOC$_6$ 溶液の濃度を上げてみる．

[21] DiOC$_6$ は細胞毒性があるので，インキュベートあるいは観察している間に，細胞が接着しているガラスから剥がれてきたり，細胞の viability に悪い影響を与えているような場合には DiOC$_6$ 溶液の濃度を下げる．レーザーの励起光の暴露量をできるだけ少なくする．

[22] 血清タンパク質がプローブと結合して凝集するので，培養液には血清は加えない．

[23] ミトコンドリアはほとんど染色されない．

[24] 低濃度では細胞毒性が低い．

[25] 生細胞では，時間の経過とともに染色剤がライソゾームに蓄積し，染色部位が見づらくなるので，染色してから短時間のうちに観察する．

[26] 細胞の自家蛍光の一部はリソソームに由来するので，必ずライソトラッカーで染色しないコントロールをとって観察する．あるいはリソソームのマーカータンパク質である catepsin B や LAMP-2 などを用いて二重染色を行う．

培養液またはPBSで洗浄，5分，3回
▼
4％ホルムアルデヒドで固定，室温，30分[27]
▼
PBSにて洗浄，5分，3回
▼
蛍光退色防止封入剤にて封入
▼
レーザー顕微鏡にて観察

[27] 直接，生細胞を観察する場合は不要．

G. C_6NBD-Ceramide または BODIPY®-Ceramide

これらはセラミドの蛍光アナログで，生きた細胞においてゴルジ体を染色する．

> ストック溶液：C_6NBD-Ceramide または BODIPY®-Ceramide をエタノールにて 2.5 mM に溶解，−20℃保存（Molecular Probes 社，N-1154, D-7540 など）．

細胞
▼
PBSで洗浄，2分，3回
▼
5〜10 μM C_6NBD-Ceramide または BODIPY®-Ceramide 含有10％（w/v）脱脂肪酸BSA-無血清培地[28]で，37℃，5〜10分間培養[29]
▼
PBSで洗浄，2分，3回
▼
レーザー顕微鏡にて観察[30]

[28] 培養液に血清が含まれているとCeramideと結合してしまう．
[29] 培養途中で検鏡し，他の細胞内小器官の膜が染まらなくなり細胞のゴルジ野に適当な標識が得られるまで培養する．
[30] 時間が経過すると蛍光プローブは形質膜へ移行し，培養液中に放出される．

H. DiI, DiO, DiA

DiI, DiO, DiA はカルボシアニン系の脂好性蛍光色素で，細胞膜の脂質二重層を主に染色する．細胞の標識や神経細胞の軸索のトレーサーとして使われる．

> ストック溶液：DiI（D-282），DiO（D-275），DiA（D-3883）をジメチルホルムアミドまたはエタノールで濃度（2.5〜10 mg/ml）に溶解，−20℃保存．

＜生きた細胞，胚，組織の染色＞
細胞，胚，組織
▼

プラーで引いた電極（芯入りガラス管，ナリシゲ GDC-1）に DiI, DiO, または DiA 溶液を入れる[31]

▼

この電極を用いて溶液を細胞，胚，組織にマイクロインジェクションで注入[32]，またはストック溶液を500倍希釈した培養液中で37℃，1時間培養する

▼

37℃，数分〜数日間インキュベーション後，レーザー顕微鏡にて観察[33]

<固定した細胞，胚，組織の染色（postmortem labeling法）>
細胞，胚，組織

▼

固定，10％ホルマリンまたは4％ホルムアルデヒド，室温，30分〜一晩

▼

組織はマイクロスライサーを用いて切片作製[34]

▼

プラーで引いた電極に DiI 溶液を入れる[31]

▼

この電極を用いて溶液を細胞，組織にマイクロインジェクションで注入[32]

▼

数時間〜数日後，レーザー顕微鏡にて観察[35]

[31] エッペンドルフチューブに溶液を入れておいて電極を立てると，毛管現象で電極の先端に溶液が入る．

[32] 注入または小さな結晶を目的とする部位におくだけでもよい．

[33] DiI で標識された切片は，ホルマリンまたはホルムアルデヒド固定後，Ni 添加 DAB 溶液に浸漬し，紫外線照射すると，DiI が DAB 黒として可視化され，光学顕微鏡あるいは電子顕微鏡で観察が可能である（Photoconversion 法）．

[34] 凍結すると細胞膜より色素が漏出するため，凍結切片は使えない．

[35] 免疫組織細胞化学法にて二重標識ができる．

I．血管鋳型

従来，血管の立体像の観察方法としては，樹脂を血管に注入した後，血管周囲組織を溶解させて鋳型を光学顕微鏡あるいは走査型電子顕微鏡で観察する方法がとられてきた．しかし，この方法では血管とその周囲組織との関係を解析することは困難であった．近年，レーザー顕微鏡を用いるアプローチによりこの解析が可能になった．

マウスあるいはラットをペントバルビタールナトリウムで麻酔，開胸

▼

マウスあるいはラットの左心室よりあらかじめ37℃に保って溶解しておいた10％蛍光標識ゼラチン溶液を注入し，全身に灌流

▼

全身を氷に入れて冷やし，ゼラチンを固める
▼
観察する対象の組織を剖出
▼
4％ホルムアルデヒドにて固定，室温，1時間
▼
必要に応じて免疫染色を行う
▼
レーザー顕微鏡にて検鏡

実験例

培養HeLa細胞におけるF-アクチンとOIP106の局在（図1，プロトコールA参照）

Alexa Flour®488標識ファロイジンにてF-アクチンを標識し（緑色），糖転移酵素（O-GlcNAc transferase）と相互作用するタンパク質OIP106をCy3にて標識（赤色）．さらにTO-PRO-3にて核染（青色）．共焦点レーザー顕微鏡像．OIP106は主に細胞の核（紫色）に存在し，細胞質にもパッチ状に局在する．蛍光標識ファロイジンを用いることにより，細胞骨格系との位置関係が確認できる．

培養colon26癌細胞への血小板の接着（図2，プロトコールC参照）

培養細胞に血小板を添加し，37℃，1時間培養．固定後，アメリカデイゴレクチン（ECA：N-アセチルラクトサミンに結合する）の結合をCy3にて標識し（赤色），FITC標識抗マウス血小板抗体にて血小板を標識（緑色）．さらにTO-PRO-3にて核染（青色）．共焦点レーザー顕微鏡像と微分干渉像とを重ね合わせた像．ECA陽性細胞には血小板が付着しているが（矢印），ECA陰性細胞には血小板の付着はほとんどみられない（矢尻）．

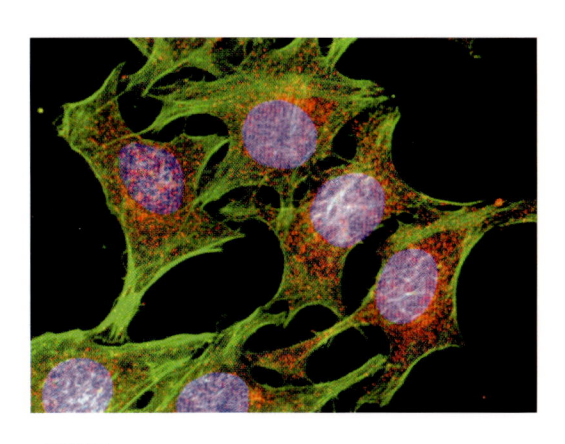

図1 培養HeLa細胞におけるF-アクチンと

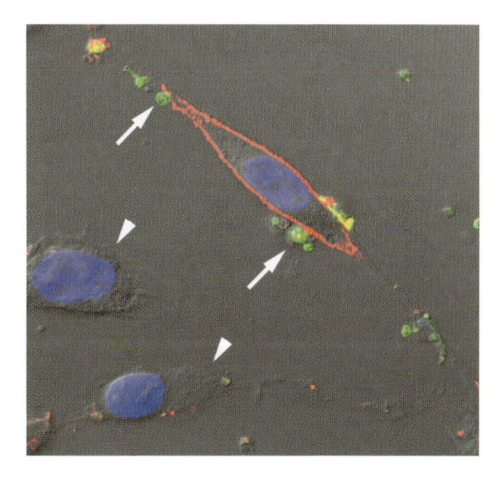

図2 培養colon26癌細胞への血小板の接着

◼ おわりに

　プロトコールで示した各蛍光プローブの濃度はあくまでも目安で，それぞれの試料および他の蛍光剤の蛍光強度に応じて適切な濃度を検討することが必要である．

　またタンパク質，抗体，DNA，オリゴヌクレオチドや糖鎖を自分で蛍光標識する場合，それぞれ対応するキットがMolecular Probes社などより市販されており，簡単な操作でかつ短時間で標識が可能である．目的とする複数の分子を異なる蛍光色素で標識し，かつ異なる波長のレーザー光を使用することにより，マルチカラーで検出することができるようになった．さらにGFPやFRETと組合わせることにより，*in situ*でかつリアルタイムで生細胞内における分子の挙動を調べられ，さらにこの分野の研究は進むだろう．

参考文献

1) 秋元義弘ほか：細胞内小器官の同定．"応用サイトメトリー"（天神美夫，監修/河本圭司ほか，編），医学書院，pp209-216, 2000
2) Poot, M.：Analysis of intracellular organelles by flow cytometry or microscopy in "Current Protocols in Cytometry" (Robinson, J. P. et al., eds.), John Wiley & sons, New York, 9.4.1-9.4.19, 1997
3) Terasaki, M. et al.：Fluorescent staining of subcellular organelles：ER, Golgi complex, and Mitochondria. in "Current Protocols in Cell biology", John Wiley & sons, New York, 4.4.1-4.4.18, 1998
4) Haugland, R. P.："Handbook of fluorescent probes and research chemicals. 9th ed." Molecular Probes, Eugene, 2002
5) 川上速人：電子顕微鏡，37：215-217, 2002
6) 川上速人，平野 寛：糖鎖の組織細胞化学．組織細胞化学2000（日本組織細胞化学会，編），学際企画，pp122-130, 2000
7) 高田邦昭ほか：レクチンを用いた糖蛋白質糖鎖の組織化学的検出．"グライコバイオロジー実験プロトコール"（谷口直之ほか，監修），秀潤社，pp236-240, 1996
8) Sun, D. et al.：Carboxyfluorescein as a marker at both light and electron microscopic levels to follow cell lineage in the embryo in "Developmental Biology Protocols volume I" Humana Press, Totowa, New Jersey, pp357-364, 2000
9) 橋本尚詞，日下部守昭：細胞工学，15：660-670, 1996

memo

ファロイジンはキノコから分離されたファロトキシン類のひとつで，猛毒である．トキシンは毒そのもので，レクチンのあるものは毒物であるのでこれらの蛍光プローブの取り扱いには注意を要する．

2章 実験法各論

4. ライブセルイメージング

1 装置のセットアップとGFPタイムラプス観察の実際

柏木香保里　齋藤尚亮

◼ はじめに

　本稿では，ライブイメージングによってはじめて解析可能となったPKCターゲティング機能解析を実験例に，すでに共同利用施設などに機器があるが，効果的な利用法がわからない，またはこれから購入を考えている人を対象に「生きた細胞を使って特定分子の細胞内局在変化を追跡」する方法を解説する．はじめての観察に必要な情報を中心に，データを出すためのtipsも併せて紹介する．

　プロテインキナーゼC（PKC）は多様な生理機能にかかわるとされてきたが，十数種存在するサブタイプ独自の機能を解明するには至っていなかった．PKCの基質候補は多数報告されたが，サブタイプ間での基質特異性は低く，酵素学的手法による解析には限界があった．また，組織発現に特徴はあるものの，同じ細胞に複数のサブタイプが発現しており，サブタイプ独自機能の解析はさらに困難であった．われわれはGFP（green fluorescent protein）を用いたライブイメージングによって，PKCが予想をはるかに超えたすばやい動き，また，多様な局在変化を示すことを発見し，PKCサブタイプ特異的機能解明の糸口をつかんだ．その後，同じ刺激に対しPKC各サブタイプの挙動が異なることや，特定のサブタイプでは刺激によって多彩なターゲティングを示し，刺激依存的な細胞応答を引き起こすことが明らかになった．

◼ 原理とストラテジー

1) 正立の顕微鏡/倒立の顕微鏡　どちらが適している？

　倒立型顕微鏡が圧倒的に多数利用されている．生きた細胞を一定以上の高倍率で観察する場合に限っていえば，正立ではシャーレの上から水浸レンズで，倒立ではシャーレの下から油浸または水浸レンズで観察することが多い．一般的に正立型顕微鏡の水浸レンズは焦点距離が長く，倒立型顕微鏡の水浸/油浸レンズに比べて解像度が劣る．このため，培養細胞など一層の試料を対象にする場合，きれいな画像取得ができる倒立型顕微鏡を選ぶことになる．倒立型顕微鏡では水浸または油浸レンズ両方が利用できる．像の明るさや作動距離の長さ，メンテナンスのしやすさの点では水浸レンズの方が優れている．しかし37℃設定で長時間観察する場合，水が蒸発してしまう

表 倒立顕微鏡および正立顕微鏡の特性と用途

	倒立顕微鏡	正立顕微鏡
汎用性	大	小
観察する(＝レーザー照射の)方向	ディッシュの底から(ガラスを介した観察)	試料の表層から(レンズとサンプルの間に介在物は存在しない)
レンズ	油浸または水浸レンズ	水浸レンズ
温度管理	ヒートチャンバー/レンズヒーター	ヒートチャンバー/灌流系による温度維持が好まれる
CO_2/O_2濃度管理	ヒートチャンバーによる濃度維持が可能	灌流系による濃度維持が可能
組織のスライスを用いる電気生理実験	×	◎
灌流系を用いた実験	◎	◎
サンプルの準備	培養細胞:ガラスボトムディッシュ	培養細胞:ヒートチャンバーに収まる直径のディッシュ,またはチャンバーにカバーガラスをしずめる 組織のスライス:灌流チャンバーにスライスを直接入れ,重り等で固定する

ので途中で足さなければならない．また，価格も油浸より高い．

正立でなければ実現しない実験は，サンプルの上部表面を観察したい場合である．例えば，組織スライスに電極を挿入し，その細胞のイメージングを行いたい場合である．組織スライスのように100μm以上の厚さがあり多層の試料を用いる場合，灌流液中のCO_2/O_2や試薬の効果は深部には届かないので表層の細胞を観察することになる．それで，試料の上からレーザー照射（観察も上から）する正立型の顕微鏡が必要となる．

準備するもの

1) セッティング

まず，研究の目的や試料によって蛍光プローブを選択する．その条件に応じて対物レンズ，励起レーザー，フィルター，ダイクロイックミラー等を選定しシステムを発注する．後の変更は大掛かりになるので目的を明確に設定しシステムを計画する必要がある（詳しくは文献1および2を参照）．基本的なシステムのセットアップは各研究者が行うことも不可能ではないが，各メーカーに組立て/調整を依頼することを勧める．後から変更不可能な事柄を参考までに紹介する．

● 顕微鏡を設置する部屋/位置

ホコリや人の出入りが少ないことは当然であるが，窓がなく十分に暗くできる部屋が望ましい．外気やクーラーの風が直接サンプルに当たらない位置を選ぶことが重要．特に，油浸レンズの油は微妙な温度変化で体積が変わり，ピントずれの原因になる．

● 顕微鏡とモニターの位置関係

一般的に「顕微鏡が左でモニターが右」が操作しやすいとされている．当研究室では「顕微鏡が左でモニターが右」と，その逆の「顕微鏡が左でモニターが右」どちらも使っているが，慣れればどちらに位置していても特に問題はない．

2）準備するもの

基本的なシステム以外に「生きた細胞のタイムラプス観察」に必要な機器等を以下に示した．

＜倒立型顕微鏡＞
- ヒートチャンバー（図1）
- レンズヒーター（図2）
- 油浸レンズ用オイル
- ガラスボトムディッシュ
- 一般的な細胞培養機器

＜正立型顕微鏡＞

ヒートチャンバーで温度管理をする場合（図3）
- チャンバーに収まる直径のディッシュ

暖かいバッファーを灌流して温度管理をする場合（試薬のwash outが可能）
- 灌流システム（図4）
- ウォーターバス
- ポンプ
- シリコンチューブ
- チャンバーに収まる直径のディッシュ/カバーガラス

3）倒立顕微鏡/油浸レンズで実験する際に必要な物と取り扱い注意点

- 油浸レンズ用オイル

  遮光ビンまたはプラスチックチューブに入ったものを，各光学機器メーカーが販売している．油浸レンズ用オイルはある程度の粘性をもっている方が扱いやすい．特にレンズヒーターを用いる場合には，粘性が少ないとレンズの上に垂らしたときすぐに流れてしまい，レンズの破損を招くこともある．数種の油浸レンズ用オイルを試したがCarl Zeiss社製のものが粘度が高く使いやすい．

- ガラスボトムディッシュ

  直径約3.5 cmのディッシュ中央を丸くくりぬき，底からカバーガラスを接着させたガラスボトムディッシュが数社から販売されている．ガラス部分の大きさ，底のくぼみ具合など微妙に異なるので，ヒートチャンバーに収まるかどうか等サンプルを取り寄せて実際に試してから発注するとよい．ディッシュ底のはかま部分が高い場合，対物レンズの安全装置が働いて焦点が合わないことがある．

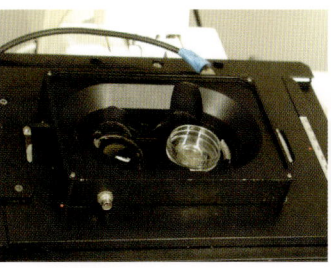

図1 ヒートチャンバー　　**図2** レンズヒーター　　**図3** ヒートチャンバー

2章－4－**1** 装置のセットアップとGFPタイムラプス観察の実際

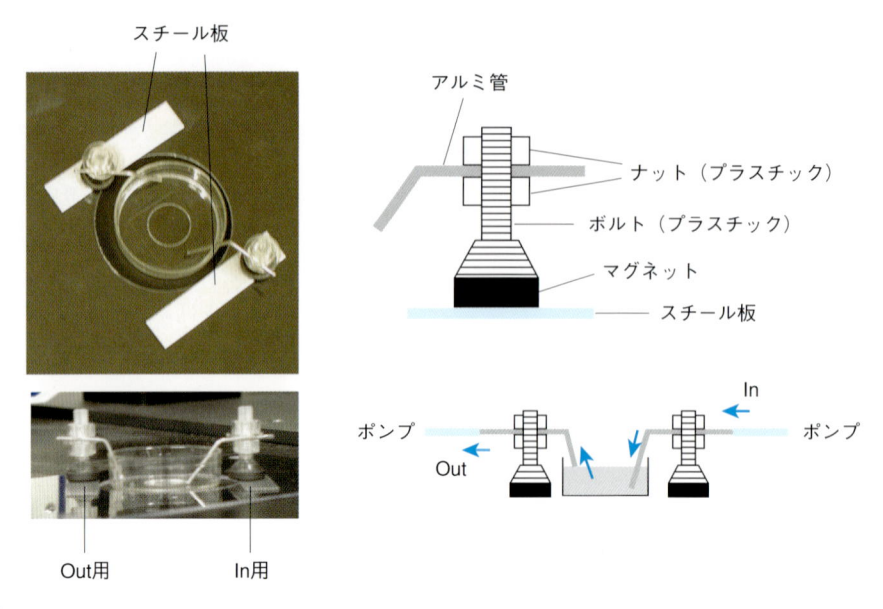

図4 試薬の wash out が可能な灌流システム

バッファーの「in 用」「out 用」のアルミ管をプラスチックねじ（ボルトとナットの組合わせ）でとめている．「in 用」より「out 用」のアルミ管は短くしてあるので，バッファーが一定量以上になれば吸引され，流量は「in 用」のポンプでのみ設定すればよい．アルミ管にはシリコンチューブをつないで溶液を流す．プラスチックねじは磁石と接着し防錆スチール板上で固定している（移動/脱着可能）．防錆スチール板を両面テープで貼りつけたアクリル板は中央部をディッシュの直径に合わせてくりぬき，顕微鏡のステージにねじ止めで固定する．材料はDIY店で購入，また希望のサイズにカット可能

ディッシュの再生

ガラスボトムディッシュは比較的高価なので当研究室では再生利用している．重要な実験は新品を使用するが，再生したディッシュでも十分使用に耐える（細胞の除去が完全でないディッシュでも細胞はきちんと接着しトランスフェクションもうまくいく場合が多い）．発癌プロモーターなど危険な試薬を使用した場合，または固定した場合に限って使い捨てにしている．

＜ガラスボトムディッシュの再生方法＞

ディッシュからバッファーを除き，中性洗剤（スキャットなど）に10分ほど浸けておく．

↓

親指と人差し指で中央のガラス部分を挟むようにしてやさしくこする．
（強く挟むとガラスが割れてしまうので注意が必要）
特にガラスとプラスチックの境界には多くの細胞が張りついているので丁寧に取り除く．

↓

中性洗剤を溶かした水に浸しながらソニケーターでガラス部分を超音波洗浄．
（ウォーターバス式のソニケーターなら浸けたまま5～10分ソニケート）
あまり長時間ソニケートするとコーティングがはがれてしまい細胞が接着しなくなる場合がある．
（コーティングがはがれてしまっても，poly-L-lysine を再コートすれば使用できる）
慣れないうちは顕微鏡で取り残しがないかどうか確認する．

↓

MQですすぎ，乾かす．
（この状態でビニール袋などにためておき，ある程度たまってからまとめてUV滅菌することも可能）

↓

細胞を扱っているクリーンベンチ内で一晩（16時間）UV照射し滅菌する．
↓
ふたを閉じた状態のディッシュを5～10個ずつラップでくるみ，ビニールテープでとめる．

・バッファー/試薬

通常の細胞培養液は緩衝作用が弱く数分でpHが大きく変化する．そのため室内でライブイメージングを行うために緩衝作用のあるバッファーに置き換える必要がある．当研究室では通常未滅菌HEPESバッファーを用いている．グルコース抜きの10×HEPESバッファーと10×グルコースをストックとして未滅菌で調製し，4℃で保存している．長時間の観察が必要な場合には調製時にフィルター滅菌操作を加えたバッファーを用いる．また，Ca^{2+} freeまたはMg^{2+} free HEPESバッファーを必要に応じて調製する．HEPESバッファーの他にHanks，Krebs等でもよい．また，実験の目的によっては無血清培地なども使用する（培地には色がついているので蛍光が見づらいこともある）．

<1×HEPESバッファー（pH 7.3）>　　　（最終濃度）
NaCl	3.945 g	135.0 mM
500mM KCl	5.4 ml	5.4 mM
500mM $MgCl_2$	1 ml	1.0 mM
100mM $CaCl_2$	9 ml	1.8 mM
500mM HEPES	5 ml	5.0 mM
100mM グルコース	50 ml	10.0 mM

H_2Oで500mlにメスアップ

🛈 実験のコツ

🛈 油浸レンズ用オイルについて

使用するオイルの量

オイルは気泡が入らないようレンズの上にそっと置くように1滴垂らす．チューブ入りの場合，先端の穴を小さめにあけることが重要（当研究室ではビン入りを購入しているがチューブに入れ替えて使用している）．

オイルの管理

冬の寒い朝にはオイルが結晶化することがある．気づかずに使っているとレンズを傷つけるので注意が必要．また，観察時には結晶に光が当たって乱反射し，きれいな画像取得ができない．当研究室では冬の間専用のヒートインキュベーターに保管しているが，80℃のお湯を入れたプラスチック容器にオイルビン/チューブを倒れないように浸けておくことでも結晶はなくなる．

オイルの除去

レンズに残ったオイルはディッシュを変えるたびに拭き取らなければならない．
ケイドライ等，ほこりが出にくく傷のつかないタイプのティッシュを使う．顕微鏡を使い終わったらレンズクリーニング液をしみ込ませた綿棒で丁寧にオイルを取り除く．

レンズクリーニング液
メチルアセテート	65%
エタノール	30%
ジエチルエーテル	5%

🛈 温度管理

温度設定は生きた細胞のタイムラプス観察ではとても重要である．実験の目的や使用する試薬の性質によってどんな温度設定にするのかが決まる．
カルシウム指示薬を用いるとき，実験条件（細胞種や薬剤の種類など）によっては24℃（一般的な室温）設定が望ましいこともある（37℃で実験するとロードした指示薬が細胞から漏出し

てしまうことがある）．また，逆に低温では細胞内で代謝反応が起こらなかったり，生理条件より遅いタイムコースでしか変化が検出できなかったりする場合がある．

室温調整
恒温管理のできる部屋が望ましい．恒温室がなくても，あらかじめエアコンで特定の温度にしてから実験をはじめる，またドアの開閉回数を少なくするなどしてある程度一定の室温で実験することが可能．

ヒートチャンバー/レンズヒーターの温度設定
実際にディッシュ内が望みの温度になっているか温度計で計測して決める．ディッシュ内のバッファーの温度を37℃にしたい場合，チャンバーは40数℃の設定になる．レンズヒーターは観察対象細胞の直下から加温するので，37℃の設定で使用する．ヒートチャンバーとレンズヒーターを併用する場合は，レンズヒーターを37℃に設定したうえで，レンズの真上が望みの温度になっているか温度計で計測しながらチャンバーの温度設定を決める．

その他
顕微鏡をビニールシートで覆い，温風を送り込むシステムなどが顕微鏡メーカーから販売されている．顕微鏡本体を購入したメーカーに限らず他メーカーにも問い合わせをしてみると，個々の状況にあった装置が販売されていることがある．

❗ CO_2/O_2濃度管理
当研究室では特にCO_2/O_2濃度の管理を行わずに実験しているが，実験内容によって必要ならば，CO_2/O_2濃度またはCO_2/O_2濃度に加え温度も同時にコントロールできる蓋つきチャンバーが市販されている．

❗ バッファーの温度管理と量
バッファーはあらかじめ37℃に設定したウォーターバスで暖めておく．実験直前にディッシュの培地を捨て，一定量のバッファーを入れる．刺激直後に変化がある場合はバッファーの全置換は不可能であるため，あらかじめ900 μlのバッファーを入れておき最終濃度の10倍の試薬を100 μl加える．また，濃度別に薬剤の効果を厳密に評価したいときなどには，一定量のバッファーを入れておき直前にディッシュから抜いてfinal濃度の試薬（バッファーと同量にしておけばピントずれがない）に全置換する．

📝 プロトコール

1．システムを起動する
ひと昔前と違い，1つか2つの電源をONにするだけですべての装置が立ち上がるようにセッティングされていることが多いと思う．しかし，各装置にはそれぞれ電源があり，修理の後などはいつもの電源をONにしても機械が作動しないことがよくある．すべての装置に関して，電源の位置を確認しておくことを勧める．また，複数の電源を入れる場合，その順番も重要である．特にコンピュータを起動した後に水銀ランプの電源を入れるとコンピュータに高電圧がかかりバグの原因になることがある．

2. 透過光で細胞にピントを合わす

試料の培地をバッファーに置換しておく

▼

オイルを1滴レンズの上に乗せディッシュを台に乗せる

▼

ディッシュの底がオイルに触れた後，オイルの直径が少し大きくなるまでレンズを上昇させる

▼

透過光で細胞が見える位置までレンズを下降させる❶

3. 蛍光を確認し，観察対象細胞を選ぶ

ライブイメージングにおいて細胞選びは最も熟練が必要でかつ結果に影響するので慎重に行う❷．

ディッシュ全体をざっと見渡し，蛍光標識された分子の発現と局在を観察する．

▼

平均的な蛍光強度の細胞を選び，視野の中央に運ぶ．

明る過ぎる細胞は避けることが多い．その理由は，①蛍光タンパク質が過剰発現し過ぎて凝集しており（図5）正常な動態を示さないことがある．②輝度が強すぎて検出範囲の上限を超える場合には輝度変化が検出できないからである．一方で暗めの細胞は小さな変化をとらえるのに適しているが，蛍光の減衰で長時間の変化を検出できないことや，プレゼンテーションに耐えない画像となることがある．動態が不明な場合には，明るさの異なる細胞を視野に3〜5個入れて観察するとよい（図6）．蛍光が細胞内の特定の場に集積することも

❶ 透過光のイメージはピント調整の意味でも蛍光のライブイメージングと同時にモニターすることが大切である．透過光はケーラー照明を合わせてモニターするよう設定しておく．

❷ 蛍光顕微鏡で蛍光を確認するときは水銀ランプを光源として用いることになるが，光が強すぎると蛍光の退色を招く．新しい水銀ランプを使うときにはフィルターを2〜3枚挿入して減光するとよい．また，蛍光減衰の激しい試料の観察時にはconfocal modeでレーザー出力を落として探す方が適している（モニターに表示される範囲は，顕微鏡下で一視野に含まれる範囲より狭くなる）．

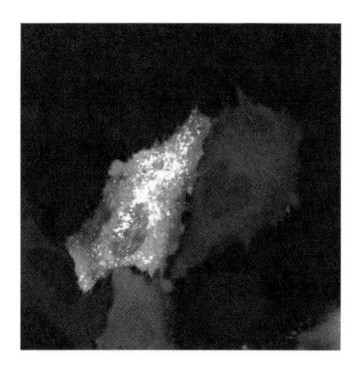

図5 観察対象細胞の選び方①
左の細胞では蛍光プローブで標識したタンパク質が過剰発現し細胞質内で凝集している．変化が検出されない可能性があるので右の細胞程度に発現している視野を選び直す

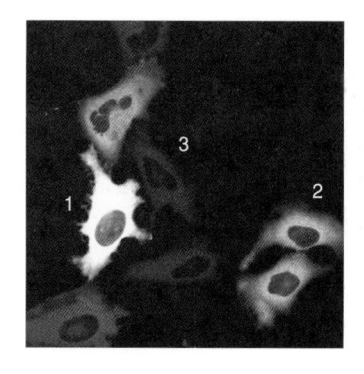

図6 観察対象細胞の選び方②
図変化のタイムコースや局在変化が不明な場合は，蛍光強度の違う細胞を一視野に入れるとよい．左中央の細胞（1）は明るすぎるが，蛍光退色が激しい場合も想定して，中程度の明るさの細胞（2），他のやや暗い細胞（3）とともに加えておくのもスクリーニングの段階では必要な場合もある

あるが，この集積が本来の局在である可能性もあるので，内在性の局在を免疫染色で確認しておくことが重要である．また，追跡している蛍光がプロテアーゼなどによって分解された産物で，［本来観察したいタンパク質の切れ端＋GFP］となっていないかどうかを免疫染色やウェスタンブロッティングで確認する必要がある．

4．観察対象を決めたら，まず1回 confocal mode でスキャンしてみる

機器の設定を confocal mode に変え，まず1回スキャンしてみる❸❹．

（対象画面の蛍光強度に合わせた「明るさ」と「コントラスト」を自動調整してスキャンする設定がある場合は自動設定で行う．自動設定での明るさ/コントラストは視野中の一番明るい輝度を基準にするので目的の細胞が極端に暗い場合がある．その場合は先にトリミングをして対象細胞だけを画面に出し自動設定で再度スキャンする）．

5．観察対象だけをトリミングする

細胞2～3つを含む範囲が一画面に入るようにする．
（どんな局在変化が起きるかが不明の場合，多くの細胞を一画面に入れようとすると変化をとらえられない可能性がある．また，1つの細胞だけを見ていたのではその細胞がそのとき反応しなかった可能性を否定できないので，まずは2～3つを一画面に入れて観察してみる．蛍光減衰の点からも極端に狭い範囲の指定は避けた方がよい．全く同じスキャン条件で広い面積と狭い面積を画像取得した場合，単位面積当たりのレーザー照射量は狭い面積を指定したときの方が多くなり，その結果蛍光の退色が早くなる）．

6．「明るさ」と「コントラスト」を再調整

画像の蛍光強度を変えるには以下のような方法がある．
　① 明るさ/コントラストの設定を変える．
　② ピンホールを開き厚切りの像に，または絞って薄切りの像にする．
　③ レーザーの出力を上げる．
レーザーの出力を上げると退色も早くなるので，なるべく①②の方法で蛍光強度を調整する．

7．アベレージングの回数を指定

ざらつきのないスムーズな画像を得るためアベレージングを行う．

❸顕微鏡で見たはずの画像がモニターに現れない場合，①Z軸がずれている，②明るさ/コントラスト設定に問題がある，③蛍光顕微鏡で見た蛍光が本来の蛍光とは異なる波長の光である，④フィルターの設定が見たい蛍光の波長に合っていない等の理由が考えられる（顕微鏡によっては蛍光顕微鏡の視野がconfocal像では90度～180度回転している場合がある）．

❹Z軸をどこに合わせたらよいかは，どこを観察したいかによって決まる．どのあたりで変化が起きるのかが不明の場合は，核がはっきりわかる位置でZ軸を調整してみる（また，ピンホール調整で薄切りまたは厚切りの像が得られるので，接着面近くと核を同時に観察したい場合はピンホールを開くとよい）．

（アベレージングは回数が多いほどきれいな画像が取得できるが1枚の画像取得に時間がかかり，蛍光退色にもつながる．またタイムラプス観察時には，アベレージングの枚数によって何秒ごとにスキャンするかが決まるので注意が必要．アベレージング回数は4回が目安となるが，早い反応が期待されるときにはまず最少のアベレージングで実験してみる．また，蛍光の退色が激しいときにはアベレージングは少なめの設定にする）．

8. タイムシリーズの設定

アベレージングの回数，スキャン枚数，インターバルでトータルのスキャン時間が決まる．スキャン枚数は途中でスキャンをストップできるので多めに設定しておくとよい．秒単位の早い変化が予想される場合はアベレージングの回数を極力減らし，短時間に多くのスキャンを実行する．この場合インターバルは0設定でよい❺．局在変化のタイムコースが全く不明の場合スキャン頻度を変化させて早い反応と遅い反応両方に対応する（ex. アベレージングは極力少なく設定し，インターバルなしで5分ほどスキャンし，その後30秒ごとにスキャン，さらに必要なら1〜5分のインターバルでスキャンする．複数のインターバル設定ができない場合はインターバル0設定で5分ほどシリーズスキャンし，その後30秒ごと，さらに1〜5分ごとにシングルスキャンする．バラバラのデータとして保存されるがあとで連続のMovieに再構成できる）．

❺実際のインターバルは0ではなく，1枚の画像取得にかかる時間ごとにスキャンされることになる．

9. 刺激の準備

適切な温度で準備しておいた試薬❻をピペットマンにとり，準備．

❻疎水性の高い物質などバッファーに溶けにくい試薬は直前にソニケートする．

10. タイムシリーズ START

1枚目（刺激前の画像になる）をスキャンし終える頃に試薬を加える❼．
〔全置換する場合はガラスボトムの中央のみに200 μlのHEPESバッファーを入れておき，タイムシリーズ START する（刺激前の画像になる）．HEPESバッファーを吸引し最終濃度の試薬を200 μl（バッファーと同量）加える．画像は一時乱れるが等体積なのでピントは刺激前後でほぼずれがない〕．

❼ディッシュに触らないように．右手にもったピペットマンを左手で支えると安定する．

11. データの保存

試料ごとに目的分子の変化を必ずノートに記入しておく．

〔その際，細胞の様子，GFP 融合タンパク質の発現状態，スキャン条件（照射レーザーパワー，ズーム，ピンホール，アベレージング回数，スキャン枚数，インターバルなど）も併記しておくと後で参照できる．上記の情報を画像とともに電子データとして保存できる場合が多いが，C-LSM のアプリケーションをのせたコンピュータでないと情報を呼び出せないので，アナログ情報が後で必ず頼りになる〕．

画像データをハードディスクに保存する場合，実験終了後 MO などメディアに移動する[8]．

12. Movie の作成[9][10]

Movie の作成には，各社の共焦点顕微鏡に付属のソフトで Movie を作成し，それを汎用のフォーマット（QuickTime，Media Player など）で保存する場合と，連続した画像を時間経過にそって（イメージシークエンス）保存し，後に，Movie 作成用ソフトを用いて画像を作成する場合がある．いずれの場合もソフトの手順に従って行うと難しい手順ではないが，注意すべき点がいくつかある．

①まず，今のところ論文投稿には，QuickTime のフォーマットを要求される場合が多いので，QuickTime を使用することを勧める．QuickTime の viewer は無料でダウンロードできるが，イメージシークエンスからビデオを作製したり，ファイルサイズを圧縮するには QuickTime のソフトを購入することが必要である．ホームページから比較的安価でダウンロード購入できる．

②また，Movie の再生速度（何フレーム/秒）についても，保存時に設定することもできるが，パソコンの能力などによって再生時間がばらつくこともあるので，情報としては何分間（実時間）の観察結果が，Movie の最初から最後までに記録されているかを記載する方が得策である．

[8]シリーズ画像はファイルが大容量なので，各自がこまめにメディアに移しておかないと，スキャン途中でハードディスクが full になりデータが保存されないことになる危険がある．

[9]最近の論文には Movie の投稿が可能なものが多く，各雑誌のホームページ上で，Movie を見ることができる．ライブイメージングの結果を Movie で紹介することによって，そのダイナミックな変化をより強いインパクトで読者に伝えることができ，今日，Movie の作成は必要な技術になっている．

[10]Movie の例は，http://www.yodosha.co.jp/book/4897064139.html を参照．

❓ トラブルシューティング

トラブル	考えられる原因	解決のための処置
透過光で細胞にピントが合わない/細胞が見つからない	①油浸オイルがレンズとディッシュ間に留まっていない ②オイルに気泡が入っている ③レンズの移動が速すぎて細胞を見落としている	☞ ディッシュをはずしオイルをきれいに除去した後，再度オイルをのせる ☞ ①と同様 ☞ フォーカス駆動を微動に変更してZ軸を合わせる
細胞を選んでいるうちに蛍光退色してしまう	①水銀ランプの蛍光が強すぎる	☞ フィルターを2〜3枚挿入する．水銀ランプの出力が弱くなるに従って1枚ずつはずしてゆく

	②蛍光タンパク質と融合させた目的タンパク質の発現量が少ない	☞ トランスフェクションの条件を変えて発現量を増やす ☞ C-LSM モードでモニター画面上で探す
Confocal mode でスキャンしたとき,モニターに何も現れない	① Z 軸がずれてしまった ②明るさ/コントラストの設定が合っていない ③ confocal mode での励起波長/フィルター設定が間違っている ④顕微鏡で見た蛍光が本来の蛍光とは異なる波長である ⑤レーザー出力が低い/不安定/途中でダウン	☞ 再度調整 ☞ 明るさ/コントラスト設定を上げてみる ☞ プローブに合った励起波長/フィルター設定に ☞ 顕微鏡のフィルターをプローブに合った設定に ☞ いったんレーザーを切り,再起動させる.十分に warm up させてから出力を上げる.頻繁にレーザー出力が不安定/途中でダウンするようなら修理を依頼する
トリミング後に蛍光が極端に減衰する	①指定範囲が狭くレーザー照射量が多くなった	☞ 指定範囲を広げる ☞ レーザー出力を下げる
モニター上の蛍光が暗い/明るすぎる	①明るさ/コントラスト設定が対象に合っていない ②ピンホールが絞り過ぎ/開き過ぎで薄切り過ぎる/厚切り過ぎる像になっている	☞ 明るさ/コントラスト設定を調整する ☞ ピンホールを開いて厚切りの像を得れば明るくなり,絞って薄切りの像にすれば暗くなる
画像がきたない ①画像が粗い ②back ground とのコントラストがなく全体にざらつく ③乱反射する	①アベレージングしていない ② Z 軸を下げ過ぎたことで光がディッシュに反射している ③油浸オイルに泡/結晶が混入している	☞ 蛍光退色しない程度にアベレージング回数を増やす.速い反応を検出するためには画像の美しさをある程度犠牲にしなくてはならない ☞ Z 軸を上げる ☞ いったんオイルをきれいに除去してから再度泡が入らないようにオイルをレンズにのせる/オイルを 80℃の湯に浸けて結晶を完全になくしてから使用する
タイムラプス観察の過程で退色が激しい	①アベレージング回数が多すぎる ②範囲指定が狭すぎる.比較的小さい細胞は 2〜3 個の細胞だけをトリミングするとその面積が狭いためにレーザー照射量が多くなる	☞ 検出したい変化のタイムコース(アベレージング回数とインターバル設定に依存する),画像の滑らかさ(アベレージング回数に依存する),蛍光強度保持(アベレージング回数,レーザー出力,シリーズ画像全体の枚数に依存する)は常にその条件がリンクする.実験条件に合わせて優先順位を決め設定を工夫する ☞ 指定範囲を広げる/レーザー出力を落とす

	③レーザー出力が高すぎる	👉 レーザー出力を落とし，蛍光の調整を明るさ/コントラスト設定で行う
試薬を加えたら画面から細胞がなくなった	①ディッシュが動いた	👉 ピペットがディッシュに触れないようピペットを逆の手で固定して操作する
	②細胞がはがれた	👉 狙った細胞のそばで試薬を強く噴出させない．接着の弱い細胞の場合は細胞からはなれた位置から少しづつ試薬を加える
蛍光局在変化がない	①明るすぎる細胞を対象にしているため変化があっても検出できていない	👉 明るさ/コントラストを調整しダイナミックレンジ内の蛍光強度におさめる
	②実験結果通り，その刺激，その細胞，そのタイムコースでは変化していない	👉 観察のタイムコース，バッファー，刺激，実験前の処置（血清を含まない培地で培養，ほか），細胞種など，実験条件を再考する

◼ 実験例

われわれは，プロテインキナーゼC（PKC）などの情報伝達因子が，種々の細胞外からの活性化シグナルに応じて異なる細胞内部位に移動し，特異的な標的にシグナルを伝達（リン酸化）する機構，つまりターゲティング機構の分子メカニズムを研究している．この刺激に特異的に反応するメカニズムの解明には，PKCの各ドメインの働きを明らかにする必要がある．ここで示す実験例は，ジアシルグリセロールが結合すると考えられているPKCのC1ドメインが，PKCの細胞膜へのトランスロケーションにおいてどのような働きをするかを明らかにするために行った実験である．

野生型のPKC（γPKC）にGFPを融合させ，CHO-K1細胞に発現させると，細胞質にほぼ均一に分布する．また，核内にもやや弱いが蛍光は検出できる．CHO-K1細胞には内在性のプリン受容体（P2Y）があり，UTPなどの刺激によって，Gqタンパク質を介したPLCの活性化を引き起こすことができる．PLCの活性化はDGとIP3の産生を導き，PKCを活性化する．活性化された野生型のγPKCは速やかに（15秒程度）細胞膜に移動し，1分程度で再び細胞質に戻る．このダイナミックなトランスロケーションにおいて，C1ドメインがどのような役割があるのかを解析するために，まず，C1ドメインを欠損させたγPKCの変異体（ΔC1γPKC）の細胞内動態を観察した．GFPで標識したΔC1γPKCは野生型と同様に，速やかに細胞膜に移動し細胞質に戻るという動きを示した．ただ，一連のPKCの動態には，野生型とC1欠損γPKCの間では，わずかに時間的な相違がみられた．しかしながら，細胞による反応性の違いや時間経過のばらつきを考慮すると，野生型とC1欠損γPKCの動きの時間的な差が有意であるかどうかは判断が困難である．そこで，われわれは野生型γPKCにはDsRedを，変異型にはGFPを融合し，細胞に同時発現させ，2種類の蛍光分子の動態を指標に2つの分子の動態を比較し，C1ドメインの機能を解析することにした．その結果，ビデオに示すように，ΔC1γPKC-GFPは，野生型γPKC-DsRedとほぼ同時に細胞膜に移動するにもかかわらず，明らかに早く細胞質に

戻る現象が観察された．この事実から，C1 ドメインには PKC をより長時間，細胞質膜に留め，活性を持続させる働きがあることが示された（Yagi, K. et al. 投稿中）．

このように，2種類のタンパク質の動態を，同じ細胞内で比較することによって，従来困難であったわずかな時間的・空間的な相違を検出し，それぞれのタンパク質の機能を解析することが可能である．

おわりに

以上，細胞のライブイメージングについて解説し，例として C1 ドメインの機能解析を紹介した．今まで検出できなかった現象がイメージングによって「見てわかる現象」となった瞬間の感激はひとしおである．今後さらに多様な蛍光プローブが開発され，イメージングで解析可能な現象が増えることは確実である．今後はより生理的な条件下で局所の変化をとらえるイメージングを思慮深く進めてゆきたい．

参考文献
1）"顕微鏡の使い方ノート"（野島 博，編），羊土社，1997
2）"改訂 顕微鏡の使い方ノート"（野島 博，編），羊土社，2003
　"GFP とバイオイメージング"（宮脇敦史，編），羊土社，2000

第2章 実験法各論

4. ライブセルイメージング

2 FRET
－GFPを用いたFRETによるタンパク質－タンパク質相互作用の可視化

西 真弓　河田光博

■ はじめに

　FRET（Fluorescent Resonance Energy Transfer）とは，エネルギー供与体（ドナー）からエネルギー受容体（アクセプター）への蛍光のエネルギー移動を用いて，細胞内外の生体分子の相互作用などの動態を可視化する技術のことで，1948年Forsterによってその基本的概念が示された．ドナーの発光エネルギーレベルとアクセプターの吸収エネルギーレベルに重なりがある場合，励起状態にあるドナーの近傍にある相対的向きを保ってアクセプターが存在すると，ドナーからの発光が起こらないうちに，その励起エネルギーがアクセプターを励起される[1]．アクセプターが蛍光分子であれば，アクセプター固有の発光が検出されることとなる．本稿では，GFP（green fluorescent protein）を用いたFRETを中心に，CFPをドナー，YFPをアクセプターとして用いたFRETによるタンパク質－タンパク質相互作用の解析方法について概説する．また，こうしたFRETの活用方法以外に，カメレオン等のイオンイメージングやリン酸化モニタリング等の各種モニタリングにも応用できる．

■ 原理とストラテジー

　BFP（青），CFP（青緑），YFP（黄），DsRed（赤）などの改変GFPを用いて目的とする分子を標識することによりFRETを行えば，生きた細胞内でタンパク質－タンパク質相互作用や，タンパク質の構造変化をリアルタイムに可視化することができる．FRETの効率は，ドナーとアクセプター間の距離およびドナーの発光モーメントとアクセプター発光モーメント間の相対的角度（配向因子）に依存する．もし，フルオレセインのような分子量の小さい有機蛍光分子を用いて，長いスペーサーを介してタンパク質を標識するような場合，ドナーの発光モーメントとアクセプターの吸収モーメントはあらゆる方向に分布すると仮定される配向因子を無視することができるため，FRET効率はドナーとアクセプター間距離の6乗に反比例することになる[2]．一般にFRET技術で検出できる分子間相互作用は，ドナーとアクセプター間の距離が10 nm以下に接近したときに可能となる．また，GFPを用いたFRETの場合（図1）は配向因子が重要なファクターとなってくるため，目的とするタンパク質の組合

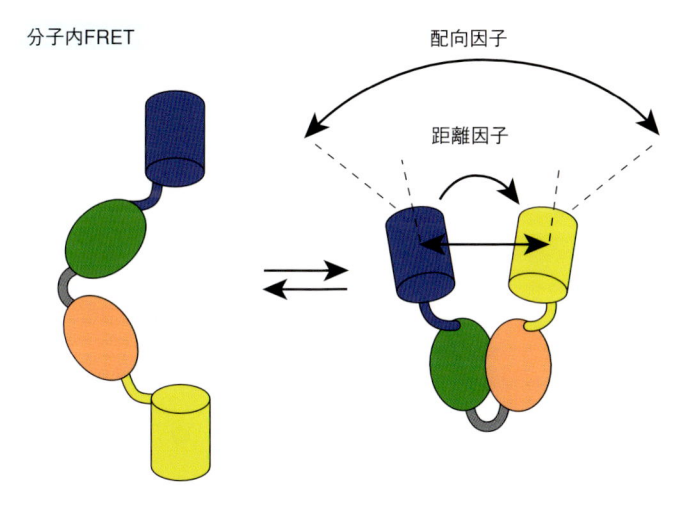

図1　分子間FRETと分子内FRET

分子間FRETでは，目的とするタンパク質AおよびBとおのおのCFPおよびYFPとの融合タンパク質が互いに相互作用して結合するとFRETが生じ，解離するとFRETは消失する．分子内FRETでは，同一の宿主タンパク質両端にCFPおよびYFPが結合しており，宿主分子の構造が変化してドナーとアクセプターとの距離と配向因子が適切な値を取った場合，FRETが生じる

わせによっては，ドナーとアクセプターがどれだけ接近していてもFRETが起こらない状態が生じたり，逆にそれらが多少離れていてもある程度のFRETが起こる状態がありうるため，各事例によって詳細に検討する必要がある．

準備するもの

- pECFPC1, N1（BD Bioscience Clontech社），pEYFPC1, N1（BDBioscience Clontech社）などのGFP変異体の遺伝子，目的とするタンパク質をコードする遺伝子．ポジティブコントロールとして用いるpECFPC1とpEYFPC1とをグリシン3残基でタンデムにつないだ遺伝子

- 発現ベクター構築のための遺伝子操作に必要な制限酵素，リガーゼなどの各種試薬
- 目的とする融合タンパク質を発現させる培養細胞
- 培養細胞への遺伝子導入に必要な試薬
- 励起＆吸収フィルターホイール自動切替え装置
- 培養容器

以上のものについては，第3章を参照．

- 顕微鏡：落射蛍光顕微鏡，あるいは共焦点レーザー顕微鏡．マルチスペクトル共焦点レーザー顕微鏡（Zeiss LSM 510 META）
  生細胞のイメージングなので倒立型顕微鏡の方が使いやすい
- 冷却CCDカメラ
  蛍光2波長同時計測が可能なW-View光学系システムを搭載しているものを用いると，タイムラグなしでドナーとアクセプターの画像を同時取得が可能である．特に，動きの速いものの観察には必須である
- 画像解析用ソフト：Meta Morph, Meta Flour（Universal Imaging社）
  Meta Flourを用いるとratio画像をリアルタイムに表示できる

プロトコール

1．遺伝子導入

相互作用を見ようとする2つのタンパク質をコードするプラスミドを等量使用して，培養細胞にコトランスフェクションする．

2．蛍光観察

トランスフェクション後1～2日でFRETの観察を行う❶．

1）落射型蛍光顕微鏡で観察する方法

ドナーのECFPの蛍光画像は，440AF21の励起フィルター，455DRLPのダイクロイックミラー，および480AF30の吸収フィルターの組合わせで観察する．一方，アクセプターのEYFPの蛍光画像は440AF21の励起フィルター，455DRLPのダイクロイックミラー，および535AF26の吸収フィルターの組合わせで観察する．2つの蛍光フィルター480AF30と535AF26の切替えは高速励起＆吸収フィルターホイールをコンピュータにより制御して行う．いわゆる1波長励起2波長測光型のイメージングである．それぞれの画像をDD（ドナーを励起してドナーの蛍光を取得），DA（ドナーを励起してアクセプターを取得）とすると，DDとDAの画像ペアの取得で1サンプルを取ったことになる．画面にはこれらの画像とMeta Flourを用いてDA/DDのratio画像も出しておくのが好ましい．

❶イメージングする細胞の選択に際しては，ドナーとアクセプターの2つのタンパク質ができるだけ等量発現している細胞を選ぶ．また，蛍光が明るすぎてタンパク質が過剰に発現している細胞は好ましくないが，蛍光が暗すぎるとS/N比のよい検出ができなくなる．METAなどを用いてスペクトルを検出できれば，ドナーとアクセプターの蛍光ピークである475nmと527nmにおける蛍光強度の比の変化を用いて，タンパク質の発現量の補正をすることも可能であろう．

2）マルチスペクトル共焦点レーザー顕微鏡 LSM510 META を用いて観察する方法

マルチスペクトル共焦点レーザースキャン顕微鏡は，フィルターを交換することなく蛍光顕微鏡画像をリアルタイムに分光し，その蛍光波長スペクトルを画像データとして記録できる[3]❷．ドナーのECFPはその最大励起波長の433 nmのレーザーを用いて励起するのが最適であるが，現時点では，この領域のレーザーはかなり高価であるため，標準装備されている458 nmのアルゴンレーザーで励起する．アクセプターのEYFPの蛍光スペクトルをMETAディテクターを用いて10 nm間隔で470 nmから600 nmまで連続的に取得する．METAの特性を活かしたいわゆる1波長励起多波長測光型のイメージング方法である．細胞のある限定した領域（細胞質，核など）から何カ所かを選定してスペクトルを取得する．

❷METAに関する詳細は4章-1を参照．

2．FRETの評価

通常われわれは次の3つの方法を組合わせ，FRET効率をできるだけ定量的に評価することをめざしている．

1）Ratio画像

DDおよびDAのバックグラウンドをMeta Morphを用いて補正し，画像間の割り算を行うratio imageによりDA/DDのratio画像を求め，疑似カラーをつけて表示する．われわれは16の色調（hue）でratio値を表している．蛍光のシグナル強度を考慮に入れてratio画像を表示する機能としてIMD（Intensity Modified Display）というものがある[4]．Meta Morphの場合，ratio画像を8ビットを用いて表示する際，ratio値と明るさにそれぞれ何ビットを割り当てるかを設定できるようになっている．

2）蛍光スペクトル

マルチスペクトル共焦点レーザースキャン顕微鏡を用いて検出した蛍光スペクトルにおいて，アクセプターのEYFPの蛍光極大波長527 nmとドナーのECFPの蛍光極大波長474 nmにおける蛍光強度の比（$Ratio_{527/474}$）を用いてFRET効率を表す．この方法において，pECFPC1とpEYFPC1とをグリシン3残基でつないだ遺伝子を発現させた細胞をポジティブコントロールとして，またpECFPC1およびpEYFPC1を等量コトランスフェクションして発現させた細胞をネガティブコントロールとしてそれぞれ用いる．おのおのの蛍光スペクトルにおいて$Ratio_{527/474}$を求め，この値を指標とする❸．

❸詳細は4章-1を参照．

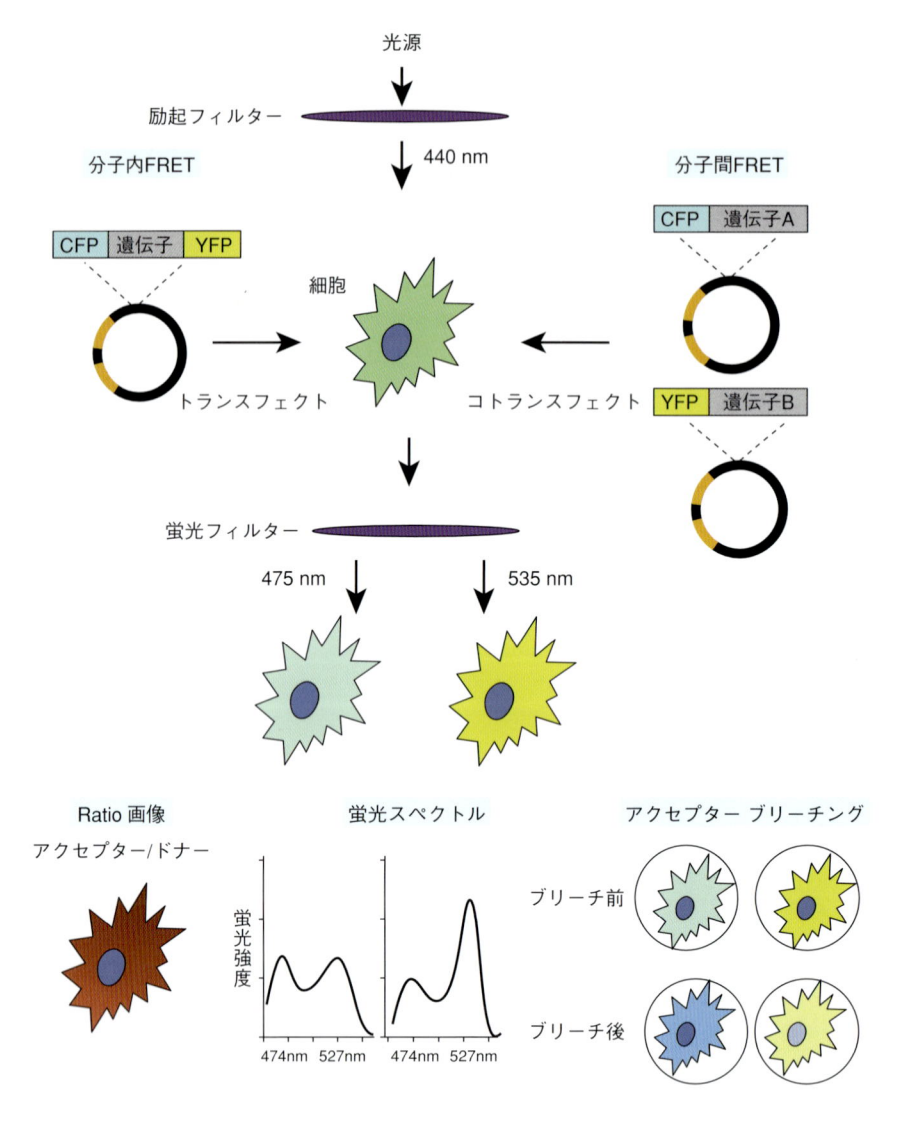

図2 CFP および YFP を用いた FRET の実験手順

相互作用を見ようとする 2 つのタンパク質をコードする遺伝子と CFP および YFP とのキメラ遺伝子を作製し，培養細胞にトランスフェクションする．蛍光を FRET 用ならびにドナー用のフィルターの組み合わせを用いて落射型蛍光顕微鏡，共焦点レーザー顕微鏡，あるいはマルチスペクトル共焦点レーザースキャン顕微鏡を用いて観察．FRET の評価には，Ratio 画像，蛍光スペクトル，アクセプターブリーチングなどの方法を用いる

3）アクセプター ブリーチング（Acceptor bleaching）

アクセプターをブリーチングしてエネルギー受容体がなくなったとき，ドナーの蛍光が回復する程度により，FRET が確実に起こっていたかを確かめる方法．

蛍光顕微鏡を用いる場合　フィルターキューブを 525DF45 の励起フィルター，570DRPL のダイクロイックミラーに替えて，ND フィルターをはずして強い励起光で細胞を照射する．このときのドナーの蛍光の回復を DD 検出に用いたフィルターの

組合わせで取得する．ブリーチングの前後におけるドナーの蛍光強度の変化から回復率を求める．

マルチスペクトル共焦点レーザースキャン顕微鏡を用いる場合　514 nm のレーザーを最大出力で照射してアクセプターをブリーチングする．次いで，通常の観察条件でスペクトルを取得し，ブリーチングの前後でのドナーの 474 nm の蛍光ピークの変化から回復率を求める．

実験例

CFP-グルココルチコイド受容体（GR）と YFP-インポーチン α（importin α）との生細胞内における相互作用の時空間特異的観察

グルココルチコイド受容体はリガンド非存在下では細胞質に局在するが，リガンドと結合後速やかに核内へ移行することが知られている．この核移行の過程に importin α が必要であると考えられている．ここでは，生きている細胞内において，これらの過程を FRET を用いてリアルタイムに解析した結果を図3 [5] に示す．

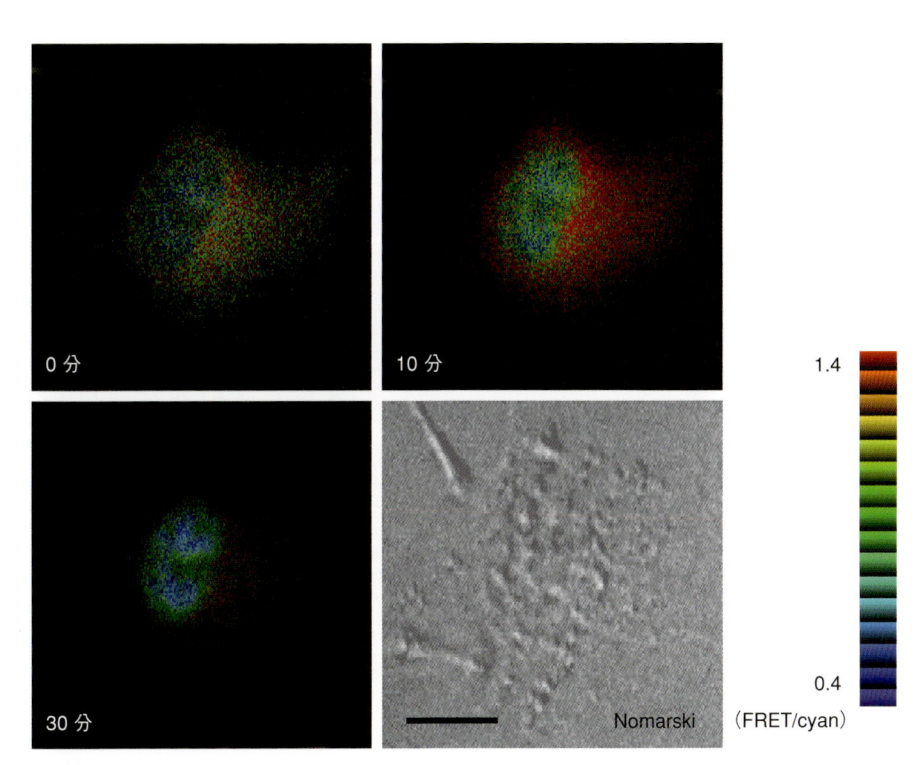

図3　CFP-GR と YFP-importin α の COS-1 細胞における相互作用の FRET による時空間特異的可視化

COS-1 細胞に CFP-GR と YFP-importin α を共発現させ，コルチコステロン投与前後で FRET とドナーの画像を取得し，FRET/ドナーの ratio 画像を疑似カラーで示した．投与前（0分）は，細胞質における ratio 値は低く，GR と YFP-importin α との相互作用は認められないが，投与10分後細胞質における ratio 値は高くなり，FRET 効率が上昇し両者が相互作用することが観察された．一方，投与30分後，核内に移行すると，ratio 値は再び低下し，GR と YFP-importin α とが解離することが示された（文献5より引用）

■ おわりに

　FRETを用いて生きている細胞内で機能分子のダイナミクスを可視化することによって，時空間特異的なタンパク質 – タンパク質相互作用などの観察が可能になった．これまで，種々の細胞内情報伝達系が生化学的手法や分子生物学的手法により明らかにされてはきたが，その経路の途中には数々のブラックボックスが存在し，すべてが解明されたわけではない．FRET技術は決して簡単なものではないし，解決すべき多くの問題点もあるが，これらブラックボックスを可視化して1つずつ説き明かしていくのに有用な手段の1つであろう．"Seeing is believing."

参考文献

1) De Angelis, D. A.：Physiol. Genomics, 1：93-99, 1999
2) 宮脇敦史：実験医学, 18：1111-1119, 2000
3) Zimmermann, B. & Ankerhold, R.：Imaging & Microscopy, 4, August, 2002
4) Tsien, R. Y. & Harootunian, A. T.：Cell Calcium, 11：93-109, 1990
5) Tanaka, M. et al.：Endocrinology, 144：4070-4079, 2003

2章 実験法各論

4. ライブセルイメージング

3 FRAPによるGFP融合分子の解析

和栗 聡

■ はじめに

　細胞内の蛍光タンパク質をビデオで観察しても思ったほど変化がなかったり，たとえ劇的な「動き」や「変化」が見られても，定性的な記載に終始してしまうことが多い．そんなとき，蛍光消退あるいはフォトブリーチという現象が想像を超えた威力を発揮することがある．ここで解説するFRAP（fluorescence recovery after photobleaching：蛍光消退後回復）実験は，最近の共焦点レーザー顕微鏡を使えば簡単に試すことのできる実験であり，通常のタイムラプス観察とともに是非ルーチンに行ってほしい観察法の1つである．

■ 原理とストラテジー

　FRAP実験は，特定の領域にある蛍光物質を，強力な光を照射することによって不可逆的にブリーチ（消光）し，その後の同領域の蛍光回復を観察する実験である（図1a）．もともとは蛍光分子の膜上での拡散係数を求めるために確立された方法だが，GFP技術の発達とともに分子の細胞内動態を解析するための強力な手法として認知されるに至っている[1)2)]．

　ブリーチ後の蛍光回復には，主として2つの要因が考えられる．
　　①蛍光物質そのものが復活
　　②周囲の蛍光物質がブリーチ領域に移動する

　①はFRAPの定義からはルール違反であるが，現実に新たな蛍光物質や実験条件を試す場合には避けては通れない重要な問題を含む．通常のFRAP実験の真髄は②にあり，蛍光回復の存在により，蛍光分子がブリーチ領域とそれ以外の領域間を移動しているという結論が導かれる（定性的FRAP解析）．

　FRAP実験は定量化できるという点でも優れている．ここでは，分子が膜上を拡散のみによって移動する場合を想定する．典型的には図1bにあるような蛍光回復曲線が描かれ，ここから主に2つの情報が得られる．
　　①モービルフラクション mobile fraction：動分画（M_f）
　　②拡散係数 diffusion constant（D）

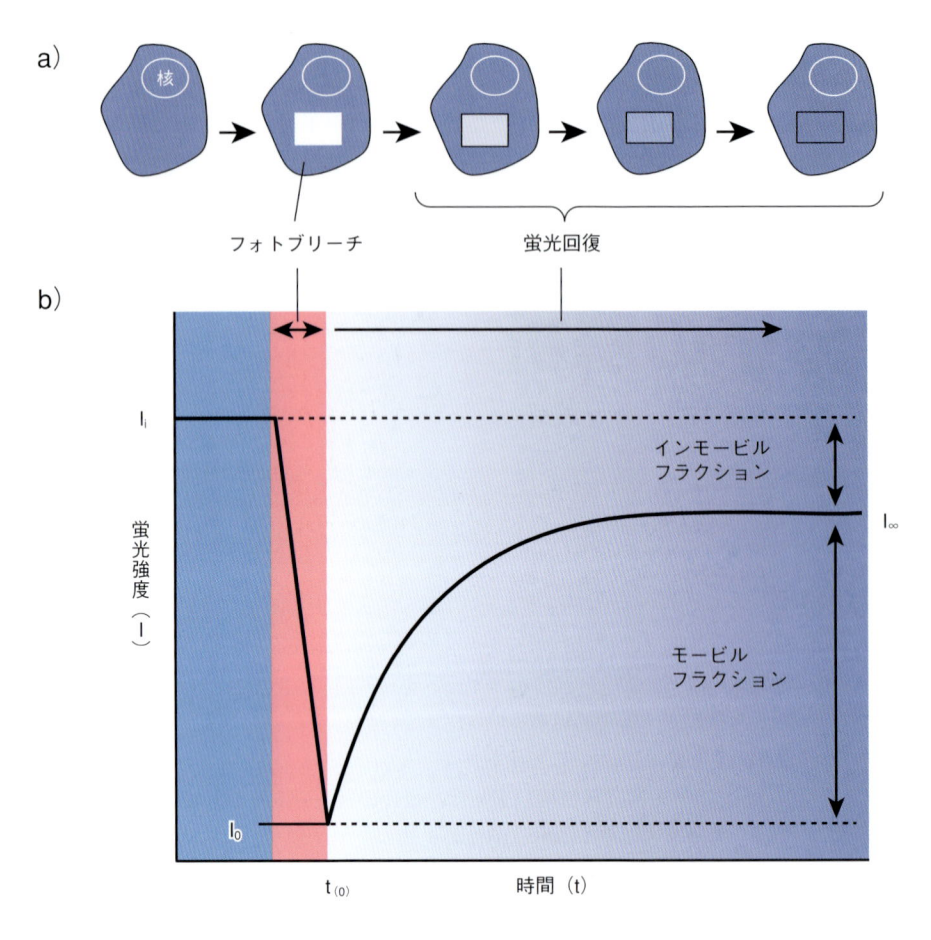

図1 FRAP実験の原理と回復曲線
説明は本文参照

　モービルフラクションはどのくらいの蛍光物質が自由に動けるのかを示す指標で，これが100％を下回る場合，測定時間内において，一部の分画が何らかの理由で動けないでいることを示唆する．以下の式より算出される．

　　$M_f = (I_\infty - I_0) / (I_i - I_0)$

　拡散係数は，分子の移動速度を示すパラメーターであり，単位は$\mu m^2/s$で示される．ブリーチ領域を2〜4μm幅の細長いストライプとした場合，Lippincott-Schwartzらは，以下の一次拡散方程式を用いて算出している[1]．

　　$I(t) = I_\infty (1 - (w^2 (w^2 + 4\pi Dt)^{-1})^{1/2})$

　　　$I(t)$：時間の経過にしたがって回復する蛍光シグナル強度
　　　I_∞：完全に回復した時点での蛍光シグナル強度
　　　w：ストライプ幅

　この値から分子の動きやすさが見積もれる．例えばある分子の特定膜領域への結合強度が増せば，Dは低下すると期待できる．
　しかし生細胞を対象とする場合，蛍光分子のブリーチ領域への流入現象は，①細胞質内の拡散，②細胞内の膜系を伝わる拡散，③小胞輸送による移動，④移動にかかわ

る分子（モーター分子など）が能動的に関与，などさまざまな事象が関与しており，実際に何をもってデータとするかはケースバイケースと言わざるを得ない．

M_f や D 以外の指標としては，①ハーフライフリカバリー（$t_{1/2}$：$I_\infty/2$ に回復するまでの時間），②輸送係数（k：1分間に特定領域から流出する分子の割合，オルガネラ間の輸送解析などで用いる），③回復曲線の形状，などが考えられる．

準備するもの

- GFP 融合タンパク質を発現した細胞
- FRAP 実験のプログラムをもつ共焦点レーザー顕微鏡（LSM510：Carl Zeiss 社など）
- 画像解析ソフト（MetaMorph：Universal Imaging 社など）
- 表計算ソフト（Excel：Microsoft 社）
- 回復曲線の回帰・シミュレーション解析ができるソフト（KaleidaGraph：Synergy Software 社，SAAM II：SAAM Institute 社など）

プロトコール

1．FRAP 実験

GFP 融合タンパク質を発現した細胞を生細胞観察用ステージにセットする
▼
細胞を選ぶ❶
▼
細胞全体の画像を取得する❷
▼
画像取得領域を設定する
▼
（LSM510 の場合）FRAP 用マクロプログラムの条件設定画面を呼び出す
▼
ブリーチ条件の設定
ブリーチ領域（ROI：region of interest），レーザーの強さ（原則的に最大），スキャニング速度・回数など❸❹
▼
蛍光回復をモニターするための画像取得条件の設定
レーザーの強さ（十分なシグナルが得られる限り最小），スキャニング速度・回数，タイムラプス観察の間隔・時間（回復のスピードに依存）など❺
▼

❶特に一過性強制発現の場合，明らかにおかしな細胞は却下．

❷モービルフラクション算出およびデータ補正のために必要．

❸拡散係数を算出する場合，ブリーチ領域のサイズは重要．実測値を確認すること〔例えば図2aでは設定枠（赤）と実際のブリーチ領域にずれがある〕．

❹対物レンズの倍率を上げるとブリーチ効果も上がる．広い領域を消そうとすると時間がかかる．なるべく短時間でバックグラウンドレベルまでシグナルを落とす．

❺レーザーパワーを下げる目的で，シグナル増幅も許せる範囲内で行う．定量では，蛍光回復を観察する際に生じるわずかなフォトブリーチの影響も検討する（最初のブリーチ過程を省いてタイムラプス観察を行う）．また，シグナルが定量性のある検出域を超えないように検出感度を調節する．

FRAP 実験をスタートさせる
▼
FRAP 画像が細胞の一部である場合，実験後の細胞全体の像を取得❷

2. 定量解析

ROI 内あるいは細胞全体について，ピクセルあたりの平均シグナル強度あるいは総シグナル量を画像解析ソフト上で定量する．このとき，細胞外の蛍光のない領域の平均シグナル強度をバックグラウンドとして測定する
▼
表計算ソフトなどを用いて，バックグラウンドを差し引く
▼
データの補正・計算
例えば拡散係数を求める場合，フォトブリーチによる総蛍光量の損失分を考慮する（理論上，生データの蛍光回復はブリーチ前の値に到達することはない）．すなわちブリーチ前後の総蛍光シグナル量（それぞれ $I_{\Sigma 0}$ および $I_{\Sigma \infty}$）を測定し，データに $I_{\Sigma 0}/I_{\Sigma \infty}$ をかける．また，細胞全体に対する ROI 内のシグナル量の割合やブリーチ前の値を 100 としたときの値を算出することもある
▼
回復曲線を描き，これを表す最も適した数式（例えば前述の式）をデータにフィッティングさせて拡散係数を求める．あるいはコンパートメントモデルなどを使って輸送係数を求める❻

❻どの数式あるいはモデルを使って，どこまで厳密に解析するのかは，研究者や実験内容による．この辺りは非常に重要な位置を占めるが，生物系研究者の泣きどころでもある．専門家に相談するのも手だが，まずは本稿の後にいくつかの FRAP の論文[3)〜6)] を読んでみてほしい．

❓ トラブルシューティング

トラブル	考えられる原因	解決のための処置
ないと思っていたインモービルフラクションが観察される あるいは 回復曲線が予想されるモデルや数式と一致しない	強力なレーザー光の照射およびタンパク質強制発現による細胞へのダメージ→細胞が動く，はがれる	レーザー強度やスキャニングの回数を減らす．発現レベルの低い細胞を選ぶ．炭酸ガス培養装置から出してきたばかりの細胞を使う．そのデータは捨てる ▶プロトコール 1 参照
	観察時のレーザー照射でフォトブリーチが起きている	この影響をデータの段階で補正する．あるいはモデルに入れる ▶プロトコール 1〜注意❺参照
	回復に複数の現象が関与している GFP の蛍光強度が環境（pH や Cl^- 濃度など）により変化	新たなモデルを考える 環境に左右されにくい蛍光タンパク質を使う
	誰も考えていなかった現象が起きている	（内容にもよるが）早く論文に仕上げる算段をつける

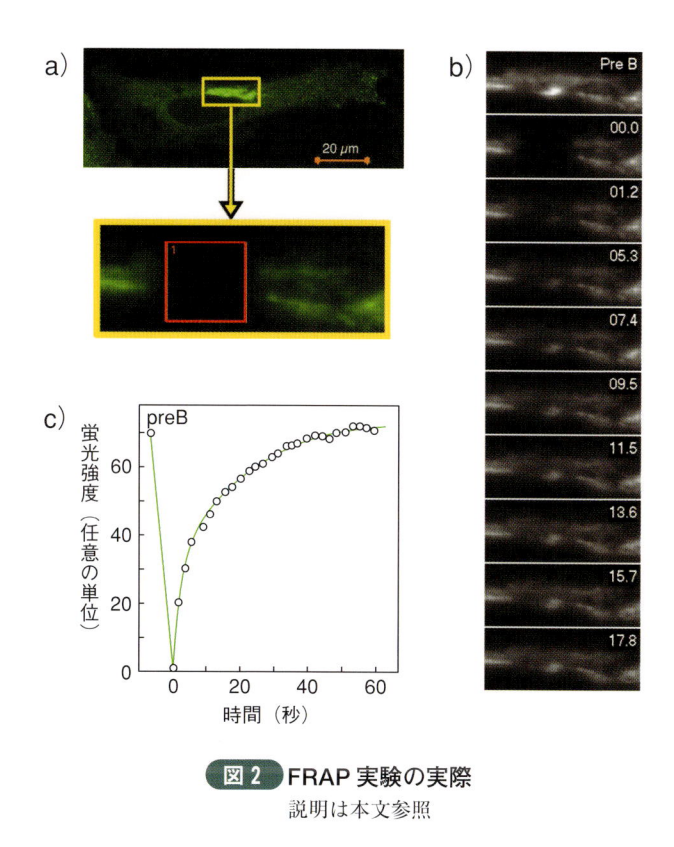

図2 FRAP実験の実際
説明は本文参照

実験例（図2）

GGA1はトランスゴルジネットワーク（TGN）からエンドソームへの輸送を制御する新規クラスリンアダプタータンパク質である．GGA1のTGN膜上での挙動を調べるため，GFP-GGA1をHeLa細胞に発現させFRAP実験を行った．TGN領域（図2aの黄枠内）の一部（図2aの赤枠内）を5μm幅でフォトブリーチすると，同領域の蛍光が時間経過とともに回復した（図2b，preB：ブリーチ前，時間の単位は秒）．これをプロトコールに従って定量し，グラフにプロットしたものが図2cである．インモービルフラクションがほとんどないことがわかる．SAAM IIを使い，このデータを前述の拡散一次方程式に回帰させて（緑線）得られた拡散係数は $D = 0.5\ \mu m^2/s$ であった．

GGA1はTGN膜への結合・解離を繰り返すタンパク質であるから，このFRAP現象は，①膜上のGGA1の側方拡散，②細胞質GGA1のブリーチ領域への流入と膜への結合，によるものと考えられる．最近の論文によれば，TGN膜からの小胞発芽現象がなくとも，GFP-GGA1は膜への結合・解離を反復しているらしい．

おわりに

FRAPは決して完成された方法ではない．タンパク質の特性や生物現象をうまく利用すればその応用はいくらでも広がる．細かな注意点は置いておいて，まずはいろいろなところを消しまくってみて欲しい．妄想（？）が湧いてきたらしめたものであ

る．しかし，最後の難関も知る必要がある．FRAP解析から得られた結論はあくまでGFP融合分子についてのものである．したがって本来の分子も同様の挙動を示すかどうかを確認する実験システムも同時に求められる．

参考文献
1) Lippincott-Schwartz, J. et al.: Methods Cell Biol., 58: 261-281, 1999
2) Lippincott-Schwartz, J. et al.: Nature Rev. Mol. Cell Biol., 2: 444-456, 2001
3) Zaal, K. J. et al.: Cell, 99: 589-601, 1999
4) Presley, J. F. et al.: Nature, 417: 187-193, 2002
5) Sciaky, N. et al.: J. Cell Biol., 139: 1137-1155, 1997
6) Dahm, T. et al.: Mol. Biol. Cell, 12: 1481-1498, 2001

memo

フォトブリーチ関連の話がここにしかないからもう少し宣伝すると，分子の領域間移動を知る方法としてFLIP (fluorescence loss in photobleaching：蛍光消退時損失) もある．ROIをブリーチし続けると中に入ってくる蛍光が次から次へと消されて細胞全体のシグナル低下をきたす．FRAP実験の最初のブリーチに時間がかかればかかるほどFLIP実験をしていることになる．また，オルガネラ輸送など比較的ゆっくり動く蛍光分子の軌跡を見たいときには，コントラストを上げる方法として，先に背景にある蛍光を消しておくという手もある．意外に使える．蛍光領域を一部だけ残しておいて，これをチェイスしてみようとしたけれど細胞ダメージが大き過ぎ．そのうち光をあてると光り出すGFP (PA-GFP) が報告された．こっちの方が断然よさそう．

2章 実験法各論

4. ライブセルイメージング

4 カルシウムイメージングの原理と実際

佐藤洋一　佐藤 仁

■ はじめに

　ここ20年の半導体技術の爆発的な進歩により，微弱な蛍光をキャッチすることが可能になり，細胞に蛍光プローブを導入したイメージングが日常的に行われるようになった．とりわけ，細胞が何らかの機能を果たす際に変動する細胞内の遊離カルシウムイオン濃度（intracellular Ca^{2+} concentration：$[Ca^{2+}]_i$）の動態を測定できるようになった意義は大きい[1]．現在，$[Ca^{2+}]_i$動態をみることは，細胞の反応をみるうえで必要不可欠な技法としてほぼ確立されたように思える[2]．しかしながら，イメージングに際して初心者が越えなければならないいくつかのハードルが，いまだに存在することも事実である．

　Ca^{2+}測定用の蛍光プローブには大きく分けて，①組換えDNA技術を利用したもの（例：Cameleon）と，②Ca^{2+}選択的キレート試薬のBAPTAをベースにしたtetracarboxylate dye（例：Fura-2, Indo-1, Fluo-4など）の2つがあり，われわれは後者によるイメージングを行ってきた．本稿では，この手技の概要を述べるとともに，当ラボで蓄積したノウハウを紹介する．

■ 原理とストラテジー

　Ca^{2+}をイメージングするといっても，Ca^{2+}そのものを測定しているわけではない．Ca^{2+}と結びつくことにより蛍光特性が変化する物質（蛍光プローブ）をあらかじめ細胞の中に導入しておき，$[Ca^{2+}]_i$の増減に応じて変化する蛍光強度を，カメラや光電子倍増管でキャッチしてコンピュータによる演算処理で画像化するのがCa^{2+}のイメージングである．したがって，歯や骨のような硬組織の基質に組込まれたカルシウムの絶対量を測定するような用途には向かない．

　Ca^{2+}のイメージング方法は，以下の4段階からなる．
　　Ⅰ．組織・細胞標本の作製
　　Ⅱ．蛍光プローブの細胞内導入
　　Ⅲ．細胞外液の灌流と試薬による刺激・抑制
　　Ⅳ．画像解析装置による蛍光測光

表1 バッファー組成　早見表

HEPES-RINGER バッファー　　Ca^{2+}：1.25 mM（200 ml）

試薬名	ストック液の濃度	量	濃度
蒸留水		適量	
NaCl		1.376 g	118 mM
D-グルコース		0.2 g	5.5 mM
L-グルタミン酸ナトリウム		75.2 mg	2 mM
MEM	×50	4 ml	
HEPES-NaOH	1 M	2 ml	10 mM
NaH_2PO_4	0.5 M	0.4 ml	1 mM
KCl	2.35 M	0.4 ml	4.7 mM
$MgCl_2$	0.565 M	0.4 ml	1.13 mM
$CaCl_2$	1.25 M	0.2 ml	1.25 mM
pH調製（4 M NaOH 80 μlくらい）	→pH7.4		
BSA（Sigma社）Fr.V		0.4 g	0.2 %
蒸留水	200 mlにメスアップ		

図1 シリコンベースの標本台と皮内針

I．組織・細胞標本の作製

　　蛍光を感知するイメージング方法であるから，標本は光が通り抜ける程度の厚さでなければいけない．培養細胞や完全に単離した細胞であれば，カバーガラスに細胞を固着させるだけでかまわないが，組織本来の形態を残したままの標本でイメージングをしようと思うと，それなりに工夫を凝らさなければいけない[3)4)]．

準備するもの

・HEPESバッファー（表1）
・実体顕微鏡
・マイクロサージャリー用のピンセットと眼科用ハサミ
・シリコン樹脂（信越化学工業）を敷いた標本台と皮内針（セイリン）（図1）
　標本台のつくり方
　　①触媒CAT103とシリコンオイルKE103（信越化学工業）を，容量比1：20で手早くまぜる（あらかじめ比重を計っておいて，重量比で計ってもよい）．
　　②混合液をシャーレに入れる．気泡が出てもかまわない．
　　③60℃の恒温槽に入れると数時間で重合完了．泡は自然に抜ける．

- 純化コラゲナーゼ（Worthington Biochemical 社や，Elastin Products 社など）
- ピペット
- ナイロンメッシュ（NBC など）
- 低融点アガロース
- マイクロスライサー（Vibratome や Leica 社 VT1000 S など）

プロトコール

1. HEPES バッファーを調製する

（例：バッファーを 500 ml つくるやり方）

1000 ml 用のビーカーを用意する
▼
2〜3 cm の撹拌子を入れる
▼
蒸留水を適量入れる
▼
ビーカーをマグネチック・スターラーにのせ，撹拌しながら以下の操作を行う❶❷

① NaCl を 3.44g 入れて溶かす．② D-グルコースを 0.5g 入れて溶かす．③ L-グルタミン酸ナトリウムを 187mg 入れて溶かす．④ MEM（50倍濃縮）を 10 ml 入れる．⑤ 1 M, HEPES-NaOH を 5 ml 入れる．⑥ 0.5M, NaH_2PO_4 を 1 ml 入れる．⑦ 2.35M, KCl を 1 ml 入れる．⑧ 0.565M, $MgCl_2$ を 1 ml 入れる．⑨ 1.25M, $CaCl_2$ を 0.5ml 入れる．⑩ pH メータを使い，4 M, NaOH を少しずつバッファーに加え，pH を 7.4 に合わせる

▼
撹拌をストップする
▼
500ml まで蒸留水を加える
▼
BSA を 1 g 加えて溶けるまで静置する❸
ゆっくり溶かすこと．撹拌してはいけない
▼
溶けたのを確認してから，マグネチック・スターラーでゆっくり撹拌する
▼
できれば，孔径 0.2 μm のメンブレン・フィルターで濾過する
→ カビ・細菌繁殖防止（注：0.5 μm のメンブレン・フィルターでは，ゴミはよく取れるが細菌繁殖防止は不完全となる）
▼

❶ このバッファーは Gd^{3+} などの金属イオンを混入すると白濁してしまう．こうしたときはリン酸を抜く．

❷ 細胞外 Ca^{2+} を抜いた組成のバッファーをつくるときには，標本表面に残った Ca^{2+} を完全に除去するため，EGTA を 0.1mM 加える．

❸ BSA は細胞を物理化学的な障害から守って細胞の生理活性維持に効果があるが，低酸素やフリーラジカルの作用をみる場合は BSA を抜いた方がよい．

2章-4-4 カルシウムイメージングの原理と実際

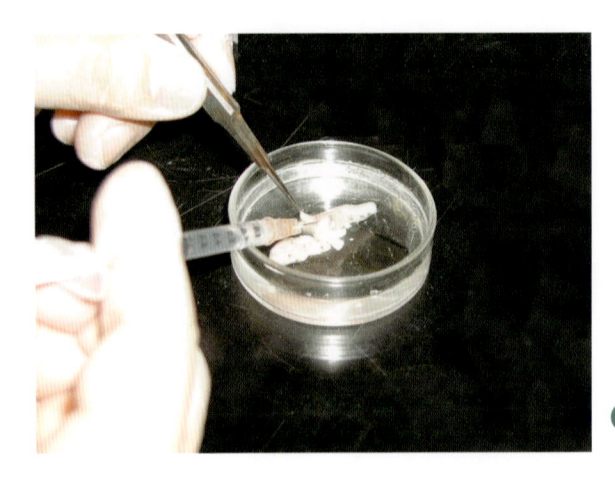

図2 消化酵素を組織内に注入

フタをして冷暗所へ保管する❹
▼
使用前に37℃に温め，100% O_2 を通気する❺

2．組織分離あるいはスライス標本を作製

組織塊を取り出し，実体顕微鏡下でピンセットとハサミを使って用手的に結合組織を除去する．このとき，シリコンベースの標本台と皮内針を使うと便利である．
▼
取り出した組織塊をバッファーで満たした標本台に入れる
▼
標本の周りの結合組織・被膜を皮内針で固定する
▼
ピンセットで結合組織・被膜を引っ張るようにして，ハサミを入れて剥がし取る

＜小組織塊・単離細胞をつくる場合＞

取り出した組織塊を，コラゲナーゼ（HPLCで純化したもの）を15～300U/ml含むHEPES-リンゲル液に滲漬する．組織塊にコラゲナーゼ液を注入すると分離がよくなる場合がある❻（図2）
▼
37℃で振盪（およそ120 cps）しながら組織を溶かし，15分ごとに酸素を吹きかける．適宜，ハサミで細切，あるいはピンセットで細片化する
▼

❹HEPESバッファーは栄養に富んでいるため，カビが生えないように注意する．使用期限は作製後1週間以内で，いったんフタをとったものは，その日のうちに使い切るようにする．

❺BSAが入ったバッファーは泡立ちが激しい．吹きこぼれないように，少量をゆっくり通気すること．

❻標本の収量と生理活性はトレードオフの関係にあり，収量を増やそうとして強い消化酵素を使うと細胞が損傷してしまう．イメージングでは，標本数よりも健全な細胞を得るように心がけるべきで，細胞にダメージを与えない純化コラゲナーゼを用いるのがよい．どうしても組織分離が不十分なときは，タンパク質分解酵素を含んだ不純な粗製コラゲナーゼを（タイプⅢ，次いで，Ⅳ，Ⅰ，Ⅱの順で）使うことになるが，細胞の変性を覚悟しなければいけない（組織分離方法に関するウェブサイト：http://www.tissuedissociation.com/）．

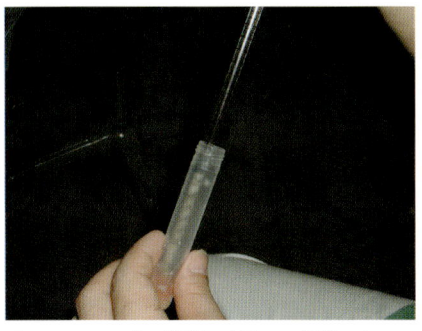

ピペッティングの強弱と時間は，組織によって異なる

ナイロンメッシュフィルターで濾す

図3 組織分離

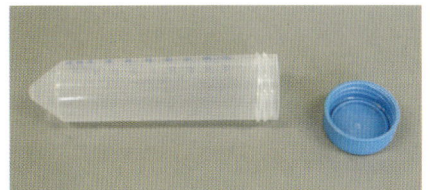

50ccのチューブを用意する

蓋の中央をカッターで切り抜く．ナイロンメッシュを用意する（分離する組織・細胞によって目の粗さを決める）．チューブ胴体を切る

蓋と本体の間にメッシュをはさんで，メッシュフィルター完成

図4 ナイロンメッシュフィルターのつくり方

表2 酵素の種類とナイロンメッシュ

例　外分泌腺	消化酵素	ナイロンメッシュ
完全に単離した腺細胞	粗製コラゲナーゼ（タイプⅡ，Ⅲ）	400メッシュ（内径25μm程度）
複数の腺細胞から構成される終末部	純化コラゲナーゼ	150メッシュ（内径120μm程度）

軽くピペッティングして適当なナイロンメッシュで濾す[7]
（図3，4）

▼

軽く遠心，あるいは静置して，上清を捨てる

＜スライス標本をつくる場合＞[8]
BSA抜きのバッファーに5％の割合で低融点アガロースを溶かし，37℃に保っておく

取り出した組織塊をシャーレの上に置き，溶けたアガロース

[7] どのような大きさの標本をつくるか（例えば，単離細胞か，組織形態を保ったままの標本か）で，用いる酵素とナイロンメッシュの大きさが決まる（表2）．

[8] スライス標本の厚さは，細胞の大きさに依存する．組織学に慣れ親しんだ人は，つい薄く切りたがるが，むしろ厚い切片の方がよい．例えば脊髄後根神経節のように細胞が大型の場合，厚さは150μm以上が適当である．

2章-4-**4** カルシウムイメージングの原理と実際

を流し込んで包埋する

▼

固まった後にカミソリでアガロース包埋標本を切り出し, マイクロスラーサーの標本台に瞬間接着剤で固着する

▼

マイクロスラーサーの標本槽にバッファーを満たし, その中で切る

▼

切断面の死んだ細胞を軽く洗い流す (コラゲナーゼを含んだバッファーの中で振盪する)❾

❾細胞が傷んでいないかどうか, Ethidium homodimer-1/Calcein-AM 染色で検証するとよい (Molecular Probes 社のウェブサイト: http://www.probes.com/handbook/). 色素を各 1 μM になるように細胞外液に加えると, 生きている細胞は Calcein/AM をエステラーゼで分解して細胞内に Calcein をため込むので緑蛍光を発し, 一方, 死んだ細胞は核酸と結合する Eth-1 を排出できないため赤い蛍光を発し, 生細胞と死細胞の比率を簡単に求められる. また, 静止時であるにもかかわらずはじめから $[Ca^{2+}]_i$ が高い細胞は, 傷んでいるものと見なして解析対象から外す.

Ⅱ. 蛍光プローブの細胞内導入

蛍光プローブは, イオンと結合することにより蛍光特性が変化する試薬で, 代表的なものに, Fura-2, Indo-1, Fluo-4 などがある (表 3). Fura-2 と Indo-1 は Ca^{2+} と結合すると蛍光スペクトラムが変化するもので, Fluo-4 は Ca^{2+} と結合すると蛍光

表 3 カルシウムキレート剤をもとにした代表的な蛍光プローブ試薬の特性

対象/試薬名	励起波長 (nm)	蛍光波長 (nm)		解離定数 (Kd) in vitro	in situ
高親和性					
calcium green1	506	531		190 nM	
calcium crimson	590	615		185 nM	
fluo-3	506	526		325 nM	2570 nM (カエル骨格筋)
fluo-4	494	516		345 nM	
fura-2	340, 380	510	Ratiometry	224 nM	371 nM (ウサギ胃腺)
fura-PE3	340, 380	510	Ratiometry	200 nM	
fura Red	436, 473	655〜670	Ratiometry	200 nM	
indo-1	330〜346	401, 475	Ratiometry	230 nM	844 nM (ウサギ心筋)
Oregon green 488 BAPTA-1	494	523		170 nM	
quin-2	332〜352	492		126 nM	
rhod-2	533	576		570 nM	
低親和性					
fluo-3FF	506〜515	526		41 μM	
fluo-5N	491〜493	515		90 μM	
mag-fura-5	330, 370	510	Ratiometry	28 μM	
mag-indo-1	330〜349	417, 476	Ratiometry	35 μM	
rhod-5N	549〜551	576		320 μM	

・これらの多くが UCSD の Dr. Roger Tsien によってつくられた
・Kd 値は, *in vivo* と *in vitro* では異なる

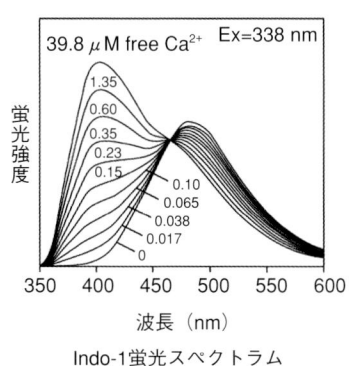

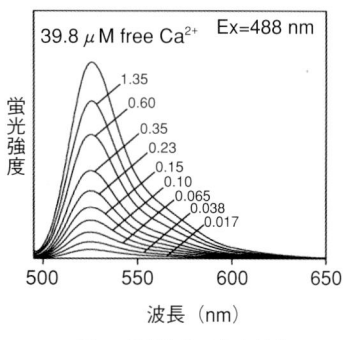

図5 蛍光プローブの特性

強度が増すプローブである（図5）．Fluo-4のようなプローブでは細胞の形が変化する場合や（例えば収縮・弛緩），蛍光色素が脱出してしまう場合（例えば，肥満細胞の開口放出）では，それだけで蛍光強度が変動してしまい，見かけ上 $[Ca^{2+}]_i$ が変動してしまう．これに対して，蛍光スペクトラムが変化するプローブでは，長波長側と短波長側の蛍光強度の比をとるratiometryを行うことにより，比較的正確な $[Ca^{2+}]_i$ が算定できる（実験例参照）．

プローブを細胞に導入する方法としては，①インジェクション装置を用いて直接細胞に注入する方法と，②脂溶性の蛍光プローブを用いて細胞外から細胞内へ浸入させる方法がある．蛍光プローブそのものは水溶性で脂質の細胞膜を通らない．そこで指示薬の一部にアセトキシメチル基などを導入した脂溶性のものを用いる．この脂溶性プローブは細胞膜を通り抜けて細胞内に入り込み，細胞内のエステラーゼによりアセトキシメチル基が切り放されて，$[Ca^{2+}]_i$ に応じて蛍光特性が変化するプローブとなる．この蛍光プローブは細胞質内に限局しているのが理想であるが，細胞内の小器官（ゴルジ装置や小胞体など）に入り込むことがある．このコンパートメント化とよばれる現象は，脂溶性プローブを使う限り多かれ少なかれ生じており，小器官内にトラップされたプローブから出る蛍光が強すぎると，細胞質に由来する蛍光変化を覆い隠してしまうことになる．このコンパートメント化は，水溶性の蛍光プローブをインジェクション注入することにより防ぐことができる．

準備するもの

- 蛍光プローブ（AM体）
- 超音波破砕器あるいは超音波洗浄機
- 恒温振盪機
- アルミホイル
- Cremophore EL（10%溶液）

プロトコール

1. 使用する画像解析装置と観察対象，目的にあわせて，蛍光プローブを選ぶ

1) 蛍光顕微鏡と画像解析装置
   - 紫外域の2波長励起ができる場合→Fura-2/AM
   - 紫外励起ができて2波長同時測光ができる場合
     →Indo-1/AM
   - 青色励起，緑色測光ができる場合→Fluo-4/AM
   - 緑色励起，赤色測光ができる場合→Rhod-2/AM

2) 観察対象
   - 単離細胞・培養細胞のように，どの細胞にも均等にプローブが入りやすい場合→Fluo-4/AM
   - 組織塊やスライス標本のように，プローブの負荷に片寄りがある場合→Fura-2/AM, Indo-1/AM
   - 細胞の厚さが変化する場合→Fura-2/AM, Indo-1/AM

3) 実験の目的 ❶
   - はじめて実験するもので，$[Ca^{2+}]_i$が変動するかどうかわからない場合→Ca^{2+}に対して高親和性のプローブ
   - $[Ca^{2+}]_i$が変動することがある程度わかっていて，細胞内のどこから変化するか観察したい場合→Ca^{2+}に対して低親和性のプローブ

2. 蛍光プローブを調製する（図6）

冷暗所に保存している蛍光プローブ（1 mM, DMSO溶液）❷❸
を，最終濃度2〜10 μMになるようにバッファーに溶かす

▼

脂溶性色素をできるだけ小粒子にするため，30秒ほど超音波処理をする

▼

この処理でバッファー中の酸素が抜けてしまうので，もう一度酸素を通気する

▼

組織塊標本やスライス標本の場合，界面活性剤のCremophore ELを最終濃度0.02%になるように加える

---

❶細胞質内の$[Ca^{2+}]_i$は細胞外に比べ10,000分の1以下の値に保たれていることから，この変化をみる際にはCa^{2+}に親和性の高い（すなわち，解離定数Kd値の低い）プローブを第一選択する．けれども細胞内の局所的な変化は，細胞全体の変化よりかなり大きいことから，局所変化の観察にはCa^{2+}に対して親和性の低い蛍光プローブを使用するのがよい．

❷粉状の脂溶性蛍光プローブはDMSOに溶かすが，同仁化学研究所の製品ははじめからDMSOに溶けており，使い勝手がよい．

❸DMSOに溶かした蛍光プローブはできるだけ早く使う．購入後，半年を経過したものは，$[Ca^{2+}]_i$変動を検出しにくくなる．

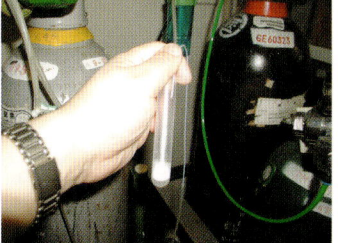

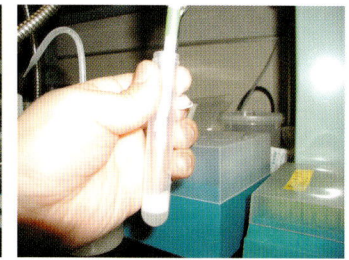

超音波処理	酸素負荷		細胞・組織の浮遊液に入れる

図6 蛍光プローブの調製と細胞負荷

表4 蛍光プローブ導入条件

	濃度（μM）	時間	温度
一般的な培養細胞，単離細胞	2	20〜40分	室温〜37℃
膵臓や涙腺腺房	5	40〜60分	37℃
腸腺	10	40〜60分	室温
細動脈の血管平滑筋	5〜10	40〜60分	室温〜37℃
腸の筋間神経叢	5〜10	overnight	4〜10℃
脊髄神経節（幼若ラット）	5〜10	40〜60分	室温〜37℃
脊髄神経節（成ハムスター）	5〜10	overnight	4〜10℃
上頚神経節	5〜10	overnight	4〜10℃

3. 細胞・組織に蛍光プローブを導入する

蛍光プローブの入った液に細胞・組織片を入れる❹

▼

容器をアルミホイルで遮光する

▼

室温〜37℃でゆっくり振盪する（だいたい20〜40分）❺

▼

プローブ液にコラゲナーゼを加えると，組織内の細胞に比較的均等にプローブが導入されやすい

▼

蛍光プローブの導入状況を確認する：確認標本・細胞の一部を取り出し，通常の蛍光顕微鏡下で蛍光を発するかどうか観察する❻❼

❹腸腺上皮細胞のように結合組織を欠くと変形が激しいものでは，灌流槽のカバーガラスに固着してから，蛍光プローブを導入する．

❺プローブ導入条件（濃度，温度，時間）は，細胞・組織によって大きく異なる．自験例では，表4のような条件でプローブが導入された．

❻うまくプローブが導入されたかどうかの目安
・組織・細胞が，比較的均一に蛍光を発する．
・細胞内に粒状の蛍光集積を認めない（コンパートメント化がない）．

❼蛍光プローブが導入されないと（すなわち，光らないと）画像解析はできないが，過剰な導入もいけない．
・感度を上げても蛍光が微弱な場合は，蛍光プローブの濃度を上げる．導入時間が長すぎると，プローブを排出している場合があるので，経時的にチェックしてみる．
・感度を下げても細胞質全体がギラギラ光って見える細胞では，コンパートメント化が激しく，細胞質のCa^{2+}変動が感知できなくなることが多い．→導入が良好であるにもかかわらず細胞の反応が観察できない場合は，プローブの濃度を下げてみる．

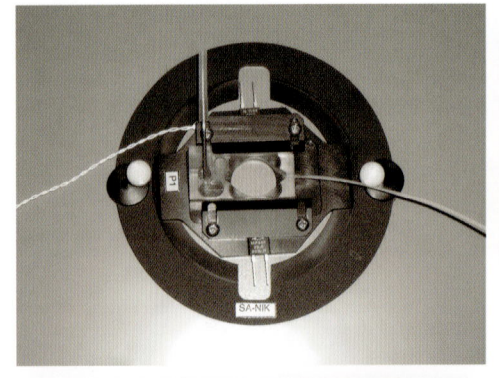

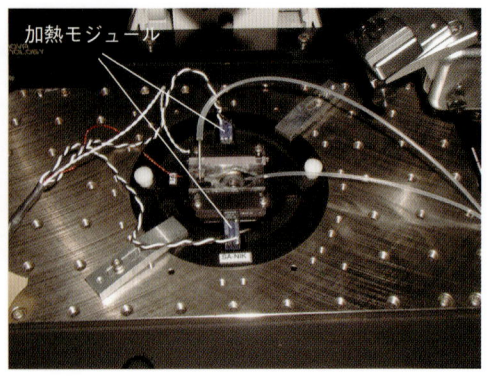

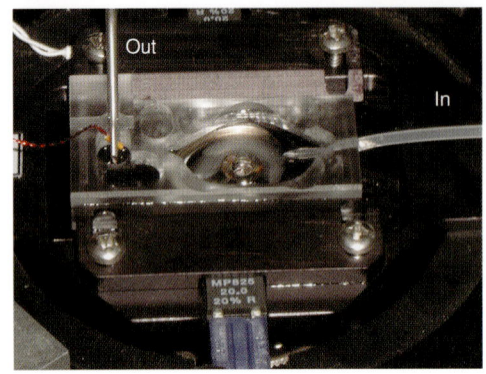

- 中央の半透明の部分が灌流槽．この底面に，カバーガラスをシリコングリスで貼りつける．アルミでできたベースの両側にヒーターが装着されている
- センサーの設定を誤ると，細胞が煮えてしまうことがある
- 標本交換に手間取るので，標本数が少ない場合はよいが，多くの例数を観察するのに向いていない

Werner社製

図7 温度管理ができる灌流槽

Ⅲ．細胞外液の灌流と試薬による刺激・抑制

準備するもの

1) 灌流チェンバー
   - プラスチックシャーレの底に穴をあけてカバーガラスを張ったもの（手作りあるいは市販：ガラスボトムディッシュ，松浪硝子工業）
   - パッチクランプ・イメージング用灌流チェンバー（例：Warner Instruments 社のRC-20シリーズ http://www.warneronline.com/）（図7）
   - 丸形カバーガラスを装着できるステンレス製チェンバー（Sykes-Moore Culture Chamberや小孔の開いたもの）（図8）

2) 細胞接着因子
   - 例：Cell Tak® (Becton, Dickinson and Company)

3) 灌流装置
   ①送液用
   - 静水圧による滴下装置
   - ペリスタポンプあるいは医療用のシリンジポンプ（表5）
   ②排液用のポンプあるいは吸引装置と排液溜め

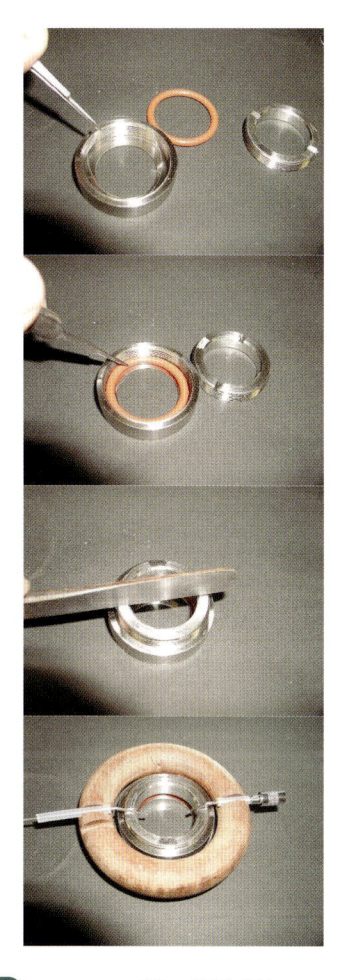

図8 ステンレス製の簡易灌流チェンバー

厳密な温度管理はできないが，重いため振動を抑える効果が大きい．左側列の原型はSykes-Moore Culture Chamberで，生理研細胞内代謝部門で使っていたものを参考にした．カバーガラスを入れて，Oリングで押さえる．大型スライス標本向き．灌流液量が多くなるのが欠点．右側列はすり鉢型の灌流槽で，下面にシリコングリスを薄く塗ってカバーガラスをつける．灌流液が少なくて済む

表5 送液ポンプの特徴

ペリスタポンプ	医療用シリンジポンプ
・流量コントロールが難しい 　流量は回転数だけでなく，チューブの内径によっても左右されるので，チューブ交換のたびに測定しないといけない ・チューブがずれて，接合部から外れてしまうことがある→液漏れ→試料の灌流不全 ・液流が拍動性 ・安価 ・注入用，排液用	・液量コントロールが容易で正確 　（数ml/h〜設定可能） ・流圧コントロールが可能 ・非拍動性の流れ→細胞にとって"優しい" ・高価 ・注入用

2章-4-4　カルシウムイメージングの原理と実際

4) 恒温装置（寒冷時の実験では必要）
- 灌流液を温める装置（例：溶液インラインヒーター）
- 加温灌流チェンバー

5) 灌流液：刺激薬 1 種類について以下のものを用意する
- ネガティブコントロールとして，通常のバッファー
- ポジティブコントロールとして，必ず細胞内 $[Ca^{2+}]_i$ が上昇するもの
  （例えば，興奮性細胞は高 K^+ で $[Ca^{2+}]_i$ が上昇する）
- 刺激薬を溶かしたバッファー（各種濃度）
- 細胞外 Ca^{2+} を抜いたバッファーに刺激薬を溶かしたもの（各種濃度）

プロトコール

1. 標本をカバーガラスに固着する

＜単離細胞や小細胞塊＞

細胞接着物質を使う

Cell Tak 使用例

清浄なカバーガラスに Cell Tak 1〜2 μl と同量の生食水を塗布して広げる❶❷

▼

風乾し，そののち蒸留水でゆすぎ，再度風乾する

- 細胞が生きている状態であれば，Cell Tak により，強固にカバーガラスにくっつく
- 細胞が死んだ場合，あるいはもともと間質に面していない細胞（例えば，精子細胞）は，付着がよくない
- 大きな組織を付着させるときは，組織のへりに濾紙をあてて，少し乾かし気味にするとよい．ただし，この部は観察対象から外す

＜組織塊が大きいときやスライス標本の場合＞

スライス標本用固定用のアンカーで抑える

＜培養できる細胞＞

はじめからカバーガラス上で培養する

2. 標本を灌流する❸

灌流チャンバーに移して標本の周りを HR 液で灌流し，種々の刺激物質に対する細胞内カルシウム濃度の反応を観察する❹

❶培養用のプラスチックシャーレは，厚いうえに紫外線を通しにくいので，working distance の短い対物レンズを用いた紫外線励起によるイオン測定には不向きである．

❷カバーガラスが汚れていると水をはじいてしまい，細胞固着がうまくいかない（145 ページ memo「汚れたカバーガラス」参照）．

❸実験槽に高濃度の試薬を滴下しただけ（bath application）では，試薬の濃度が実験槽全体に均一にならず，試薬の洗い流しもできない．一定流量で標本周囲を灌流するのが望ましい．

❹実験に使う生理活性物質は癌性を有するものが多い．灌流排液をそのまま下水に流してはならない．排液は回収し，適切な処理を施す．

⚠ 実験のコツ

⚠ 実験槽の液量に比較して灌流液が少ないと，液の置換が遅くなる．一方，実験槽の液量を少なくすると，灌流液は標本に至らず，実験槽の縁に沿って流れるようになり，標本周囲の灌流が不十分となる．最悪の場合は標本が液面から露出して，乾いてしまう．
- ●灌流液不足でみられる現象
  - ・蛍光強度が増す　←液が周りにないのでひからびてしまい，蛍光物質の濃縮が起きる
  - ・カルシウム濃度が上昇する　←死ぬと，細胞内カルシウムを低濃度に保つ機構が破綻する
- ●対策
  排液用のカニューレ下端を，カバーガラスより数 mm 上に設定し，こまめに標本と灌流槽を目視する．

⚠ 灌流液の漏れを念頭に入れて，こまめなチェックを行う．発見が遅れると，顕微鏡の光路に塩類を含んだ水が大量に流れ込むことになる．灌流液は栄養物に富むので，細菌やカビが生えやすい．また，含まれている塩類は顕微鏡の金属部分を錆らせる．特に対物レンズは灌流液が付着しやすいので，清浄に保つように心がける（後述）．
- ●水漏れ事故が起きている際にみられる現象
  - ・濃い刺激薬を流しても反応しない　←灌流液が途中で漏れてしまい，細胞に達しない
  - ・蛍光像がぼやける，暗くなる，あるいはゆらぐ　←灌流液が光路に入る
- ●対策
  液漏れを早期発見し，すみやかに顕微鏡の分解と清掃を行う．

⚠ 灌流液の温度や組成について
- ・一般的に灌流液を加温すると反応はよくなるが，実験槽内の液温を 37℃に保つことは結構難しく，加温操作によりかえって実験条件が不安定となる場合もある．理想的には顕微鏡装置をまるごと加温加湿するのがよいが（例えば，Leica社 AS MDW），再現性のあるデータが得られるのなら，室温での灌流も可とする
- ・酸素を負荷していったん飽和状態にすれば，室温で数時間はだいたいその濃度を保つ．酸素負荷した液をシリンジに入れて栓をしておけば，防カビと同時に酸素が抜けるのを抑えることができる
- ・添加する試薬が自家蛍光を発しないことを確認する（例えば，pH 指示薬は蛍光を発することがある）

memo

汚れたカバーガラス

かつてラボに入ったばかりの新人が最初にたたき込まれたのが，器具洗浄であった．汚れたガラス器具は水をはじくので，それを目安にして洗ったものである．解剖学や病理学のラボでは，カバーガラスまで手洗いしていた時代があった．もっとも，現在市販されているカバーガラスは，目立った汚れはなく，こんな手間のかかることはしていないし，今後もそんなことはしなくて済むと思っていた．ところが，温度管理できる灌流チェンバーを購入した際に，一緒に買った専用のカバーガラスがとてつもなく汚れており，強力な洗剤に浸して超音波洗浄をほどこしたにもかかわらず，水をはじく状態であった．そこで，古手の技術員の助言に従い，カバーガラスを食器洗い用の普通の洗剤で煮沸したところ，あっけなくカバーガラスはサラサラに水がのるようになった．ラボの知恵袋たる技術員は，かけがえのない「宝」であることを再認識させられた一件であった．惜しむらくは，職人を大事にしていた日本の文化的基盤が失われ，技術員を定員削減の対象にしてしまい，こうした（古くさいが貴重な）ノウハウが継承されないことである．

表6 画像解析装置の特徴

	蛍光顕微鏡を用いた装置	レーザー光を走査する装置
基本顕微鏡	倒立型落射蛍光顕微鏡	
像の暈け	迷光を避けられず，Z軸方向の空間的解像度はよくない（デコンボリューションである程度改善）	共焦点ピンホールあるいは多光子励起により，光学的スライス効果が期待できる→Z軸方向の空間的解像度がよい
応用	小細胞塊～単離・培養細胞	器官～組織塊～単離・培養細胞
光源	キセノンランプ（水銀ランプは不可）	連続レーザー（共焦点顕微鏡）パルスレーザー（多光子顕微鏡）
測光装置	超高感度カメラ（アナログ，デジタル）photomultiplier tube（光電子倍増管）	photomultiplier tube（光電子倍増管）
蛍光指示薬	1波長励起1波長測光（Fluo-4など）2波長励起1波長測光（Fura-2など）	1波長励起1波長測光（Fluo-4など）1波長励起2波長測光（Indo-1など）
光毒性・退色	少ない	激しい
画像取得時間	長い	短い
画像取得間隔	カメラとフィルターチェンジャに依存	一般的に，レーザー光の走査に時間がかかるので長いが，高速レーザー走査が可能なものもある
値段	比較的安価	高価（特に高速型や多光子顕微鏡）
代表的なシステム	浜松ホトニクス AQUACOSMOS，Leica AS MDW	高速画像取得可能なもの：Nikon RCM-8000, Noran OZ（以上2機種は販売中止），横河電機 CSU21, PerkinElmer UltraVIEW RS

Ⅳ. 画像解析装置による蛍光測光

準備するもの

- 倒立型蛍光顕微鏡
- 画像解析装置
    蛍光顕微鏡ベースのものと，レーザーを光源としたものの2種類に分けられる（表6）
- 画像データ保存媒体（MO，DVD-RAM/±R/RW，CD-R，外付けハードディスク等）
- 画像や動画，グラフ作成に必用なパソコンとアプリケーション（Photoshop，Premia，ExcelやDeltaGraph等）
- 暗室作業用のペンライト

プロトコール

使用機器を立ち上げる❶❷
- 起動時に大電流を必要とする機器（蛍光装置，レーザー電源）から順に，スイッチを入れる❸
- 超高感度カメラを使用する機器では部屋を暗くする必要がある（目を慣らしておく）❹

❶測定機器は，日常的に動いているものを使用するのがよい．Ca^{2+}のイメージング用の機器はかなりの台数が販売されたものの，使われずに眠っているものもある．ラボの奥から埃にまみれた機器を出してきて測定しようと思っても，うまくいかないことの方が多い．

図9 レンズ清掃

▼
灌流チェンバーを装着し，測定視野を決める
- 明視野で標本を捜し，ピントを合わせる．輪郭がはっきりとした細胞を選ぶとよい
- 選んだ細胞が，測定できるだけの蛍光を発しているかどうか，画像解析装置でチェックする❺

▼
灌流しながら画像解析する（データは解析装置のハードディスクへ保存）

▼
画像解析装置のハードディスクから，画像データを MO などの保存媒体へ移す

▼
水漏れ事故の自覚がなくても，実験終了後は必ず対物レンズを外して，レンズクリーナーでレンズ周りを拭き，鏡筒の付け根を無水アルコールで拭く❻
- 塩類が付着したままだと接合部が錆びつき，最悪の場合はレンズがターレットから外せなくなる（148ページ memo「レンズ1本の値段」参照，図9）

▼
画像データを解析する❼
- spatial analysis（空間的解析）：TIFF や JPEG のような一般的な画像フォーマットを抽出し，それをもとに動画を作成して空間的な変動を解析する
- temporal analysis（時間的解析）：ある特定領域の $[Ca^{2+}]_i$ 変動を経時的なグラフにする

❷使用頻度の多い機器では，フィルターがしだいに焼けてくる場合がある．
→測定データがだんだんずれてくる．

❸複数のラボで共同利用している機器では，個人のミスは他のラボの人にも迷惑をかけることになる．使用機器のマニュアルを読むだけでなく，自分用のマニュアルをつくって，注意点を書き込むようにする．

❹ICCD カメラのような高感度カメラは，過剰な光が入ると壊れることがある．顕微鏡の光源や室内灯を点けるときは，カメラの入光路を遮断するとともに感度設定を最低にするように心がける．

❺強い励起光を当て過ぎると細胞は光によるダメージを受ける．また蛍光は退色していく．

❻灌流液の漏れに注意して，暗い実験室で作業する場合は，ペンライトでこまめに灌流チェンバー付近をチェックする．ただし，ペンライトの光が超高感度カメラへ入らないように注意する．

❼解析は，実験そのものより時間がかかることが多い．また，動画を作成しておくと自分のパソコンで何度もデータを見返すことができるので，所見の見落としを防ぐことができる．

❓ トラブルシューティング

トラブル	考えられる原因	解決のための処置
細胞がダメージを受ける/蛍光が退色する	強い励起光を当て過ぎる	☞ 光路系を明るいものにする ＊対物レンズ：使用する光の波長に適合した，開口数の大きなものにする ＊フィルター：励起光と蛍光波長に合致したフィルターを選ぶ ☞ シャッターをこまめに閉じて光を当てないように心がける ☞ 標本を探すときは，励起光を弱くして，検出器の感度を上げる－画質が悪くてもかまわない ☞ 光の当たる領域を限定する ☞ 測定時の励起光強度をできるだけ抑える ☞ 灌流液の中にBSAのような抗酸化作用のある物質を加えると，退色を防ぐことができる

memo

レンズ1本の値段

生きた細胞・組織のイメージングにおいて，水漏れ事故は防ぎようがない．どんなに注意していたつもりでも，必ず灌流液は漏れている．恥ずかしながら，われわれも灌流液を対物レンズの鏡筒内に滲入させてしまった．そのため補正環が錆びついてしまい，泣く泣くレンズのスプリングを固定せざるを得なかった．画像解析装置は，対物レンズが命であると言ってよい．今後も事故が起きることを考え，予備として同じレンズを発注したところ，「このモデルは生産中止です．新たに購入するとなると，生産ラインから立ち上げることになりますから，値段は1本あたり○○になります．」という返事をもらった．ともすればレンズの取り扱いがぞんざいになりがちなわれわれに，冷水を浴びせかけた事件であった．

🔲 実験例[5]

ラットの腹腔内肥満細胞は，比較的簡単に $[Ca^{2+}]_i$ イメージングできる細胞である．ラットの腹腔内にHEPESバッファーを100〜200ml注入して数分揉み，次いでその液を回収して遠心すると，肥満細胞を採取できる．それにIndo-1/AM（5 μM）あるいはFluo-4/AM（2 μM）を37℃で30分負荷した後，カバーガラス上にCell Takで固着し，灌流する．Gタンパク質を刺激するCompound 48/80で刺激すると，細胞内カルシウム貯蔵場からCa^{2+}が放出されて $[Ca^{2+}]_i$ が上昇する．

Spatial Analysis（空間的解析）（図10）

Indo-1の蛍光像では，刺激前（Resting）に比べ刺激後（Stimulated）は，蛍光波

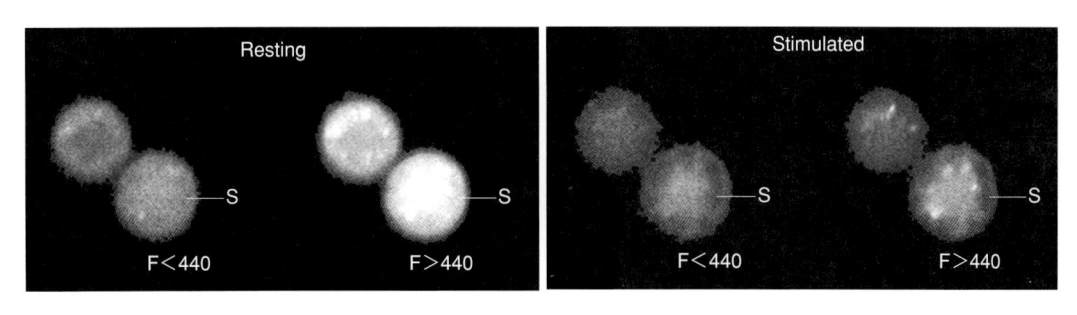

図10 肥満細胞画像データ（Indo-1 蛍光像）
詳細は本文参照

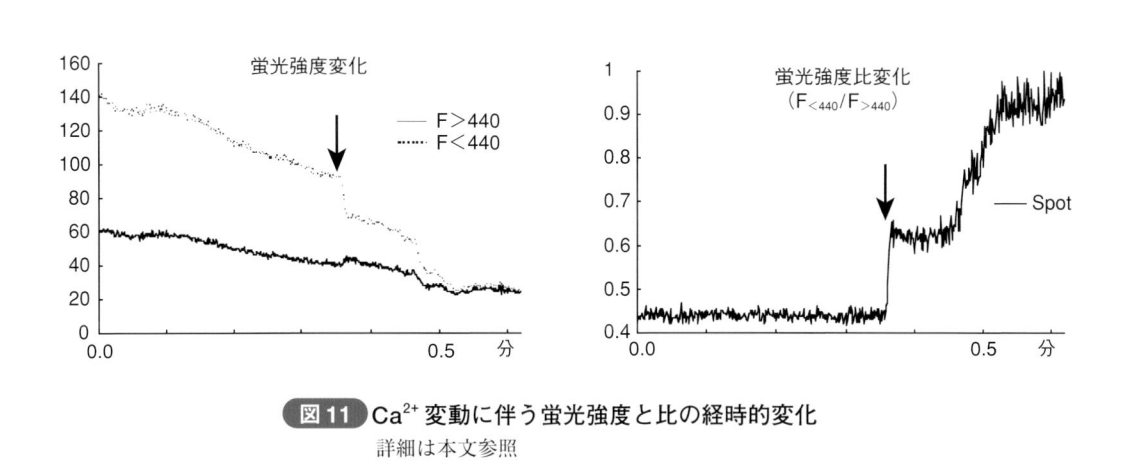

図11 Ca^{2+} 変動に伴う蛍光強度と比の経時的変化
詳細は本文参照

長440nm以上の画像（F>440）が著明に暗くなるのに対し，440nm以下の蛍光画像（F<440）はわずかに明るくなる（図10，11左）．$[Ca^{2+}]_i$ はF<440をF>440で除算した比で表すことができるので，肥満細胞の $[Ca^{2+}]_i$ は，いったん急激に上昇したのち，しだいに上がっていくことがわかる（図11右）．

Temporal Analysys（時間的解析）

図10の蛍光像のSの部分の蛍光強度を経時的に表したグラフ．compound 48/80で刺激（矢印）すると同時に蛍光スペクトラムが変化し（図11左：Y軸は，8ビット（256段階）で採光した蛍光強度），蛍光強度比は上昇する（図11右：Y軸はF>440に対するF<440の比）．

Spatial Analysis 空間的解析（図12）

Fluo-4の蛍光像では，刺激前に比べて刺激後の蛍光強度が増しており，これは $[Ca^{2+}]_i$ の上昇を意味する．しかし，開口放出の進行とともに蛍光強度がどんどんと減退し，Restingの値よりも下がってしまうが，実際に $[Ca^{2+}]_i$ が下がっているわけではない（見かけ上の減少）．

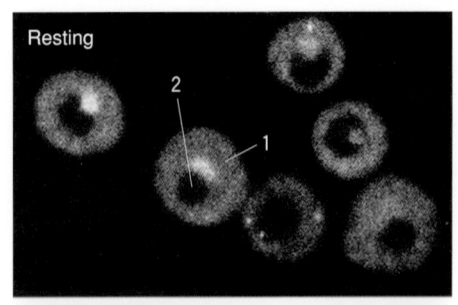

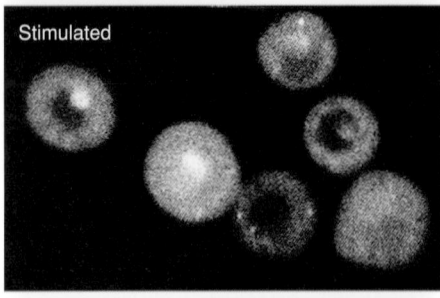

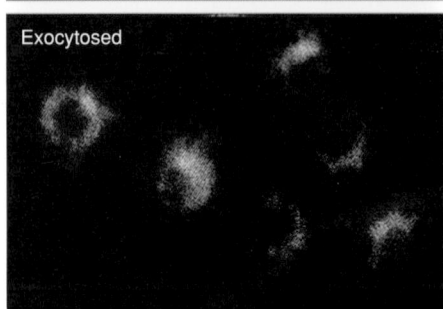

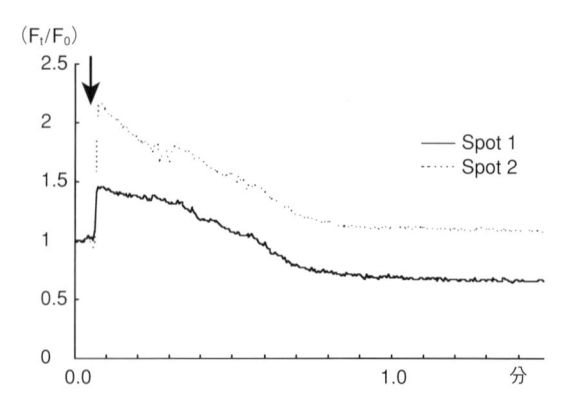

図13 Ca^{2+}変動に伴う蛍光強度の経時的変化
詳細は本文参照

図12 肥満細胞画像データ（Fluo-4 蛍光像）
詳細は本文参照

Temporal Analysys（時間的解析）

図12の蛍光像1と2の部分の蛍光強度値（F_t）を経時的に表したグラフ．初期蛍光強度F_0に対する値で表している（Y軸）．compound 48/80で刺激したときに蛍光スペクトラムが変化する．[Ca^{2+}]$_i$はいったん急激に上昇したのち，徐々に下がっていくようにみえる（図13）．

■ おわりに

写真の良し悪しはContrast，Density，Sharpnessの3要素で決まる．今日，コンピュータ上でこれらは容易に改善できるようになり，美しい原画像を撮影する必然性は少なくなったように思いがちである．けれども，Ca^{2+}のイメージングのように，微かな光の変化をもとにした画像解析では，もとになる蛍光像が美しければ美しいほど，[Ca^{2+}]$_i$変動そのものもクリアなデータとなる．そのためには，蛍光プローブの導入条件を含めた標本作りにかなりの時間を割かなければならない．また，観察対象の細胞や組織，実験動物の種類と日週齢が異なると，試料作製条件も違ってくる．画像解析装置の性能を引き出そうと思ったら，コンピュータの基本的操作とともに光学

顕微鏡の扱い方にも習熟しておくことが望ましい．本稿で列記した数々の注意点にうんざりした人も多いかもしれない．しかしながら，たかだかこれだけのことに注意すれば $[Ca^{2+}]_i$ のイメージングは比較的簡単にできる．まずは培養細胞や単離細胞を使ったイメージングからはじめてみることを勧める．

本章は 2001 年に行われた電顕サマースクールのマニュアル（http://anatomy.iwate-med.ac.jp/yoh/Tech_CaImg200308.pdf）がもとになっている．ノウハウの多くは共著者の佐藤 仁（岩手医大第二解剖，専門技術員）が工夫したものであるが，脱稿直前に逝去した．ここに謹んで哀悼の意を捧げたい．

参考文献

1) Berridge, M. J. et al.: Nature Rev. Mol. Cell Biol., 4: 517-529, 2003
2) 細胞内カルシウム実験プロトコール（工藤佳久，編），羊土社，1996
3) Hootman, S. R. et al.: Am. J. Physiol., 251: G75-G83, 1986
4) Habara, Y. & Kanno, T.: Gen. Pharmacol., 25: 843-850, 1994
5) Mori, S. et al.: Arch. Histol. Cytol., 63: 261-270, 2000

3章

画像処理から発表まで

1. 共焦点画像取り扱いの基礎知識　154
2. 画像処理ソフトの使い方から
   学会発表・印刷の注意点まで　160

3章 画像処理から発表まで

1 共焦点画像取り扱いの基礎知識

宮東昭彦

I．はじめに－画像の利用に必要な作業と画像処理ソフト－

■ 作業に用いるソフトウェアの選択

　　共焦点顕微鏡で作成されたデジタル画像は，それ以後コンピュータ上で取り扱うが，利用に際して何段階かの作業が必要になる．これらの作業には，各メーカーの共焦点顕微鏡のコントロール用ソフト（以下，共焦点ソフトとよぶ）以外に，いくつかの異なったソフトウェアを用いると効率がよい（図1）．どの段階の作業にどういったソフトを用いるのかは厳密に決まっているわけではなく，作業の内容と作業者の各ソフトウェアの取扱いの習熟度にあわせて，自分のスタイルで行って全く問題がない．
　　はじめに，共焦点画像の処理に使えるソフトウェアにつき，作業の種類別に利用可能なものを簡単に紹介する．

1）汎用画像処理ソフト

　　画像の調節を行う汎用画像処理ソフト（いわゆるフォトレタッチソフト）があると非常に便利である．Adobe Photoshop（以下 Photoshop，最新バージョンは7）が有名である．他にも Corel Photo-Paint，Jasc Paint Shop Pro など必要な作業ができるソフトはいくつかある．Photoshop の機能限定版 Photoshop Elements でも一部の作業[*1]ができないのに気をつければ使える．Photoshop は機能的に成熟しているソフトであり，基本的な機能を用いるうえでは，最新版でなくとも特に問題はない．機能的には Photoshop 5.5 以降であれば多くは同様の使い方が可能である．

2）画像をレイアウトするソフト

　　多くの場合，複数の画像をレイアウトして組写真を作成したり，文字，矢印，カラーバー，スケールバーを配置したり，模式図やグラフと組合わせたり，といった作業が必要となる．学会発表などプレゼンテーション用，論文投稿時の原稿用など多様な

[*1] 最も影響が大きいのは，論文等の印刷用原稿作成のための CMYK 形式の色表現をサポートしていない点である．筆者の使い方では，他に，一連のコマンド操作を記録し，くり返し再現できる「アクション」機能がない点，各色成分を別々に扱うための「チャンネル」操作ができない点など．

用途があるが，こういったレイアウトを行うにはさまざまなソフトを用いることができる．自分のスタイルにあわせて選んでよい．

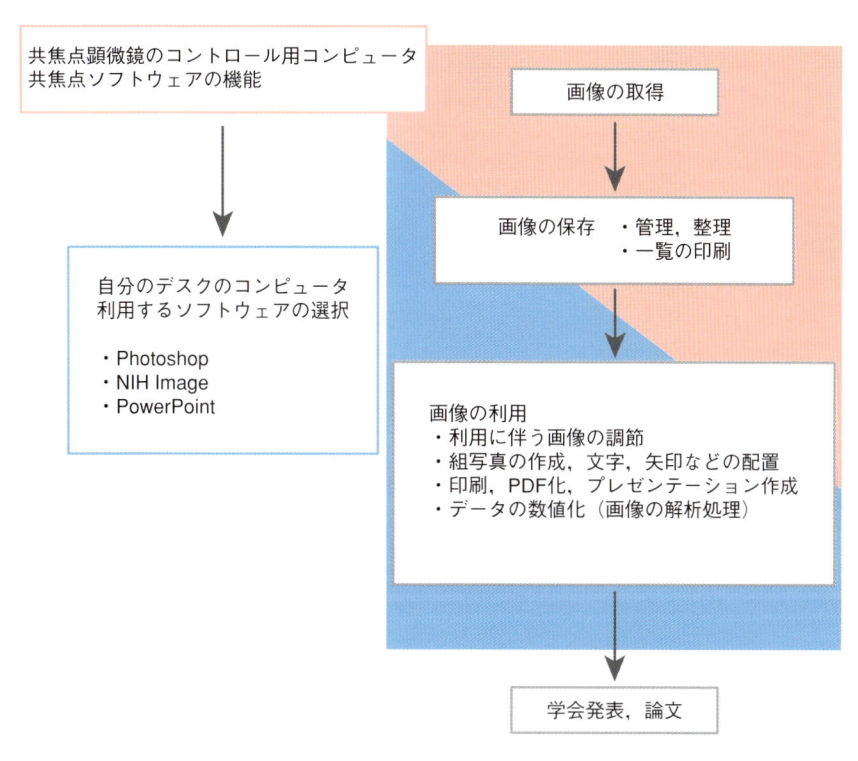

```
共焦点顕微鏡のコントロール用コンピュータ          画像の取得
共焦点ソフトウェアの機能                            ↓
        ↓                                    画像の保存  ・管理，整理
自分のデスクのコンピュータ                                ・一覧の印刷
利用するソフトウェアの選択                             ↓
  ・Photoshop                              画像の利用
  ・NIH Image                                ・利用に伴う画像の調節
  ・PowerPoint                               ・組写真の作成，文字，矢印などの配置
                                             ・印刷，PDF化，プレゼンテーション作成
                                             ・データの数値化（画像の解析処理）
                                                   ↓
                                             学会発表，論文
```

図1　画像処理作業の流れ

共焦点顕微鏡で作成した画像は，その後デジタル画像としてコンピュータ上で取り扱われる．データ（画像）を保管，管理すること，画像を調節し，利用法（プレゼンテーション，論文など）に応じて必要なレイアウトを施すこと，さらに場合によっては画像から必要な数値情報を抽出することなど，画像利用の準備作業はほとんどすべてコンピュータ上で行うことになる．取込み作業が終了した後，どこかの時点で顕微鏡と接続されていない別のコンピュータで作業を行うことになる場合が多い．自分の利用環境に最適な運用を考えたい

memo

共焦点顕微鏡コントロールソフト：特長をつかみ，使いこなそう

各社の共焦点顕微鏡のソフトウェア（本章では，以下，共焦点ソフト）は，それ単独ではすべての画像処理作業を行うことはできないが，画像を取込むだけでなく，さまざまな補助的な画像処理を行えるようにつくられている．とりわけ，共焦点顕微鏡ならではの三次元再構築，時間軸を追った変化などを表現するさまざまな方法については，本章で紹介するような汎用画像処理ソフトよりは得意とする作業である．機能をよく理解して，どのような作業が可能なのかチェックし有効に使いたい．例えば，各社の最新の共焦点ソフトでは，

・さまざまな角度からの三次元投影像
・時間軸や焦点位置の移動を追って断面像をパネル状に順次配列する，Extended focus像
・X，Y，Z方向からの断面像を，立体の展開図のように位置を対応させて同時に表示する展開像

などをはじめ，そのままプレゼンテーションや論文用に利用できる効果的な図を作成することができる．

1. **画像処理ソフト（Photoshopほか）ですべて行う方法**

    現実的な選択のうちの1つである．画像の調節とレイアウト作業を1つのソフトウェアで行うメリットは大きい．組写真の最終的な印刷前にも，画像の調節にまで遡って修正するのが簡単である．最近の画像処理ソフトの多くは，いったん画像内に書き込んだ文字を，あとで修正可能なので，修正に融通が利く．ただし，ドロー系のソフトで描かれた模式図やグラフ等を貼付けるには画像に変換しなければならない．また，プレゼンテーションソフトにPhotoshopで作成した組写真を持ち込む場合には，逆にレイアウトの修正を行うにはPhotoshopでの作業に戻らないといけない．

2. **プレゼンテーション用ソフト（Microsoft PowerPointほか）を用いてレイアウトを一通り行う方法**

    もちろん，そのままプレゼンテーションに用いることができるメリットは大きい．また，印刷用途にも使うことが可能である．画像の調節の機能は弱く最低限のもの（明るさ・コントラストの調節，拡大縮小，切り抜き程度）なので，共焦点ソフト，画像処理ソフト等で処理済みの画像を貼付けるのがよい．

3. **その他のレイアウト機能を有するソフトウェアを利用する方法**

    いわゆるドロー系ソフト（Adobe Illustrator, Corel Draw, Canvasなど）や，DTP用ページレイアウトソフト（Adobe PageMakerなど）が使える．この場合も，画像の調節を済ませてから貼付けるのがよい．プレゼンテーション用ソフトに準ずるが，文章と組合わせたり，模式図を配置したり，といった，より高度なレイアウトも可能なので，そのままオフセット印刷に用いる版下用にも便利である．

3）画像解析ソフト

画像内の特定の部分の長さ，面積，平均輝度，数などを数値化し，データにするときに必要．共焦点ソフトにも基本的な機能はあるが，あくまでも補助的についている程度で，専門のソフトに比べると機能，使い勝手とも必ずしも十分とはいえない．

1. **NIH Image（ImageJ）**

    Macintosh用の画像処理ソフトとして有名なNIH Imageを，コンピュータOSにかかわらず動作するように，Java環境用のソフトとして開発されたのが後継のImage Jである．現在のバージョン1.30では，すでにNIH Imageの機能をほぼカバーしており，Windows版，UNIX版，Mac OS X版をダウンロードして無料で使用可．NIH Imageに比べ，RGBカラー画像の取扱いが改善されたこと，一連のコマンドを記録し，マクロプログラムやプラグインソフトを自動的に作成する機能が追加されたことなど，さらに新たな機能も追加されている．共焦点画像特有の処理も充実している．

    NIH Imageの最新バージョンは，Mac OS 9.2.2に対応したバージョン1.63で現在も利用できるが，開発は終了している．

    NIH Image/ImageJ サイト：http://rsb.info.nih.gov/nih-image/

2. その他の画像解析ソフト[*2]

IP Lab（Win/Mac），Image Pro Plus（Win），AnalySIS（Win）などの汎用画像解析ソフトは比較的高価だが，NIH Image/ImageJ のもっている基本的な機能に加え，独自の機能や周辺機器のコントロール等にも優れている．MetaMorph，AquaCosmos 等，顕微鏡やカメラ等のシステムの解析ソフトが利用できれば，共焦点画像を持ち込んで処理することも可能である．

Image Processing Tool Kit（IPTK）は，Photoshop をはじめとする多くのアプリケーション上で動作するプラグイン（機能追加）ソフト集で，Photoshop など一般向けソフトに，計測機能を追加し，解析作業を行う．自分の使い慣れているソフトで解析作業ができるのが利点．機能的には制約があるが，安価である．

■ 画像処理用のコンピュータ

共焦点顕微鏡が共有の機器なら，コンピュータだけを使用する処理のために顕微鏡を長時間占有するのは好ましくないので，すでに取り込んだ画像の処理などには，主に別のコンピュータを用いることが多い（また，共焦点顕微鏡コントロール用のコンピュータに，他のソフトをインストールすることが，大切な顕微鏡の動作安定性等に影響を与えてしまう可能性がないとはいえない．また，各社のシステムのコンピュータは英語版なので，英語版の画像処理ソフトの導入等が必要となる）．

1）コンピュータ本体とメモリ

画像処理用のコンピュータには，現在主流の性能程度があれば十分で，自分のデスクのコンピュータで処理を行える場合も多い．共焦点画像は解像度が高くない場合が多いため，その処理はコンピュータにさほど負荷をかけないからである．ただ，コンピュータの搭載メモリはできるだけ多い方が都合がよい．これはコンピュータ上で同時に閲覧，編集できる画像の枚数に関係する．

2）画像データ保存用の媒体

大量の画像を効率的に保管する方法について考えておく必要がある．最低限，デジタル画像を頻繁に参照する期間（データ処理，学会発表，報告書や論文原稿作成など）は，画像データを，コンピュータのハードディスク上に一時保存しておけるよう，可能ならそれに見合った容量のハードディスクをコンピュータに備えるとよい．

ただし，これは画像ファイルに限らないが，コンピュータのトラブル時に画像データが失われることのないよう，ハードディスク上と同時に，別の媒体にもバックアップコピーを作成しておくべきである．頻繁に参照する期間が過ぎた後は，データの長期保存に適した媒体（CD，DVD など）に画像データをコピーし保存する．

[*2] IP Lab　　　　　　発売元：Scanalytics, Inc.（http://www.scanalytics.com/）
　　　　　　　　　　　代理店：（株）ソリューションシステムズ（http://www.solution-systems.com/）
　　Image Pro Plus　　発売元：Media Cybernetics, Inc.（http://www.mediacy.com/）
　　　　　　　　　　　代理店：（株）プラネトロン（http://www.planetron.co.jp/）
　　AnalySIS　　　　　発売元：Soft Imaging System GmbH（http://www.soft-imaging.net/）
　　　　　　　　　　　代理店：西華産業（株）（http://www.seika.com/）
　　IPTK　　　　　　　発売元：Reindeer Software, Inc.（http://www.reindeergraphics.com/）

Ⅱ．共焦点画像の保管，管理

撮影した共焦点画像は，デジタル画像としてコンピュータ上で取り扱える状態のまま保存・管理する．

■ 画像の記録形式（フォーマット）に注意

共焦点画像は，連続断層像，各波長の蛍光像など複数枚の画像が相互に関連づけられ構成される点で特殊である．これを効率よく扱うため，各メーカーの共焦点画像の保存は，多かれ少なかれ専用の画像の形式で保存されることが前提となっている．このため，共焦点画像データは，そのままでは一般的な画像フォーマットのファイルを対象としたPhotoshopなどの汎用画像処理ソフトでは扱いにくい，あるいは全く扱えない．画像を保管・管理する際には，この点に注意し方針を決める必要がある．画像フォーマットに関する詳細は，「付録　画像ファイル形式」を参照のこと．

❗ 実験のコツ

> ❗ 共焦点顕微鏡のコントロールソフトでしかできない共焦点画像独特の画像処理は多いので，画像を最初に保存した際の「共焦点顕微鏡専用のフォーマット」の画像は，全画像について保管するべきである．
>
> ❗ 自分の画像処理用のコンピュータ上で，共焦点顕微鏡の専用フォーマットを一般的な画像フォーマットに変換する方法を確保できるかどうかチェックする．これができるか否かが作業効率を左右する場合がある．この機能を持ったソフトをメーカーから入手可能な場合がある．また，前述したImage Jで各メーカーの共焦点画像フォーマットの画像を開くための機能追加ソフト（プラグインソフト）がImage Jウェブサイトで公開されており，無料で入手できる．
>
> ❗ 共焦点顕微鏡オリジナルの画像形式を，手許の環境で一般的な形式に変換できない場合には，作業効率を考えると，全画像あるいは代表的な画像について，共焦点顕微鏡のソフトを用いて，汎用ソフトで扱える形式にまとめて変換し保存しておくのが有効である．これは，共同利用施設の共焦点顕微鏡が更新された，所属が変わったなど，今までの共焦点顕微鏡の環境が利用できなくなるときのためにも重要である．

■ 画像データベース

過去に取り込んだ共焦点画像を利用しやすい形で管理するのは，重要な課題である．画像が大量に蓄積された場合，コンピュータ上でうまく画像データベースを構築すると，多くの画像に埋もれてしまい特定の必要な画像が出てこないなどの作業効率の低下を防げる．

画像データベースでは，画像取得条件の表示機能や画像のカタログ表示（サムネイル画像の表示），キーワード入力と検索，などのいわゆるデータベース機能を利用できると効率的である．そこまでなくとも，保存するフォルダ構成を工夫したうえで，最低限，画像を小さく一覧表示できると効率は格段にアップする．

⚠️ 実験のコツ

- ⚠️ 共焦点ソフト（あるいはメーカーから無料で入手可能な機能限定版）や，他ソフトメーカーから販売されている，特定のメーカーの共焦点画像に対応した一覧機能などを有しているソフトは，最大限利用したい（「付録　画像ファイル形式」参照）．

- ⚠️ 汎用画像データベース機能をもつソフトは，Adobe Photoshop Album（Windows），iPhoto（Mac OS X）など気軽に利用できるソフトをはじめとして多数存在する．また，最新のコンピュータOS（Windows XP, Mac OS X）であれば，特別なソフトを追加しなくとも画像の一覧表示機能が充実している．ただ，これらは共焦点顕微鏡の独自の画像フォーマットには対応しておらず，一般的な画像形式にあらかじめ変換した後の画像を整理することになる．

- ⚠️ コンピュータ上で画像一覧が利用しにくい場合や，研究プロジェクトにかかわる何人かで画像を閲覧したい場合には，画像の一覧を作成し，これを印刷して利用するのが，古典的だが依然として有効な方法である．また，Web ページ形式の画像カタログを作成し，手許に置いておいたり，あるいはCD-Rに保存し郵送すれば，遠隔地の共同研究者は特別のソフトを持っていなくとも画像一覧を共有できる．Photoshop, Photoshop Elements では，これら印刷用，Web ページ形式の画像一覧を自動的に作成する機能がある．

    ＜操作手順＞
    一覧に含めたい画像（Photoshop で編集可能な画像形式）を単一のフォルダに収納しておく．

    ▼

    ［ファイル］メニュー→［自動処理］から，印刷用の画像カタログなら［コンタクトシートⅡ］，Web ページ形式なら［Web フォトギャラリー］コマンドを選ぶ．

    ▼

    画像の収められたフォルダを指定し，1 ページに並べたい画像の数を，「縦何枚─横何枚」の形式で指定し，［OK］を選択する．

3章 画像処理から発表まで

2 画像処理ソフトの使い方から学会発表・印刷の注意点まで

宮東昭彦

Ⅰ．共焦点画像の基本的な処理 − Photoshopを使って

◆ 画像処理時の画質の劣化を避けよう

この過程には，汎用画像処理ソフトウェア（Photoshop）などを使う．NIH Image をはじめとした画像解析ソフトでも可能である．

デジタル画像処理では，多くの作業では画質は劣化し，画像の持っている情報量は減少してしまう．これは画像の見た目を改善する作業であっても例外ではない．共焦点画像は，もともと，画像を構成する点（画素）の数が少ない（512×512，1024×1024など）ので，処理の過程で画像に手が加わると，画質の劣化が目立ちやすい．取扱いには十分注意し，途中に不適切な作業がないよう，処理ステップを必要最小限にするように心掛ける．

画像に対する処理の多くは，基本的に不可逆的な変化を伴う過程である．手を加えない原画像，および途中の重要な段階の画像ファイルを必ず保存しておく．

これから，主にPhotoshopを用いた場合の作業手順について示す．

◆ 画質の改善

1）画像の明るさ，コントラストを整える

画像全体の明るさ，コントラストについて，画像の使用目的に応じた調節を行う．プレゼンテーション用には蛍光写真は暗くなりがちなので明るめに，論文投稿用の図には，印刷したときに階調が再現されるようにコントラストを落として，複数の画像を並べ標識強度を比較するときにはこれらには同じ調節を，などである．

調節は，輝度分布のヒストグラム（memo「ヒストグラムの確認は，画像取り扱いの基本」を参照）を確認しながら変更できると効率がよい．明るさの飽和した点（画素）をつくってしまうと情報量が減少してしまうが，この見た目の判断が難しいからである．

レイヤー機能を使うと，元の画像に直接変更を加えずに見かけのみ変更を加えられるので便利である．

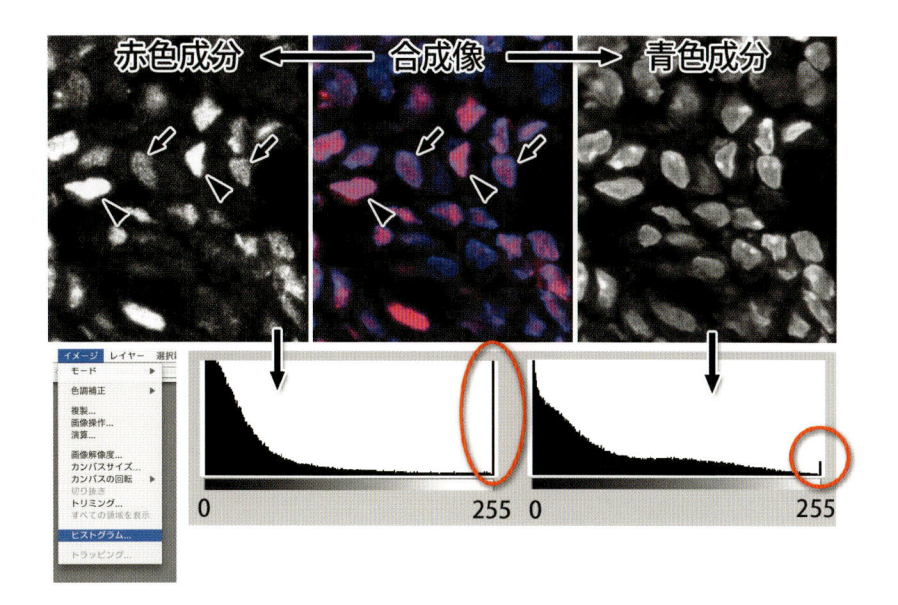

図1 はみ出したヒストグラムの例

上段中央は赤色成分と青色成分との合成像であるが，赤色成分で矢尻の部位を矢印の部位と比べると，明るさが飽和して，のっぺりとしている．ヒストグラム（下段）で確認すると，青（右）では255の明るさをもつ点（明るさが飽和している）がほとんどないのに対し，赤では非常にたくさんの点で飽和が起こっている．矢尻の部分では，本来の点状の局在パターン（矢印）が失われており，また輝度が飽和しているので，この部位の真の明るさを比較することができない．

このように，画像が明るい点あるいは暗い点として飽和していると，飽和している箇所の情報は失われている．一度失われた情報を後で調節しても取り戻すことは不可能なので，画像取込み時にも，必要な情報が失われていないかチェックする必要がある．

下段左：Photoshopで，[イメージ] メニューからヒストグラムを表示．

試料：乳腺腫瘍組織．赤：抗エストロゲン受容体 α 抗体を，Cy3標識抗体で可視化．青：TO-PRO-3にて核内DNAを標識

ヒストグラムの確認は，画像取り扱いの基本

画像を構成する各点（ピクセル）がどのぐらいの明るさ（輝度）であるかを，輝度ごとの頻度で示したのが，輝度分布のヒストグラムである．画像処理ソフトウェアで「ヒストグラム」といえば，ふつう，この画像内の輝度分布を指す．

ヒストグラムや画像内の各点の輝度を，数値で確認する習慣をつけたい．ヒトの目の，明るさの違いに対する鋭敏性は色によって異なるので，表示色が異なると，画像だけを見ながら同じ調節を行うのは困難である（図5参照）．また，通常コンピュータのモニタは，特に暗い部分，明るい部分では，データ上で明るさの違いがあってもその差はわからないことが多いし，区別できるかどうかは，モニタの明るさの調節一つで変わってしまう．

画像処理ソフトでは，画像を構成する赤（R），緑（G），青（B）の各成分の輝度を個別に見ることができる．明る過ぎて256階調で表示できる範囲からはみ出した点が多くできていないか，逆に画像全体が暗い側に偏っていないか確認する（図1）．

注：通常よく用いられるのが256段階（8ビット）や4,096段階（12ビット）などである．

＜Photoshopでの操作手順＞

ヒストグラムの表示：[イメージ] メニュー→ [ヒストグラム...] を選択する（図1下段左）と，[ヒストグラム] ウインドウが表示される．

画像中の各点の輝度情報の表示：[ウインドウ] メニューの [情報] 項目にチェックマークがついていれば，画面には [情報] パレットが表示されているはずである．画像中の輝度を参照したい部分にマウスポインタを重ねると，[情報] パレットに輝度が数値で表示される．

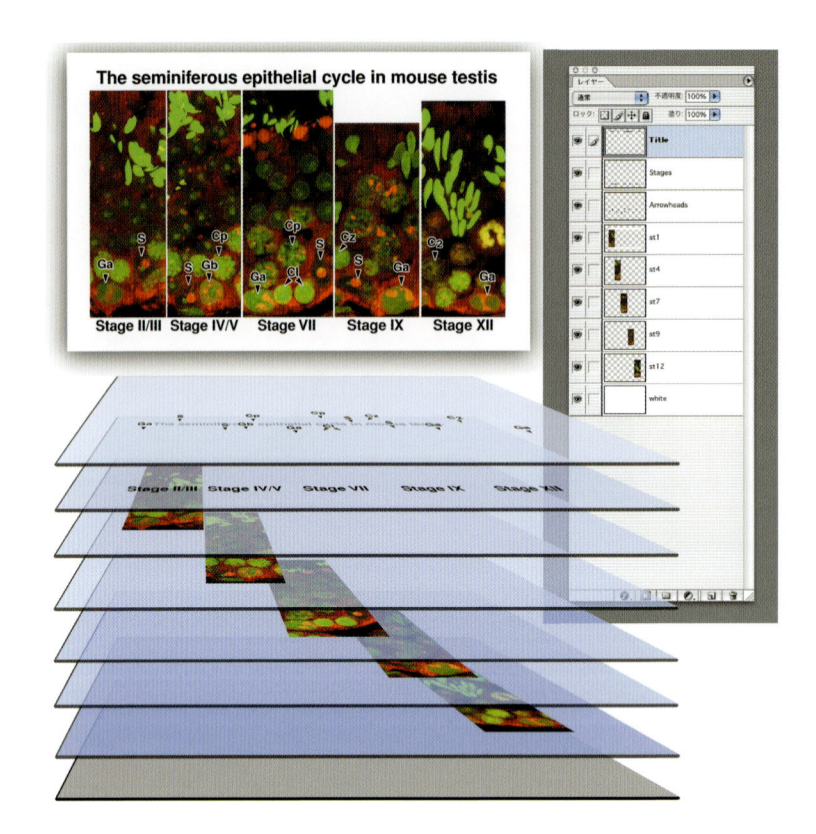

図2 Photoshopのレイヤーの概念

上段左が，完成した組写真である．この組写真はPhotoshopのみで作成した．この画像を構成する各要素（5枚の共焦点写真，タイトル，文字のラベルや矢尻など）は，それぞれ透明なシートである別々の「レイヤー」に収まっており（下段左），これを上から見ていると考えればよい．ページ内での位置，画像の明るさの調節などはレイヤーごとに別々に行える．

このレイヤーを管理するのが，［レイヤー］パレット（図右）である．各レイヤーを表示させる/隠す，レイヤーの上下の順番を入れ替える，位置を移動させるとき，複数の「レイヤー」を一緒に移動させるかどうか，などレイヤーに関するすべての設定を行う．習熟すると作業効率を上げるのに役立つ

memo

レイヤー機能を使いこなそう

「レイヤー」機能は，一緒に配置したい画像1枚1枚を別々の透明なシート（レイヤー）に載せて，移動・加工などを画像ごとに個別に行えるようにする機能である（図2）．

また，画像を並べる場合だけでなく，重ねて表示したい場合（多重標識時に各色の蛍光像を重ねる，蛍光像と微分干渉顕微鏡像を重ねるなど）にも利用できる．この場合，おのおのの画像を別のレイヤーに貼付けたら，［レイヤー］パレットで上側のレイヤーを選択し，画像の重ね合わせオプション（［レイヤー］パレットの左上端）を「通常」から「スクリーン」に変更すると，下のレイヤーの内容が透けて見えるようになる．

「レイヤー」には，画像だけでなく，画像に対する調節（明るさの変更，色補正など）もレイヤーとして扱える（調節レイヤー）．調節レイヤーに含まれる画像に対する調節効果は，そのレイヤーよりも下側の画像レイヤーに適用される．もとの画像情報そのものは変化させず，調節を取り消したいときは，調節レイヤーを削除したり，あとで微調整をやり直したり，他の画像へ同じ調節を行いたいときは，このレイヤーをコピーしたり，といった効率的な作業が可能となる．

レイヤーの使用にはぜひ習熟したい．詳しくは，ソフトのマニュアル，オンラインヘルプの一読をお勧めする．

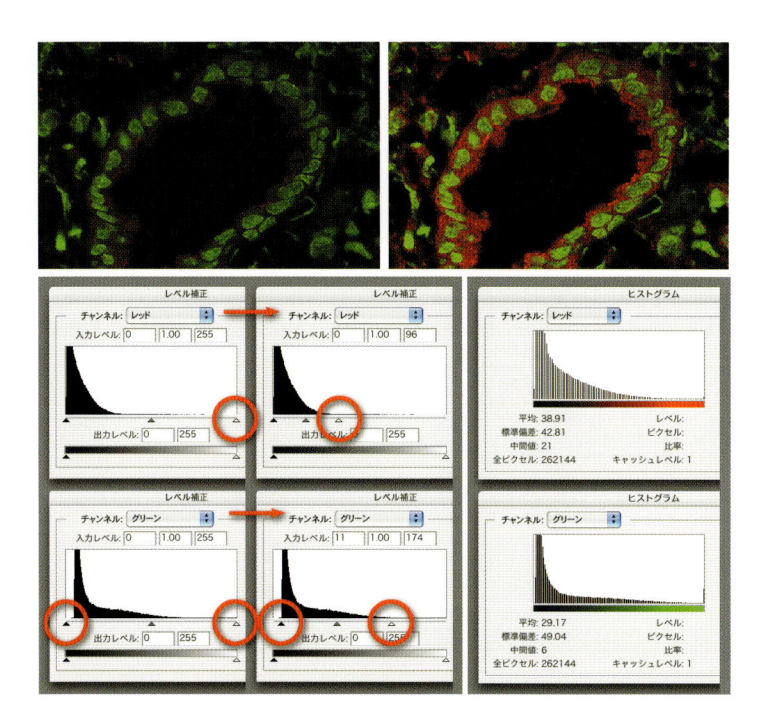

図3 ヒストグラムを参照しながら，レベル補正をする

上段左が原画像だが，赤，緑ともに暗く，標識の様子が確認しにくい．右が輝度を調節した後の画像．［レベル補正］ウインドウで，赤色成分（中段）と緑色成分（下段）とをそれぞれ調節した．赤，緑それぞれについて，補正前のヒストグラム（左端）では，ヒストグラムの山が比較的狭い範囲に集まっており，ヒストグラムの右側に「山すそ」がのびていない．これは画像中に明るい点がない，あるいは少ないことを意味する．図中で赤い丸のついた三角を，ヒストグラムの左右の「山すそ」に隣接する位置まで移動させた．補正後のヒストグラム（右端）では，ヒストグラムが左右のレンジ一杯に広がっている．

試料：子宮内膜組織．赤：抗VEGF抗体を，Cy3標識抗体で可視化．緑：SYBR Green Iにて核内DNAを標識

<Photoshopでの操作手順>（図3）

［レイヤー］メニュー→［新規調整レイヤー］→［レベル補正…］を選択し，［新規レイヤー］設定ウインドウで［OK］を選択．
または［レイヤー］パレット下端中央の［調整レイヤーを新規作成］ポップアップメニューから［レベル補正…］を選択．

▼

現れた［レベル補正］ウインドウで，RGBチャンネルあるいはレッド，グリーン，ブルー各チャンネルに対し，輝度分布のヒストグラムを見ながら［入力レベル］値をスライドつまみで調節し，画像を確認し，［OK］を選択．

この方法では，目的の画像レイヤーのすぐ上に，表示時の輝度の変更を記録した「調整レイヤー」が新たに作成される．このレイヤーをダブルクリックすれば，レベル補正の操作をし直すことが可能なので，例えば印刷結果に満足がいかない場合などに便利である．また，調節を行わないことにした場合は，このレイヤーを削除すれば，原画像が表示される．

> **! 実験のコツ**
>
> ❗ 画像の明るさの調節は，［トーンカーブ］や［明るさ・コントラスト］コマンド（いずれも［レイヤー］メニュー→［新規調整レイヤー］）でも可能だが，値変更の際にヒストグラムを参照できないため，明るさが飽和している点がどの程度あるのか確認しにくく使いにくい．共焦点顕微鏡のソフトでも，明るさとコントラストの調整が行えるが，輝度ヒストグラムを参照できない場合，同様の難しさがある．
>
> ❗ 複数の画像の明るさを比べる写真にしたい場合，レベル補正など，明るさを変化させる操作は画像の解釈を誤らせるおそれがある．複数の画像について同じ補正を適用したい場合には，操作により作成された調整レイヤーを，別の画像にドラッグ＆ドロップして，コピーする．
>
> ❗ 中間調の明るさを調節するガンマ値の変更は慎重に行う．なぜなら，蛍光画像では，画像中の輝度値は，標本中の蛍光強度とほぼ比例関係（ガンマ値＝1）にある（フォトマル，CCDカメラなどの特性を確認する必要がある）．蛍光像を見る人も，無意識にこの関係を前提として画像を解釈する．このとき，ガンマ値を変更すると，この関係からはずれてしまい，実際とは異なった蛍光強度の印象を与える．蛍光強度が議論の対象になるような場合には注意する．ただし，中間調の明るさ（ガンマ値）は画像表示方法（モニタ上か，印刷か）によりかなり異なる．印刷原稿の最終段階での調節には，印刷したものの見た目を補正する意味でガンマ値の変更を必要とすることがある．

2）空間フィルタによる処理

フィルタ処理は，その種類を問わず，画像の見た目をよくする代わり，実質的な解像度を下げ，画像の情報量を減らす作用がある．また，共焦点画像は画像を構成する画素数があまり多くなく，利用時に画像中の点を1つ1つ視認できる程度の粗さで用いる場合が多いため，見た目の違和感が大きく，普通は用いない．

比較的使われるフィルタの例を，以下にあげる．

・ぼかしフィルタ（図4 b）

空間平均値フィルタで，一定範囲の各点の明るさの平均値をとるタイプ，より自然なぼかしを得るガウス関数を用いた方法などがある．

・メディアン（中央値）フィルタ（図4 c）

画像に点状のノイズが多いときに効果的である．蛍光が暗く，顕微鏡側で感度を上げているときがこれに該当する．画像をできるだけぼかさずに点状のノイズを消すのに効果的．Photoshopでは，［明るさの中間値］フィルタがこれに相当（［フィルタ］→［ノイズ］→［明るさの中間値］）．

・背景の均一化

微分干渉像などで生じた，背景の輝度ムラなどの補正に用いると効果的な場合がある．［フィルタ］→［その他］→［ハイパス］を用いる．

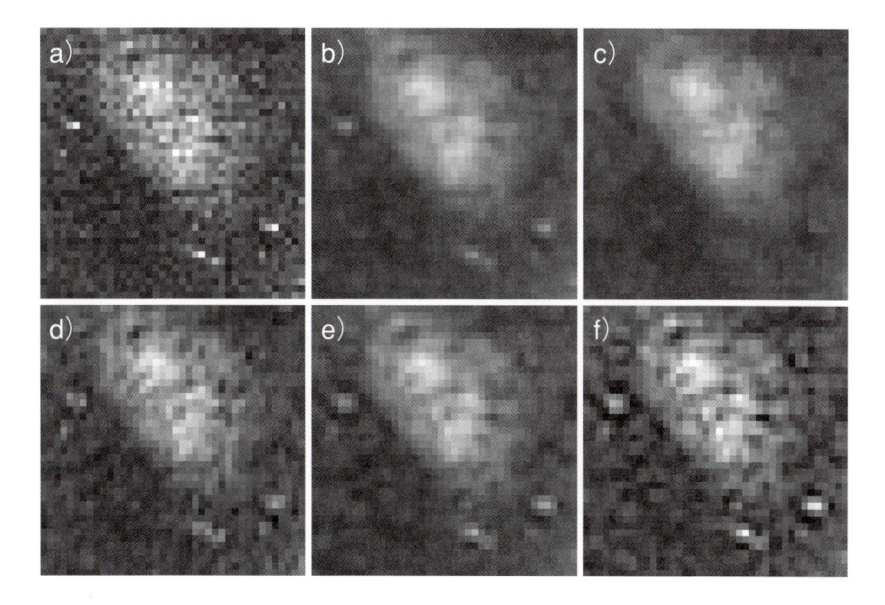

図4 いくつかの典型的な画像処理によって起こる画質の変化
画像は，画素が確認できるように拡大してあるので，実際の画質の変化よりも強調されて見えるが，いずれも実質的な解像度が低下していることに注意．
a：原画像．核の蛍光像は明瞭だが，PMTの感度を上げたときに現れる点状のノイズが見られる．
b：［ガウスのぼかし］フィルタ（半径 0.5 pixel）をaに適用．全体がぼけている
c：［明るさの中央値］フィルタ（半径 1 pixel）をaに適用．輝度変化が平滑になる傾向が強く，特に画素単位で存在する点状のノイズが消えている．
d：aを縦横の画素数が1.3倍になるように解像度を変換（拡大）し，比較のために元の画素数に戻したもの．bに近いぼけが見られる．
e：aを45°の角度に回転し，比較のために元の角度に戻したもの．ぼけが出ている．
f：eに対し，aに近い印象になるよう［アンシャープマスク］を適用．
試料：マウス精巣の生殖細胞．SYBR Green I による核標識像．対物レンズ60倍で撮影した像の一部の強拡大

・輪郭強調フィルタ

　像がぼけてみえる場合の輪郭強調には，［アンシャープマスク］などのハイパスフィルタが一般的だが，あまり用いない．解像度を変更した場合などには，使うことがある（図4 f）．共焦点像の場合，デコンボリューション法（4章-**3**）などを用いる場合の方が効果が高い．デコンボリューションは，これらの空間フィルタとは違って，焦点外の蛍光の拡散の原理に基づいて画像のボケ取りを行う方法である．

　共焦点ソフトにもフィルタ処理が用意されているが，注意点は同様である．フィルタ処理が最も充実しているのは，NIH Image（ImageJ）をはじめとする画像解析専用のソフトである．これらでは，フィルタ処理は単なる画質改善よりも特定の目的のために使われる．画像中の特徴ある構造をその輝度分布パターンから抽出し，自動的に検出，数値化を行うことができる．

擬似カラー表示（さまざまなLUTの適用）

　LUT（Look-up table：166ページmemo「擬似カラーとキャリブレーション・バー」参照）の適用は，共焦点ソフトでも，汎用画像処理ソフトでも可能である．単色

のLUTなら，各汎用画像処理ソフトで設定可能だが，多数の色を含むLUT（虹色など）は，各共焦点ソフト，NIH Imageをはじめとする解析ソフトでは利用可能であるが，汎用画像処理ソフトでは唯一Photoshopで利用できる．

なお，キャリブレーション用のカラーバーを使用する場合，画像に適用したのと同じLUTを適用する必要があるので，LUTを適用するときに同時に作成されていなければならない．

また，3原色（RGB）以外の色のLUTを使う場合，画像の明るさの修正は，LUTを設定したソフト内で行う．画像を他のソフトでも扱える一般的な形式（TIFFなど）に変換すると，別のソフトウェアでは，LUTに沿って明るさ・コントラストを調節できなくなる．

LUTは各ソフトで提供される既存のもので通常間にあうが，多色のLUTを自分の用途にあわせて作成したい場合，これができるソフトは限られている．Photoshopの［グラデーションマップ…］（後述）画面で最も詳細な設定ができる．画像解析ソフト（IPLab等），共焦点ソフト（Carl Zeiss社 LSM）でもこれに準じた設定が可能（NIH Imageを含む他のソフトでは，対応表に数字入力して編集する必要がある）．

1) 共焦点ソフトでの手順

各社のソフトで方法が異なるので，マニュアルを参照のこと．注意点は，キャリブレーション用カラーバーの取り扱いが大きく異なることである．メーカーによっては，

---

memo

擬似カラーとキャリブレーション・バー

a. LUTとは？ よく使うLUTの例

そもそも共焦点顕微鏡では，あらかじめ波長を限定した蛍光だけがフィルタなどによって集められて画像化されるので，画像そのものは輝度変化のみのモノクロ（グレースケール）画像であり，色情報は含まれない（注）．これを便宜的に，蛍光色の印象に近い緑，赤などの原色を使って表現するため，これは擬似カラー表示ということになる．蛍光顕微鏡に直接カラーCCDカメラを接続し，標本中の実際の蛍光色素の色がそのままカラー画像として再現される場合とは区別されるべきである．

このとき，モノクロ画像を見かけ上，原色に見せているソフトウェア上のしくみをLUT（Look-up table）とよぶ．黒から白までの輝度情報を，画面上での見かけの表示色と対応させる「対応表」である．RGBの3原色を用いて表示させるように割り当てるのが一般的であるが，画像の見やすさをもとにさまざまなものが用いられる．

- 最も明るい部位から最も暗い部位までを，単色のグラデーションではなく，複数の色を使ってあらわす場合（図5）．
- 中間のある明るさを境（閾値）として，それより明るい部位を真白に，それより暗い点を真黒として表示する2値化
- 表示色には変更を加えなくとも，画像の見かけ上の明るさを変化させる場合，例えば，Photoshopのレイヤー機能を用いて画像の明るさを調節する作業（前述）

などもこれに含まれる．

注：カラー画像を顕微鏡で視認，カラー写真として撮影可能な横河電機CSUユニットの方式などを除く．

b. カラー・キャリブレーション・バー

ただし，さまざまなLUTを効果的に用いるには，その画像を見る人に，LUTに関する情報を的確に伝える必要がある．原画像での輝度を，画面上あるいは印刷上ではどのような色に表示させているのかについて客観的な基準を示すのがカラー・キャリブレーション・バー（カラーバー）である．

特殊なLUTを用いる場合には，カラーバーは必須である．単色のLUTを用いる場合でも，輝度が重要な意味をもつ蛍光像の場合，可能な範囲でこれをつけてみることが望ましい（たいして邪魔にはならない）．

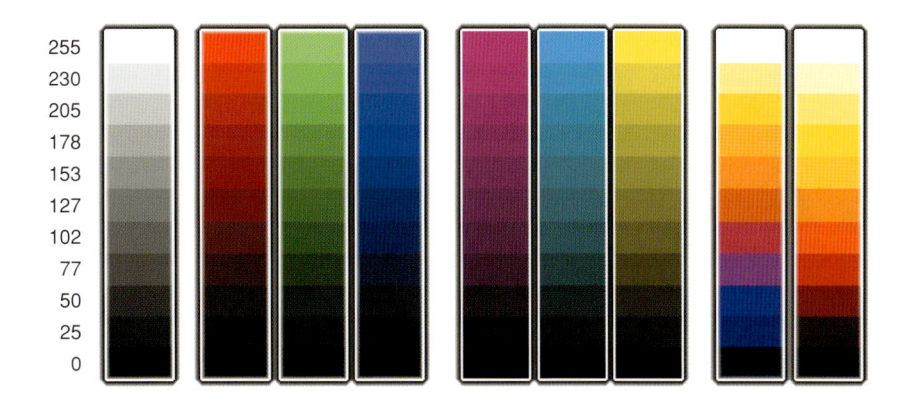

図5 LUTとカラー・キャリブレーション・バー

左から，モノクロ，赤，緑，青，マゼンタ（鮮紅色），シアン（水色），黄，右は，複数色を用いたLUTの2例．カラーバーは，通常は，明るさ最小値から最大値までの連続的な輝度変化に対応する色の割り当てを示す帯である．ここではLUTによる階調の区別の鋭敏性を比較するため，10段階の不連続の階調を用いた．数字は256階調における輝度値．

LUTにより，輝度の違いの視認性が大きく異なることがわかる．モノクロ（灰色）が最も明るさの違いを区別しやすく，赤，緑，青の3原色の中では，緑がこれに続く．青が明るさの違いを最も区別しにくい．これはヒトの網膜色素細胞の色に対する感度と関連がある

カラーバーを画像とともに保存するコマンドがないので，この場合は，Windows OSの機能である「画面のコピー」（[PrintScreen]キー）を用いてコピーし，他のソフトを用いて保存できる．

2）Photoshopでの手順

モノクロ画像を用意する

▼

■カラーバー用のグラデーションの作成

［新規レイヤー］を作成．

▼

ツールパレットで，［描画色と背景色を初期設定に戻す］ボタンをクリック．

▼

［矩形選択ツール］で，長方形の選択領域を描く．

▼

ツールパレット［グラデーションツール］を選び，選択領域の長辺の端から端までのグラデーション（モノクロ）を作成する．

▼

■LUTの適用

［レイヤー］→［新規調節レイヤー］の項目から該当するコマンドを選択する．
カラーLUTの場合，
［レイヤー］→［新規調節レイヤー］→［グラデーションマップ...］を選択する．

▼

グラデーションマップ選択画面で，グラデーション・バーをクリックし，適切なグラデーションを選択し，OK．色の組合わせを自分で作成することも可能．

［グラデーションマップ］の代わりに，単色のLUTの場合［チャンネルミキサー］を，明るさを変更する場合は，［レベル補正］など適切な調節レイヤーを用いる．
［LUT］をキャンセルするときは，該当するレイヤーを削除すればよい．

3）NIH Image/ImageJ での手順
LUTの適用
モノクロ画像を用意し，［Image］メニュー→［Lookup Tables］で，LUTを選択する．LUTの適用をキャンセルするときには，［Image］メニュー→［Lookup Tables］で，［Grays］を選ぶ．

キャリブレーション・バーの表示
［Analyse］メニュー→［Show LUT］で表示される．表示されたLUTウインドウを画像とは別に保存する．

◼ 画像のレイアウト（配置，切り抜き，拡大，縮小，回転など）

1）拡大・縮小・回転等についての注意

拡大，縮小，回転には，画質が劣化する処理としない処理との2つがある．画質が劣化しないのは，画像を構成する1個1個の画素の大きさ，輝度などに手が加えられない場合だけである．

画像の拡大縮小では，画像を構成する各画素とその輝度情報はいじらず，画素を配置するときの密度（いわゆる解像度）だけを変更する場合と，画像内の縦横の画素の数そのものを増減させて，これにより画像を大きくあるいは小さくしようという場合がある．後者では，新しく増減した画素の輝度情報は，旧画素の隣接する画素の情報から計算によって与えられるため，多かれ少なかれ画像にぼけが発生する（図4 d）．

回転の場合，回転角度が90度単位の回転であれば，画素の縦横の相対的位置関係

---

memo

色覚バリアフリー化のための工夫（注）

多重標識の結果を，擬似カラー表示を用いて示すと，複数の標識の局在関係が一目でわかる写真になる．特に，緑と赤の組合わせは，①もとの蛍光色素の色に近いので擬似カラーを意識せず，感覚的に受け入れやすいこと，②RGB画像の色成分に一致するので，画像データの取扱いが簡単なこと，③コントラストが高く標識強度の変化が明瞭であることなどから，よく利用される．しかし，この組合わせは，色盲の方にとっては，2つの標識の区別が困難な場合があることが指摘されている．
赤と緑を使いたいときに，赤の擬似カラー表示をマゼンタ（紫紅色）に変えると，緑と区別しやすくなる場合が多いことが紹介されている．

＜Photoshopでの操作手順＞
［レイヤー］メニュー→［新規調整レイヤー］→［チャンネルミキサー］を選択，［ブルー］チャンネルのソースを，ブルー100％に加え，レッドも100％にする．
赤をマゼンタに表示することによって，これ以外の影響は特にない．

注：岡部正隆，伊藤 啓「医学生物学者向き，色盲の人にもわかるバリアフリープレゼンテーション法」を参考にさせていただいた．詳細はウェブサイトを参考にされたい．
http://www.nig.ac.jp/color/bio

を入れ替えれば新しい画像になるので，画素の再定義は起こらないが，それ以外の角度での回転では拡大縮小と同じ理由でぼけが発生する．前述したようにもともと共焦点画像の画素数は多くなく，画素が目立つ状態で利用するため，画質の変化が比較的目立つ．これらの過程は少ないほどよい．複数回の繰り返しはできるだけ避ける．（図4 e）

2）Photoshopで配置：クイックマスク機能を使った配置法

　　レイヤー機能とクイックマスクを用いると，画像のトリミングを固定することなく，視野の位置，大きさを後で調整できるのがメリットである．Photoshopでクイックマスクを用いない場合，画像を「台紙」に貼付ける前にあらかじめ目的の大きさに切り抜いて並べることになる．

　　貼付けた後で画像のトリミングを調節できると，変更が必要な際に効率がよい．トリミング機能を持ったソフトには，他に，PageMaker等のページレイアウトソフト一般やPowerPointなどがある．

＜操作手順＞
　　170ページ図6を参照．

■ 画像のレイアウト（矢印・矢尻，スケールバー，文字入れ）

1）矢印，矢尻

　　画像中の注目してほしい構造を示すのに頻繁に用いられる．Photoshop（図6），ドロー系ソフト，PowerPointなどプレゼンテーションソフトではこれらを画像中に書き込み，あとで位置を移動できる．

2）スケールバー

　　画像内の構造の実サイズを示すために，画像の端などに$100\mu m$，$10\mu m$，$1\mu m$など，単位長の直線を入れる場合が多い．共焦点ソフトにはスケールバーを入れる機能があるが，共焦点ソフトでバーを挿入した画像を，他のソフトで用いるために一般的な画像形式に変換した際，バーが画像中に直接書き込まれてしまい，後で位置を変更することができなくなる．同じ条件で撮影した画像のうちの一部だけにバーを挿入し，他の画像とともに保存しておき，後でバーの大きさを確認するのに使うとよい．スケールバーは，単なる直線を用いることが多いので，他のソフトで後で書き込むのが簡単だからである．また，処理の過程で画像の縦横の画素数を変更しなかった場合には，撮影時に記録した画像の画素サイズ情報から，バーの長さを計算で求められる．

　　例：共焦点顕微鏡で得られた512×512 pixelの画像で，画素サイズが$0.375\mu m/$pixelであった場合，最終的に用いる画像に，$10\mu m$のスケールバーを入れたいときには，$10\div0.375=26.7$ pixelの長さの直線を描くことになる．また，画像のトリミングをしなかった場合には，画像全体の縦横の実サイズが$0.375\times512=192\mu m$であることから，スケールバーの長さを割合の計算で求めることも容易である．

図6

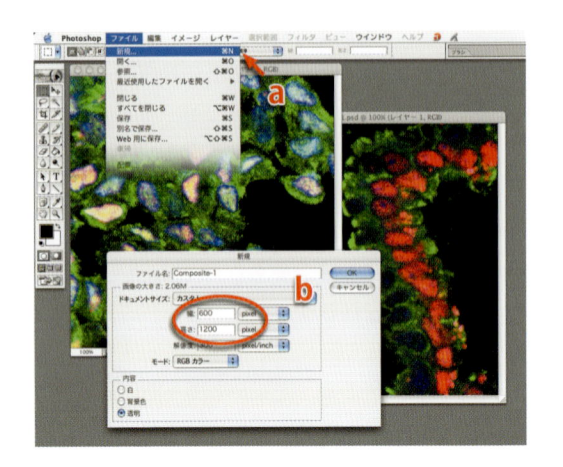

レイアウトしたい画像を開く（ここでは512×512ピクセルの画像を2枚）．
画像をレイアウトする「台紙」をつくる．［ファイル］メニュー→［新規...］を選び（a），新規ウインドウで，作成する「台紙」の縦横の画素数を決める．レイアウトしたい画像が十分収まるように余裕をもった大きさで（ここでは600×1200ピクセル）

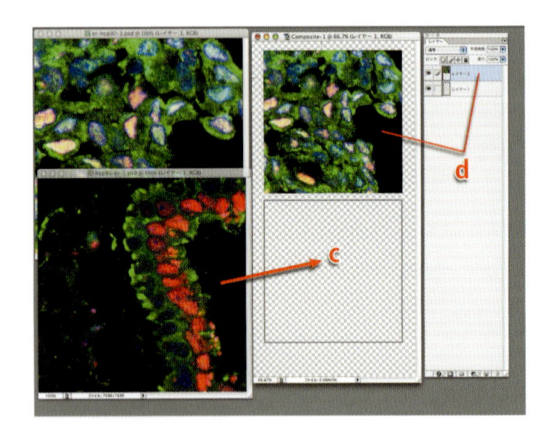

ツールバーで，選択ツールを選ぶ．
レイアウトしたい画像を，台紙にマウスでドラッグし，コピー（c）．
コピーされた画像は，自動的に新しいレイヤーに貼付けられる（d）

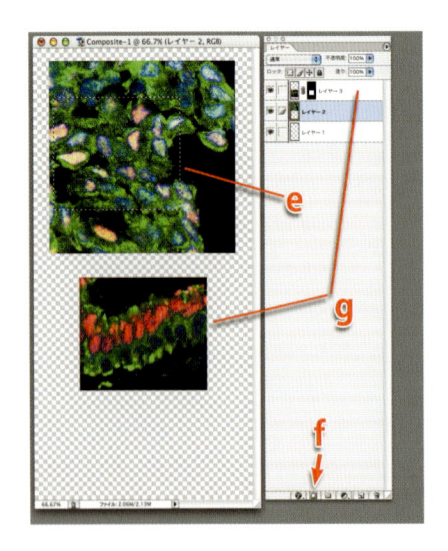

ツールバーで，矩形選択ツールを選ぶ．
画像の上から，最終的に必要な写真のサイズをマウスで描く（位置は後で調節できる）．点線の選択枠が作成される（e）．
レイヤーパレットで切り抜きたい画像の入っているレイヤーを選択する．
レイヤーパレット下端の「クイックマスク」ボタン（f）を押し，選択範囲をクイックマスクに変換すると，選択範囲が「表示窓」になり，画像の範囲外が隠される（隠れた部分が消去されるわけではないので，表示範囲をあとで移動できる）（g）．レイヤーパレットでは，クイックマスクが適用されたレイヤーには，画像のアイコンの右にマスク範囲を示す黒白のアイコンが表示されている（g）

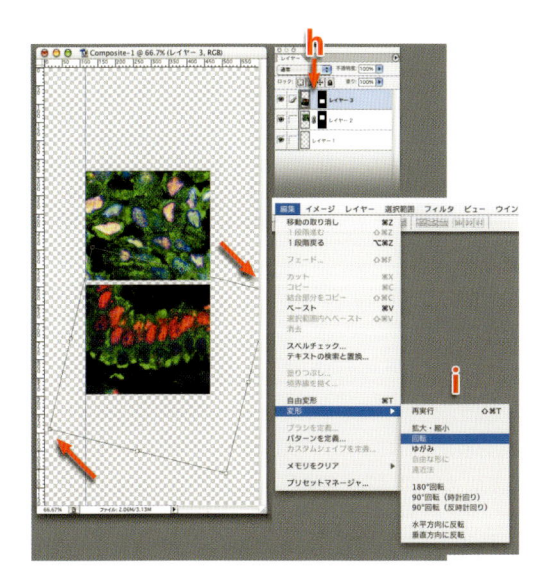

レイヤーを選択し，マウスでドラッグすると，画像がマスク範囲ごと移動するが，レイヤーパレットの鎖のマーク（リンクアイコン）を消す（h）と，画像だけを調節—位置をずらしたり，回転（i），拡大縮小して，表示される画像をずらす—できる

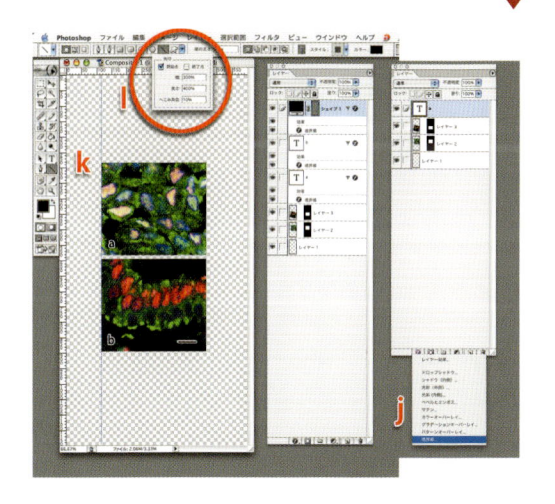

［ビュー］メニュー→［定規表示］で，画像ウインドウに定規の目盛が表示される（k）．この定規目盛をマウスでドラッグすると，画像整列に役立つガイド（水色の線：k）を表示できる．
文字やスケールバーを描いたら，レイヤーパレット下端の［レイヤー効果］ポップアップウインドウから［境界線］を選ぶ（j）と，文字などの輪郭に沿った縁取りを作成できる（黒文字に白縁がよく用いられる）．
直線を描くとき，ツールバーから，矢尻をつけるか否かを選択できる（l）

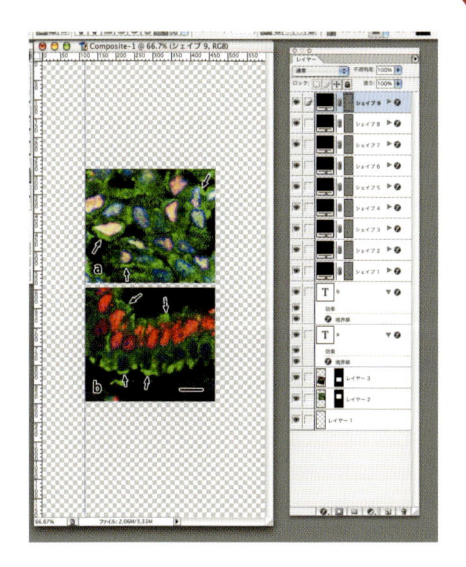

完成．矢印を描くと，矢印のレイヤーが，画像のレイヤーの上に自動的に作成されている．

3章－2 画像処理ソフトの使い方から学会発表・印刷の注意点まで　*171*

3）文字

図の番号，組写真の場合の画像番号などに加え，図中に短い略語を入れると，図の説明，理解に大きく役立つ．図の修正，再利用のためには，これらも後で変更可能な形で書き込んでおきたいので，共焦点ソフトで書き込むよりは，レイアウトに用いるソフトで書き込むのがよい．

これら，図中に挿入される記号類は，画像内で目立つことが必要である．共焦点画像をはじめとした蛍光像は背景が暗いため，白などのコントラストの高い色を用いるか，記号そのものは黒で作成し，白で縁取るのが一般的である（図6）．

II．PowerPointの利用

Microsoft PowerPointは，コンピュータ上でのプレゼンテーション，スライドや配布資料の作成用ソフトウェアである．PowerPointで，一通りのレイアウト作業を行うことが可能である．また，他のソフトで画像をレイアウトし，作成した組写真全体をPowerPointに貼付けることも可能である．

■ PowerPointで共焦点画像のレイアウトを行うときの注意

ファイル容量の大きい画像を貼り付けると，プレゼンテーションのファイルの容量が巨大になり，扱いづらかったり，プレゼンテーション時の動作が不安定になることがある．1個の共焦点画像のファイルサイズは通常小さいので，貼付ける数に気をつける．多くなりそうな場合，下記のような対策を考える．

1）貼付ける画像の画素数を減らす（ダウン・サンプリング）[1]

作成するページの使用目的がプレゼンテーションのみの場合は，貼付ける画像の画素数を減らすことが最も有効な対策である．現状では，プレゼンテーションに用いられるデータ・プロジェクタ（液晶プロジェクタなど）の画面全体で表示可能な画素数は，1024×768（XGA）あるいは1280×1024（S-XGA）程度である．表示したい画像の画素数がこれより多い場合には，コンピュータ上で自動的に画素の間引き処理されたものが表示されるため，どんなに原画像が精細でも表示には反映されない．そこで，プロジェクタの解像度に相当する程度に，あらかじめ画像の画素数を減らしてから，PowerPointに貼付ける．

例：1024×1024のカラー共焦点像を6枚（2×3）並べたページをつくったら，このページ1枚でファイル容量が19メガバイトになった．これと同様のページが10枚以上あるので全体で200メガバイトを越えてしまう！

→共焦点画像1枚の画素数を，Photoshopを用いて縦横半分の512×512に変更してからPowerPointに貼付けることにしたところ，ファイル容量は4.7メガバイト（元の4分の1）になった．この作業でプロジェクタ表示の品質にはほとんど影響しない．

---

[1] この方法で作製したページは，印刷原稿用には向かない．印刷用にはもっと細かい画素の情報があった方がきれいに印刷できる．

＜Photoshopでの操作手順＞

画像を開き，［イメージ］メニュー→［画像解像度］を選ぶ．

▼

「縦横比を固定」「画像の再サンプル」両オプションがチェックされ「バイキュービック法」が選ばれていることを確認し，「ピクセル数」欄に適当な数値を入力し，［OK］．

▼

ダウンサンプリングされた画像を，汎用画像形式（TIFFなど）にして保存する．

2）貼付ける画像を圧縮して保存する[*2]

画像にJPEG形式などの圧縮を施すと，ファイル容量を数分の1～数十分の1まで小さくすることができる．ただし画像圧縮では，同時に画質の低下が必ず起こる．Photoshopで画像のJPEG形式での圧縮保存を行う場合，圧縮後の画質を確認しながら圧縮率を調節できるので便利である．

＜Photoshopでの操作手順＞

画像を開き，［ファイル］メニュー→［Web用に保存...］を選ぶ．

▼

左上の表示法のタブから「2アップ」等を選び，圧縮前後の画像を比較できるようにする．

▼

「設定」でJPEGを選択，画質を調節する．

▼

圧縮後の画質とファイル容量を見ながら調節し，保存する．

3）画像をプレゼンテーションのファイル内に保存しない（ファイル・リンクの利用）[*3]

PowerPointに画像を貼付けるとき，他のソフトから［コピー］→［貼付け（ペースト）］を用いず，［挿入］メニュー→［図］→［ファイルから...］を用いて貼付けると，オプションを選択できる．「ファイルにリンク」オプションをチェックすると，画像を別ファイルのまま保持することができる．使用する画像ファイルをあらかじめフォルダにまとめて置き，プレゼンテーションファイルはそれを参照することによって，プレゼンテーション時のソフトの安定性が改善する場合がある．

Ⅲ．プリンタ出力とデジタル入稿

論文投稿用やポスター発表などで画像をプリンタに出力（印刷）して用いる場合は多い．また，自分で直接印刷したものを見ないまま，印刷するのを前提とした画像をデジタル画像の形で人手に渡す場合（デジタル入稿）も増えてきている．ここでは，まず，論文投稿時の画像の印刷を中心に気をつける点について解説する．

[*2] この方法は，ファイル容量が大きいとき，これを小さくする対策である．プレゼンテーション時に，コンピュータに処理させる作業量，処理時に必要なメモリ量は減らないので，動作の安定性には寄与しない．また，動作の遅いコンピュータではプレゼンテーション時のページ切り替えなどがかえって遅くなる場合もある．

[*3] この方法では，プレゼンテーションに必要な全ファイル容量の合計は少なくならない．ファイルを移動させる際，リンクされた画像ファイルも一緒に移動させるよう注意する．

◼ 解像度

論文印刷用のカラー原稿を準備する場合，印刷の性能をフルに発揮するには，印刷原稿の解像度が，300～350 ppi（pixels/inch，あるいは dpi：dots/inch）以上あればよいといわれる．共焦点画像の場合，原画像の画素数が必ずしも多くないので，この数字を必ずしも守れないのはやむを得ない．画像の一部をトリミングして拡大する場合など，解像度が 200 ppi，144 ppi など，撮影時の画素がドット上に見える画像になってしまう場合もある．

❗ 実験のコツ

- Photoshop で低解像度（144 ppi など）の画像原稿を作成すると，画像に書き入れられる文字，矢印，組写真の一部であるグラフなども同じ解像度になってしまい，結果，それらもぼけたようになる．この場合は，Photoshop で画像をレイアウトしたあと，他の要素を準備する際，ページ全体の解像度を 300 ppi 以上に変換しておけば，（画像情報は増えないが）矢印や文字，グラフなどを共焦点画像にあわせて低解像度にする必要がなくなる．また，ドロー系ソフト，ページレイアウトソフト，PowerPoint などでは，レイアウトする要素の解像度を別々に設定できるのでこれを気にする必要はない．

- 印刷する画像データの解像度と，プリンタの印刷解像度とは，厳密に区別して理解する必要がある．プリンタの解像度は，常にある程度以上高いことが望ましい．よく用いられるインクジェットプリンタでは，紙面に CMYK 各色のインクの粒が吹きつけられ，インク粒の分布密度によってさまざまな色が表現される．インクジェットプリンタの印刷解像度は，この原色のインク粒個々の密度を表したものなので，ある程度のインク粒が集まってはじめて，その部位が何色かに見えることになる．1200 dpi 程度以上あれば，印刷原稿用のカラー画像を十分に表現できる．

memo

デジタル画像の倍率と解像度

共焦点画像に限らないが，コンピュータのモニタ上に表示されている顕微鏡画像には従来の顕微鏡写真で使われる「倍率」の概念はあまり意味がない．実際の表示サイズはモニタ環境によって変わるし，そもそも倍のサイズ，半分のサイズに簡単に表示できてしまうからである．A4 サイズのページにレイアウトするなどして，印刷の準備をする時点ではじめて「倍率」が確定する．デジタル画像で倍率に代わる情報として重要なのが，ピクセルサイズ（画素の大きさ）である．1 画素（pixel）の大きさが，標本では何 μm（あるいは nm）に相当するのか（μm/pixel）は，撮影時に決定され，共焦点画像が，オリジナルのフォーマットで保存されるときに，画像とともに保存される．この数字は，画像取込み時や保存された画像の閲覧時に，共焦点ソフトで確認することができる．

混乱しがちな概念が解像度である．ひとつの使い方は，標本中のある構造を画像化した際，画像中でその構造を表現する画素数が多いか少ないか，あるいは画像の品質の問題で情報量が多いか少ないかという意味で，解像度が高い，低いと使われる．この使い方では，画像を構成する画素数は，解像度を決める一要因に過ぎず，他に標本，対物レンズ，共焦点顕微鏡の性能などが関係する．もうひとつは，印刷の細かさを指すときの用法である．あるデジタル画像を印刷する際，その画像には手を加えずに印刷サイズを変えられるが，小さく印刷すれば，画像を細かく，紙上で 1 個 1 個の画素サイズを小さくでき，大きく印刷する際には，画像が粗く，画素 1 個が大きくなる．これもそれぞれ（印刷時の）解像度が高い，低いと使われる．なお，この解像度の単位は，印刷された画像中の，デジタル画像の画素の密度を 1 インチ当たりの数値（PPI：pixels/inch）で表すのが一般的である．

> 一方，ピクトログラフィー（富士写真フイルム）などの印刷方式では，印刷面の各点は CMYK 色空間の各色が直接再現されており，ちょうど印刷原稿上の画像データの画素がそのまま見えるのに近い．この場合は，準備する画像データの解像度と同じ印刷解像度でプリントすれば印刷原稿として十分な性能を備えている．

■ カラー表現方式の変換に伴う問題

コンピュータのモニタと印刷とで，色の表現方法の違いにより同じ色に見えない問題が起こりうる．モニタ上できれいに見えるように画像を調節したのに，印刷してみたら，色が潰れた，色調が違う，色が地味になった，明るさが暗い，あるいは白茶けている，という場合，主に 2 つの原因が考えられる．

1) モニタとプリンタの適切な調節がされておらず，違う色になってしまう場合

モニタを調節すればかなり合わせることができる．Photoshop を主に使用している場合，コントロールパネルにインストールされる Adobe Gamma ソフトウェアを用いることができる．そういったソフトを用いない場合，最低限の補正は，モニタの色温度を 5000K，6500K などに設定したうえで，印刷されたサンプルを見ながら，モニタ上での中間調の明るさと，RGB 各色の強さの微調整を行う必要がある．

2) RGB 色空間から CMYK 色空間への変換により色がずれる場合

1）を行ったうえで，まだ様子が違っていると感じる場合（特に，memo「RGB と CMYK」にある症状の場合）は色空間の変換の不具合を反映している可能性がある．もし，RGB 画像をそのまま印刷している場合，ソフトウェアが自動的に RGB → CMYK 変換を行っているので，まずこの変換を手動で行い，画面上で CMYK に変換した画像を表示してみる．Photoshop には，RGB 画像を CMYK 方式に変換したらどうなるかをシミュレートする機能がある．［ビュー］メニュー→［色の校正］を選び，［校正設定］で［作業用 CMYK］がチェックされていると，印刷したときの様子をおおよそ想像できる．原因がこの自動変換であれば，あらかじめ CMYK への自動変換を前提として RGB 画像を補正してから印刷すれば状況は改善される．

＜操作手順＞
177 ページ図 8 を参照．

■ 画像の電子投稿

論文投稿時，画像データを画像ファイルとして投稿する電子投稿が主流になりつつある．この場合も，上述の解像度の問題，色の問題についてチェックする必要がある．

1) 解像度

論文審査時に求められる画像と，印刷原稿として求められる画像とでは，解像度が異なる場合がある．審査員は，論文原稿をコンピュータのモニタ上で閲覧することを

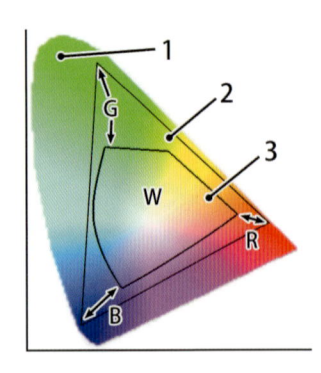

図7 RGB色空間とCMYK色空間（CIExy色度図をもとにした色空間の模式図）

ヒトの網膜によって識別可能な色の範囲（1）を色付けして表現してある．周辺部は中心部よりもより鮮やかな色を示し，最外周の色は，網膜が特定の波長の可視光を認識したときの色を示す．RGB方式によって表現可能な色の範囲（RGB色空間：2），CMYK方式によって表現可能な色範囲（CMYK色空間：3）は，いずれもそれよりも狭く，特定の可視光の波長による網膜の刺激パターンが，RGBやCMYKといった別の波長の光の混合によって起こる刺激では再現されない場合があることを示す．

一般に，CMYK色空間（3）はRGB色空間（2）に比べ，波長によりかなり狭い範囲の色しか表現できない．CMYK色空間で再現できない色は，2の範囲には入っているが，3の範囲から外れている色，つまり，模式図の周辺部に近い「鮮やかな色」である．特に，原色に近い緑（G）と青（B）ではその違いが最も大きい．

なお，この模式図そのものもCMYK方式で印刷されているので，3よりも外側の色は実際の色として再現できていないことに注意されたい．

memo

RGBとCMYK

コンピュータのモニタ上で色を表現するときに用いられるRGB方式は，いわゆる光の3原色（赤，緑，青）の色の光を異なった割合で混合することによって，すべての色を表現する方法である．RGB方式のカラー画像では，画像中の各画素につき，RGB各成分に対応する輝度情報をもっている．共焦点画像を擬似カラー表示する場合，RGBのいずれかの色成分を用いるのは，コンピュータ上で扱いやすいからという理由もある．

一方，RGB形式で色が表現されるのは，色つきの光を発光，蛍光するタイプの媒体だけであり，印刷など光の反射の性質が使われる色表現では，CMY（CMYK）形式とよばれる色の表現法が用いられる．シアン（Cyan：水色），マゼンタ（Magenta：鮮紅色），イエロー（Yellow：黄色）の3色のインク〔通常，黒（blacK）を加えて4色〕を混合することで色が表現される．商業印刷はもちろん，カラープリンタのインクでも，この4色の混合で色が表現される．したがって，コンピュータ上で扱われているカラー画像を印刷する際には，データがRGB形式からCMYK形式に変換される．一般的には，このRGB→CMYK変換は，印刷時にコンピュータ上で自動的に行われるため，利用者がこの変換を意識することはない．

RGB方式とCMYK方式との違いのうち，共焦点画像を扱ううえで密接に関係するのが，それぞれの方式で表現できる色の範囲の違いである（図7）．RGB画像をCMYK画像に変換する際には，もし原画像にRGB色空間でしか表現できない鮮やかな色が含まれていた場合，それをCMYK色空間でも表現できる色に変更してやる操作が必要になる．通常，RGB→CMYK変換では，この色の変換，調節も自動的に行われるようになっており，通常の用途ではこの変換に任せてしまって全く問題ない場合が多い．

しかし，共焦点画像は，CMYK色空間では表現不可能な鮮やかな色ばかりから構成されている極端な画像なので，自動変換では例えば，下記のような困った事態に遭遇することがある．

- 鮮やかな緑や青（図7 G，Bの部位）では，RGBでは細かい濃淡が見えている部位なのに，CMYKに変換すると，一様に最も鮮やかな緑や青として，つぶれてしまう．特に，鮮やかな緑はこの差が大きくつぶれてしまいやすい
- 鮮やかな青が，みな紫に自動変換されてしまう（図7のBの部位）
- 暗い原色（赤，緑，青）の部位が，みな一様に真黒になってつぶれてしまう（図中には示さず）

などである．

想定すると，印刷用の解像度は必要なく，むしろファイルサイズが大きくなり扱いづらい．画面上（～98 dpi）で2倍程度に拡大して見ることができ，画像内に書き入れた文字や記号が判読可能な程度で200 dpi程度あれば十分である場合が多い．

また必要に応じて，画像の圧縮（JPEG形式）を行う余地があるか確認する．必ず，圧縮された後の画像と原画像を見比べ，必要な情報が失われていないかチェックする（**Ⅱ．PowerPointの利用**～2）の方法を参照）．

印刷用原稿では，300～350 dpi程度の画像ファイルを用意し，出版社の指示の場合を除き，可能なら画像の圧縮は避けた方がよい．

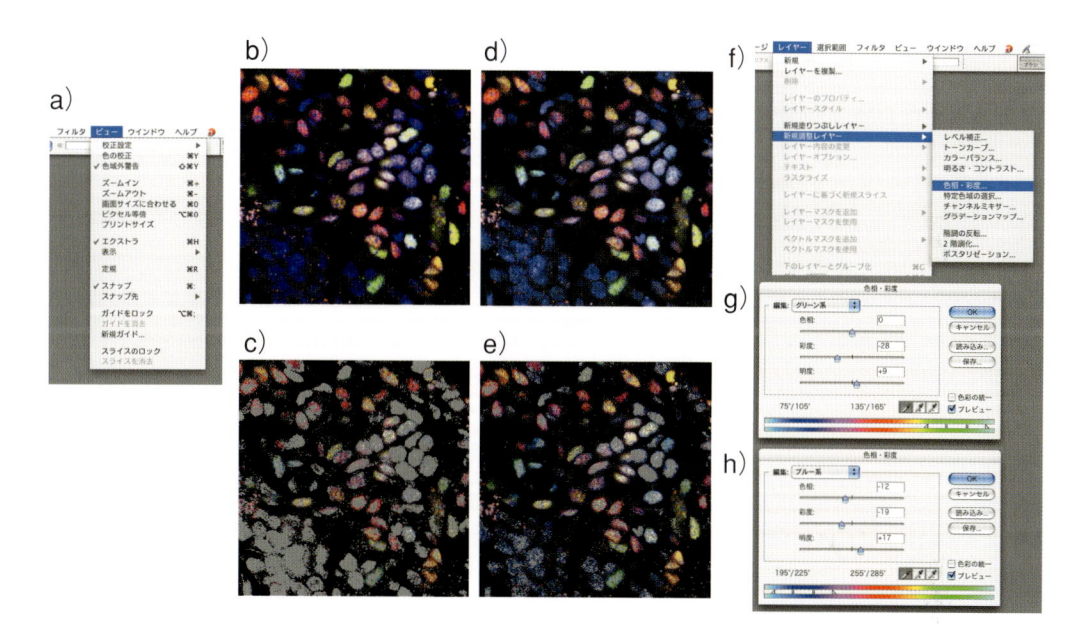

図8 あらかじめRGB画像を，印刷用（CMYK変換用）に補正する

試料：乳腺腫瘍組織．エストロゲン受容体α抗体をCy3（赤）で，プロゲステロン受容体をCy2（緑）で，それぞれ標識．核内DNAをTO-PRO-3で標識（青）．

色域警告オプションをオンにする（a：［ビュー］メニュー→［色域外警告］をチェック，［校正設定］が「作業用CMYK」にチェックされていること）．以後，必要に応じて，色域外警告のオン／オフを切り替える．

原画像（b）を，色域外警告をオンにすると，CMYK色空間では再現できない鮮やかな色が，灰色で塗りつぶされてみえる（c）．陽性陰性を問わず，核のほぼすべてがCMYK色空間では色域外の色であることがわかる．実際，bでは反応陽性の核では明るさが飽和してつぶれており，陰性の核（青）では，暗い紫になっている．

画像の色相および彩度を微調節する．［新規調整レイヤー］→［色相・彩度］を用いて，調節レイヤーを作成（f）し，「色相・彩度」ウインドウで，「編集」で色の系統を指定し，色の系統ごとに，「彩度を下げる」「明度を上げる」を行い，画像中の灰色の部分がある程度減るように調節する（e）．特にグリーン系（g），ブルー系（h）で行う．「マスター」ですべての色系統で同時に彩度を落としたり，明度を上げたりすると，CMYK表示にあまり影響のない箇所でも必要以上に色が薄くなり過ぎる．ブルー系の場合，「色相」をわずかにずらす（h）．完全に色域外をなくす必要はない．この段階で灰色のまま残った箇所は，RGB→CMYK変換時に，色空間の自動補正に任せられることになる．

補正後の画像（d）では，核内の標識強度の細胞による違いが再現され，また陰性核の色も明るい青になっている

2) 色変換

投稿時にあらかじめ画像を CMYK に変換することが求められる場合が多い．これは，上述の RGB → CMYK 変換時の画像の色の変化について，投稿者がよく確認し，納得したものを投稿してほしい，という意味である．また，いったん CMYK 変換した画像で，CMYK で再現できない色がつぶれてしまえば，出版社で元の画像に戻すことは不可能である．したがって，投稿者側が印刷結果をある程度予想して画像を補正した上で CMYK 変換することがますます重要となる．

また，RGB 形式での入稿時も，出版社で行ってくれる RGB → CMYK 形式の変換では，自動変換以上の調節はしてくれないものと考えた方がよい．RGB 画像を投稿前に，あらかじめ彩度と明度の調節を補正しておくとよい．

いずれにしても，出版前の色校正で満足な色が出ていない場合には，出版社に渡した元データがすでにその原因を含んでいる可能性が高いので，補正し直した画像を再度入稿しないと直らないことが多い．

■ ポスターの原稿

論文用の画像原稿とポスター用原稿の違いは，画像の印刷サイズ，文字などのサイズが大きいことである．準備に必要な過程は，組写真の作成の要領と変わらないので，投稿用と同様に作成した画像原稿を拡大して印刷し，文字などの大きさを調節するだけでよい．画像は大きいが，通常，必要な解像度は他と同じか，あるいは画像が大きい場合には解像度が低くてよい．

Ⅳ. データの数値化，定量化を目指す画像処理 – NIH Image/ImageJ を使って

ここでは，ImageJ についてごく簡単に解説する．なお，ImageJ の基本的な操作法は，従来の NIH Image と同様の部分が非常に多く，入手可能な NIH Image の解説書が現在でも役に立つ．

・医学・生物学研究のための画像解析テキスト改訂第 2 版 – NIH Image，Scion Image 実践講座（小島清嗣，岡本洋一，編），羊土社，2001

また，オンライン文書，マニュアル類も充実している．世界中の数百人以上のユーザが参加する ImageJ や NIH Image に関するメーリングリストも存在し，毎日活発な質疑が行われている．このメーリングリストにはある程度ソフトの使用法を把握している参加者が多く，筆者にとっては，このログが有効な資料集である．それぞれ，リストへの参加とログの閲覧は，ウェブサイト（http://rsb.info.nih.gov/nih-image/）から行える．

ImageJ をはじめとする画像解析ソフトは，画像に含まれる定量的な情報を抽出するため，画像内の特定部位を対象に，計測・数値化を行うのがその基本機能である．

計測の項目となりえるのは，例えば，ImageJ の「Measure」コマンドで，測定で

きる項目は，面積，長径短径，周長，輝度の平均値・最頻値，最大値，最小値などをはじめとして多岐にわたる．

　計測の「前処理」として，あらかじめ画像内のどの部位を計測の対象とするのかについて指定する作業が必要となる．最も原始的な方法は，画像中のある場所をマウスで囲んでやれば，その部位を計測の操作対象として指定できるが，この操作をもっと効率よく自動的に行うために工夫されたコマンドが多数用意されている．よく用いられる前処理としては，免疫組織化学染色像などで，画像内の輝度情報を基準として閾値設定し，一定以上の強さで標識された陽性部位を計測対象とする場合や，二重標識時，核・細胞質などの対照染色像から，それらに対応する部位のマスク画像を作成し，免疫組織染色像と重ね合わせることで，特定の細胞内局在を示す標識だけを対象にする場合がある．また，標識パターン（大きさ，形状）から，空間フィルタによって目的の構造だけを抽出したり，画像間演算によって，2種類の色素のどちらかあるいは両方に染まっている部位を選ぶなど，こちらも工夫しだいでさまざまな自動化が可能となる．

　一方，共焦点画像の取り扱いに関しては，ImageJには，共焦点ソフトの専用フォーマット画像を読み込むプラグインソフトが利用できるだけでなく，連続断層像やタイムラプス像などを「stack」としてまとめて取り扱う方法が用意されており，連続断層像をもとに，さまざまな投影像を作成したり，ムービーを作成するなどの機能もある．また，これを利用して，共焦点ソフトに準ずる機能を用意したプラグインソフトなどもウェブサイト上で配付されている．

V．おわりに

　共焦点画像を念頭において，デジタル画像の取り扱いの基本から実際までについて解説したが，内容のほとんどは共焦点画像に限定される手法というわけではない．広く利用できる知識であることを願う．

　ハード面ソフト面の環境が整い，デジタル画像を自由に扱えるようになっている現在，画像の処理作業の自由度が上がり，時間的にも融通が利くようになっている．一方で，すべての作業を研究者が行う必要があり，論文の印刷の形式のことまで研究者が気に留めないといけない時代であり，画像の処理に費やす時間は依然と比べて必ずしも減っていないように感じる．必要な作業を確実にこなして時間を節約したい．

　本稿では，印刷用原稿のCMYK変換時の調節など，トリッキーな内容も取り上げたが，学術用途の画像処理の基本は，一次情報である共焦点画像データをいかに歪めずに利用できるかということが基本となる．特に，Photoshopなどは一般用の高機能ソフトであり，学術用途に用いても問題のない機能は逆に少ないぐらいである．処理の意味を理解し，自信を持って（必要な機能だけを）使いこなしたいものである．

4章

新しいテクノロジーの紹介

1 LSM 510 META を用いた Emission Fingerprinting 法
　　－マルチスペクトル共焦点レーザー顕微鏡が
　　　ひらく多重蛍光観察　　　　　　　　　182

2 マルチフォトンレーザー顕微鏡
　　－光による計測と制御　　　　　　　　　187

3 デコンボリューション顕微鏡法
　　－三次元ライブセルイメージングを可能にする
　　　新しい画像解析法の原理　　　　　　　192

4 ニポウ板を使った共焦点顕微鏡
　　－生きた細胞や組織を高速で観察する　　196

4章 新しいテクノロジーの紹介

1 LSM 510 META を用いた Emission Fingerprinting 法
－マルチスペクトル共焦点レーザー顕微鏡がひらく多重蛍光観察

西 真弓　河田光博

はじめに

マルチスペクトル共焦点レーザースキャン顕微鏡は，フィルターを交換することなく蛍光顕微鏡画像をリアルタイムに分光し，その蛍光波長スペクトルを画像データとして記録できる．したがって，細胞内で起こる蛍光スペクトル変化を鋭敏に検出でき，FRET [1] などに有用である．また，FITC と GFP，YFP と GFP のような蛍光波長の近接する蛍光色素も，スペクトルの違いによって識別することができる．本稿では Carl Zeiss 社のマルチスペクトル共焦点レーザースキャン顕微鏡 LSM 510 META の原理について概説し，その生命科学領域における応用例について紹介する．

原理とストラテジー

LSM 510 META は，LSM 510 の第一ディテクター部に 32 個のマルチチャネルをもつ META ディテクターを搭載し，380nm～720nm までの光を約 10nm ごとにスペクトル情報をもつ画像として記録するシステムである（図1）．META ディテクターは各ピクセルに波長情報が加えられているため，真の意味での多重蛍光イメージング

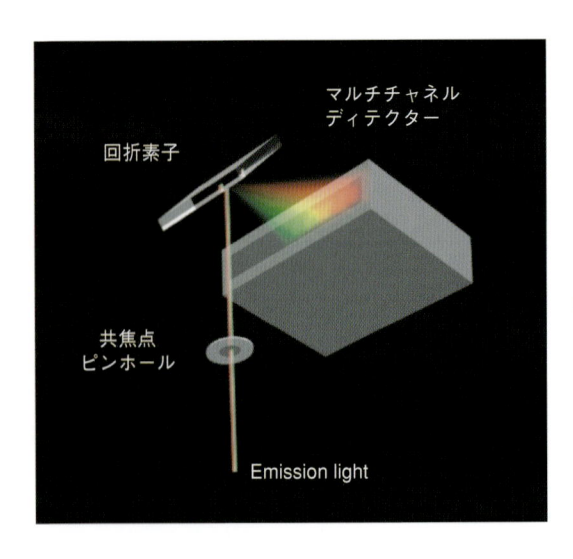

図1 LSM 510 META の検出モジュールの概略図
32 個のマルチチャネル META ディテクターを搭載している．Spectral Separation of Multifluorescence Labels with the LSM 510 META, Dr. Zimmermann, Carl Zeiss 社より改変

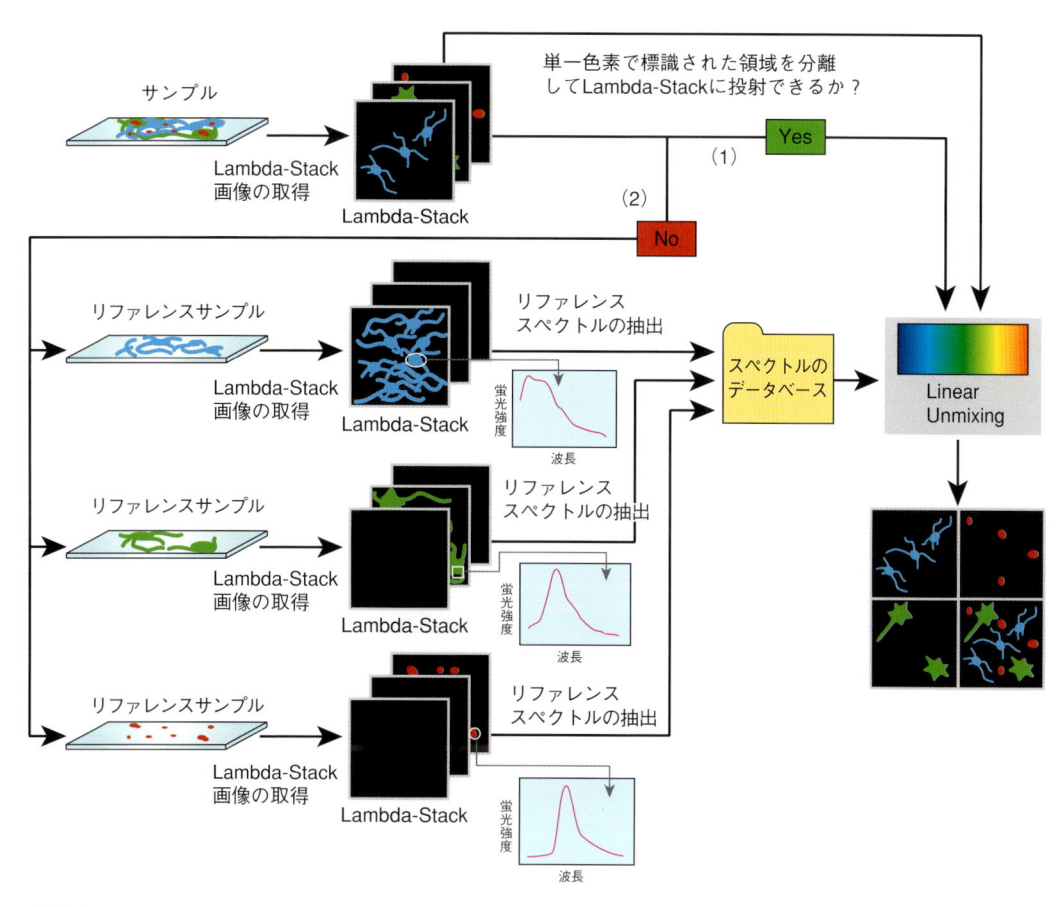

図2 Emission Fingerprinting 法の概略図

Spectral Separation of Multifluorescence Labels with the LSM 510 META, Dr. Zimmermann, Carl Zeiss 社より改変

を可能にしている．すなわち，従来の蛍光顕微鏡やレーザー顕微鏡では，多重蛍光時のクロストークや自家蛍光と蛍光プローブの分離に多大な時間と労力をかけ試行錯誤する必要があったが，このMETAディテクターと"Emission Fingerprinting"という演算処理操作によりこれらの問題点は解消され，別々の画像としてデータを得ることができるようになった[2)3)]．また，METAディテクターは従来の検出器のように使えるのみならず，10nmごとの可変式エミッションフィルターとしても使用可能であり，GFP融合タンパク質などを発現させた生細胞から，蛍光スペクトル情報を取得することもできる．

1) Emission Fingerprinting 法の実験手順（図2）

1. 多重蛍光が染め分けされている部分が単離できる場合

①通常の共焦点レーザー顕微鏡観察の場合と同様に，レーザーの波長と強さおよびダイクロイックミラーを選択する．ついで，LSM 510 META の Lamda Mode でどのくらいの波長範囲を取得するのかを選択する．1回のスキャンで8チャネル分までが画像化される．

②画像がサチュレーションしないように調整したのち，実際に画像を取得する．
③取得した画像ウィンドウからスペクトル測定モードへ切り替え，目的とするエリアを選択してスペクトルを取得する．
④それぞれの色素によって染色されているエリアのスペクトルを表示させ，<Linear Unmixing>[4]の機能を用いてスペクトル情報から蛍光の分離を行う．

2. 多重蛍光の染め分け部分が単離しにくい場合

この場合は，重なったスペクトル情報をもとに Unmix 処理はできないため，観察に用いる組織・細胞からの単独の色素のスペクトル情報をあらかじめ取得しておく必要がある．例えば，A，B，Cの3種類の色素を用いている場合には，A，B，あるいはCのみを単独で染色/発現させたサンプルとA・B・Cを多重染色/発現させたサンプルを用意する必要がある．そのうえで，まずサンプル A，B，C 単独のスペクトルを，上記 **1.** に示した手順で取得し，Spectra Database に保存する．次いで，サンプル A・B・C の画像から Linear Unmix 処理を行う．

2) 応用例

1. SYTOX Green と FITC の分離（図3）

Emission Fingerprinting によって分離された GFP と FITC の像を示す．それぞれの Emission のピークは 7 nm の差しかないため，通常の共焦点画像では同じ波長域に混在するため分離して染め分けることは不可能である．しかし，LSM 510 META ではスペクトル情報から演算処理を行うことで分離が可能になる．

2. FRET（fluorescence resonance energy transfer）

通常はドナーとアクセプターの2つの蛍光画像を取得し，Ratio 像や時系列における蛍光強度変化のグラフを作成して評価するのが一般的である．その場合，通常の蛍光顕微鏡システムや共焦点レーザー顕微鏡で得られる画像ではダイナミックレンジが狭く，S/N 比が低い画像となることが多いため，励起の波長や emission フィルターを工夫しても，Ratio のわずかな変化を取得するのが困難であった．例えば，CFP/YFP を用いた FRET の場合，LSM 510 META では，Lambda Stack により得られた画像を Emission Fingerprinting 法により CFP/YFP の分離を行う[1)4)]．次い

---

memo

スペクトル情報に関しては，同じ色素であっても，異なる組織/細胞に染色/発現させた場合には若干異なる波形を示すことがあるので，同じ色素を用いる場合でも異なる組織/細胞で実験を行う際にはその都度スペクトルを測定することが求められる．この際，光路設定（ダイクロイックミラーや励起光，取得する波長範囲）は常に一定にしておく必要がある．

多重蛍光の染め分け部分が単離しにくい場合，LSM 510 META Ver 3.2 からは "Online Fingerprinting" の機能が搭載されており，リファレンススペクトルをとっておけば，Lambda Stack を取得せずに簡便に多重染色を染め分けた画像を見ることができる．

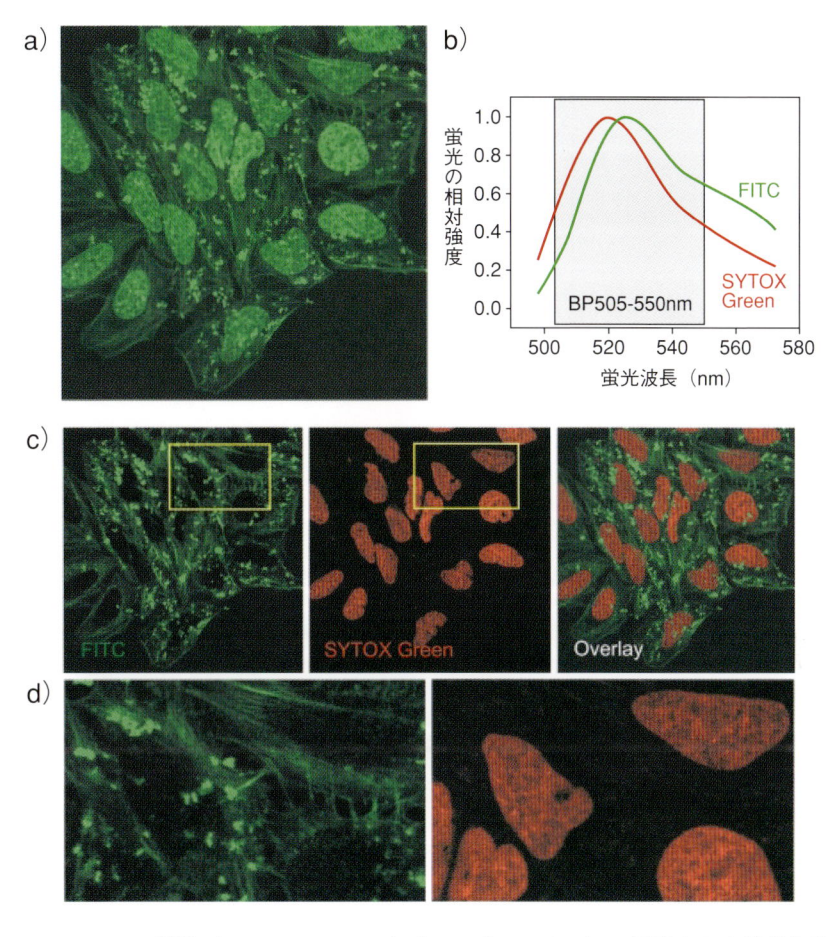

図3 SYTOX Green（核）とFITC-ファロイディン（アクチン）で標識された培養細胞に対するLSM 510 METAによるEmission Fingerprintingの応用例

a）505〜550nmバンドパスフィルターを用いて取得したイメージ．SYTOX GreenとFITCは区別できない．b）LSM 510 METAを用いて取得したSYTOX Green（赤）およびFITC（緑）の蛍光波長スペクトル．c）bに示すリファレンススペクトルを用いてLinear Unmixingを行った結果．d）cの長方形で囲まれた部分の拡大図．SYTOX GreenとFITCとが重なることなく，きれいに分離されているのがわかる（Drs. M. Dickinson, S. Fraser, Caltech, Pasadena, USA, 文献1より引用）

でそれぞれ固有のシグナルを分離し，そのうえでRatio像を作成するため，S/N比の高い結果を得ることができる．また，目的とする領域におけるドナーおよびアクセプターのスペクトルをそれぞれ取得し，薬物等による刺激を加える前後でのドナーおよびアクセプターの蛍光のピークのRatioの変化からFRETを評価することも可能である．ただし，スペクトルの変化を用いて評価する場合は，励起する際のレーザーの強度を一定に保つ必要があり，FRET測定中の蛍光のピークがダイナミックレンジ内に収まる場合に適用できる．

■ 実験例

FRETのポジティブコントロールとしてわれわれが用いている，pECFPC1とpEYFPC1とをグリシン3残基でタンデムにつないだキメラ遺伝子をCOS-1細胞に発現させ，LSM 510 METAでスペクトルを取得した事例を図4に示す．

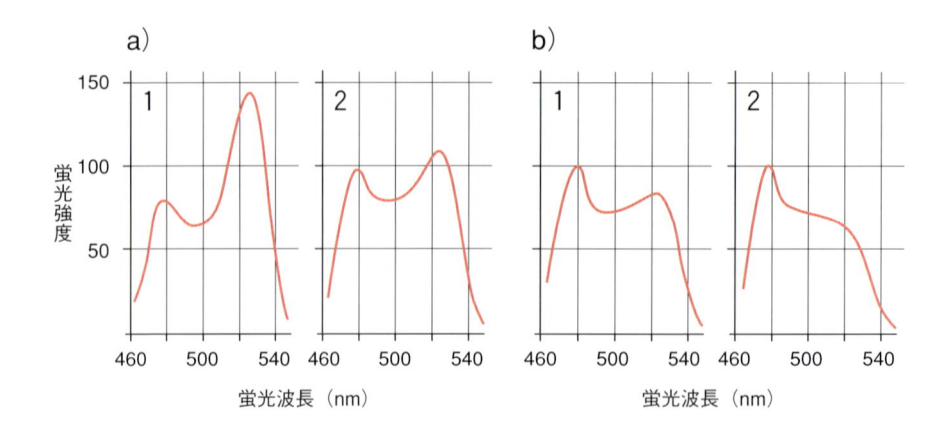

図4 CFPとYFPを共発現させた細胞から取得したエミッションスペクトル

a) CFP-YFPをCOS-1細胞に発現させ，ROI (region of interest) を設定し，458nmのアルゴンレーザーでドナーのCFPを励起した．ダイクロイックミラーとして，HFT 458/543（458nmと543nmの光を反射，その他は透過）を選択し，生細胞からCFP-YFPの蛍光スペクトルをLSM 510 METAを用いて10nm間隔で470nmから600nmまで連続的に取得した（1）．アクセプターブリーチングの手法により514nmのレーザーでアクセプターのYFPを退色させた場合．ドナーのCFPの蛍光ピークが回復するのが観察された（2）．b) ネガティブコントロールとして，pECFPC1とpEYFPC1とを別々にCOS-1細胞に共発現させ，aと同様の測定を行った（Nishi, M. et al.）

■ おわりに

"Emission Fingerprinting" 機能を搭載したLSM 510 METAは，多重蛍光染色イメージングにおいて，従来は常識的に不可能であると考えられていた蛍光色素の組合わせを実現可能にし，組織や細胞の形態観察の可能性を大きく広げてくれるものと期待される．さらに，これまでは試験管の中でしかできなかったスペクトルシフトの検出が細胞内においても可能となり，FRET，細胞内イオンの変化，pH変化の検出などにも大きな威力を発揮していくものと考えられる．

本稿ではCarl Zeiss社のLSM510 METAを中心に取り上げたが，Leica社の共焦点顕微鏡システム，Olympus社のFV1000なども同様な多重蛍光の分光が可能である．

参考文献
1) Zimmermann, B.：Imaging & Microscopy, 1：8-11, 2002
2) Hiraoka, Y. et al.：Cell Struct. Funct., 27：367-374, 2002
3) Haraguchi, T. et al.：Genes Cells, 7：881-887, 2002
4) Lansford, R. et al.：J Biomed. Opt., 6：311-318, 2001

4章 新しいテクノロジーの紹介

2 マルチフォトンレーザー顕微鏡
― 光による計測と制御

田邉卓爾　高松哲郎

■ はじめに

図1に2光子レーザー顕微鏡で得られた画像を提示する．2光子顕微鏡は焦点のみで励起が可能なため，ピンホールを用いなくても光軸方向の解像度をもつ画像を得ることができる[1]．

以下にその原理を概説するとともに，今後広く応用されるであろう生体内1分子機能阻害実験についても述べる．

■ 2光子励起の原理

焦点の近傍のみで蛍光分子を励起できる2光子励起とは何であろうか？ 1光子励起の場合，蛍光分子が励起光を吸収すると励起状態になり，基底状態に戻る際に励起光よりも長波長の蛍光を発する（図2a）．その励起光の約2倍の波長をもつ励起光を焦点に集中させ非常に高い光子密度の状態をつくると，2つの光子がほぼ同時に蛍光分子に吸収され，1光子吸収と同様の励起状態になり，基底状態に戻る際に今度は励起光よりも短波長の蛍光を発する（図2b）．この現象を2光子励起という．2光子励起が起きる確率は光子密度の2乗に比例するため（図2b数式），焦点以外の点においては2光子励起が起きる確率が非常に低くなり，結果として焦点のみで蛍光分子の励起が生じる（図3b）．励起光として高い光子密度が必要なことから，非常に短い時間（80×10^{-15}秒）に光子を集中させ，パルス域光子密度を高めた超短パルスチタンサファイアレーザーを使用する．

2光子顕微鏡は2光子励起により焦点のごく近傍のみで蛍光分子を励起することができる（図3b）．これにより焦点面以外からの蛍光がなくなり，ピンホールを用いずに光軸方向の解像度を得ることができる．点像強度分布は従来の共焦点レーザー顕微鏡とピンホールなしの2光子顕微鏡でほぼ同程度になるが，通常2光子顕微鏡に用いる励起光は従来の励起光よりも長波長である近赤外光を用いるため，分解能は従来の共焦点レーザー顕微鏡よりも劣る．これは，分解能は励起光の波長に比例することによる（レンズ開口数には反比例する）．これに対しては点Bにピンホールを置くことにより分解能を上げることもできる（図3c）．

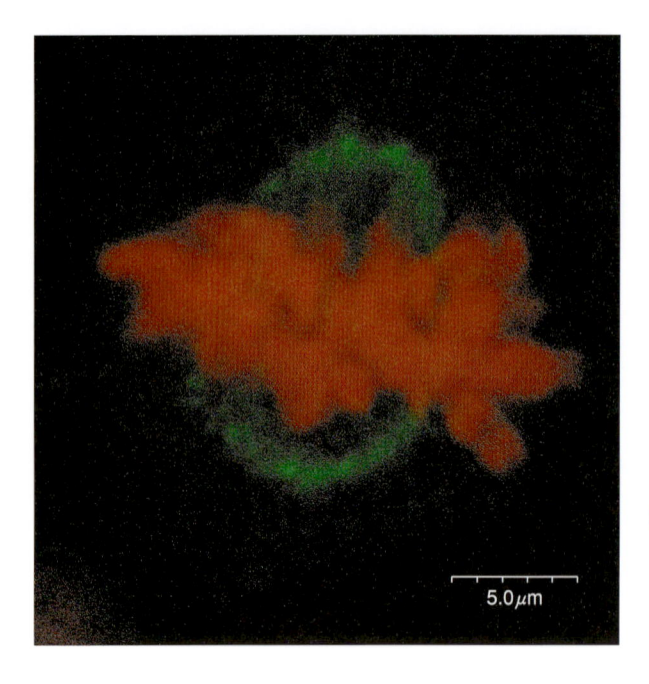

図1 有糸分裂期 HeLa 細胞の tubulin および DNA 染色

緑：Alexa Fluor 488 conjugated anti-β-tubulin，赤：propidium iodide

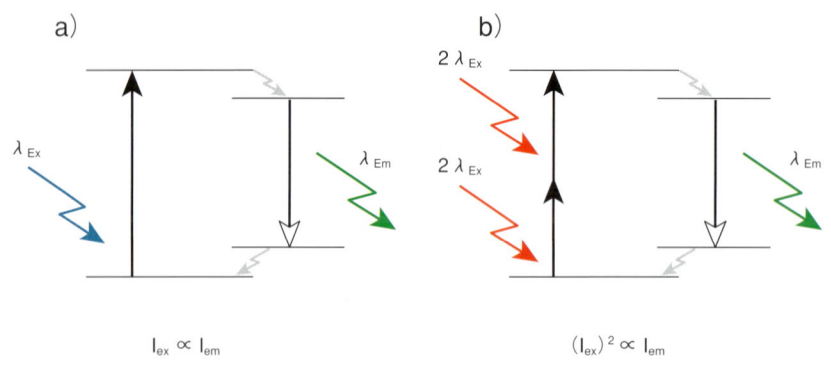

図2 1光子励起および2光子励起の原理

a) 1光子励起．基底状態にある蛍光分子が1つの光子を吸収し励起状態になり，基底状態に戻るときに励起光よりも長波長の蛍光を放出する．蛍光強度は励起光の強度に比例する．b) 2光子励起．基底状態にある蛍光分子がほぼ同時に2つの光子を吸収し励起状態になるが，その確率は焦点からの距離の2乗に比例して低下するためこの現象は焦点近傍のみで生じる．基底状態に戻るときに励起光よりも短波長の蛍光を放出する

I_{ex}：励起光の光子密度
I_{em}：蛍光の光子密度

$I_{ex} \propto I_{em}$

$(I_{ex})^2 \propto I_{em}$

図4にわれわれの研究室で使用している2光子レーザー顕微鏡の概要を示す．光源は超短パルスレーザー（Mai Tai, Spectra-Physics 社；パルス幅80 fs，繰り返し周波数82 MHz，波長780〜920 nm）を使用し，共焦点レーザー走査型顕微鏡システム FluoVIEW FV300 と倒立型顕微鏡 IX71（ともにオリンパス社）を利用してシステムを構築している．

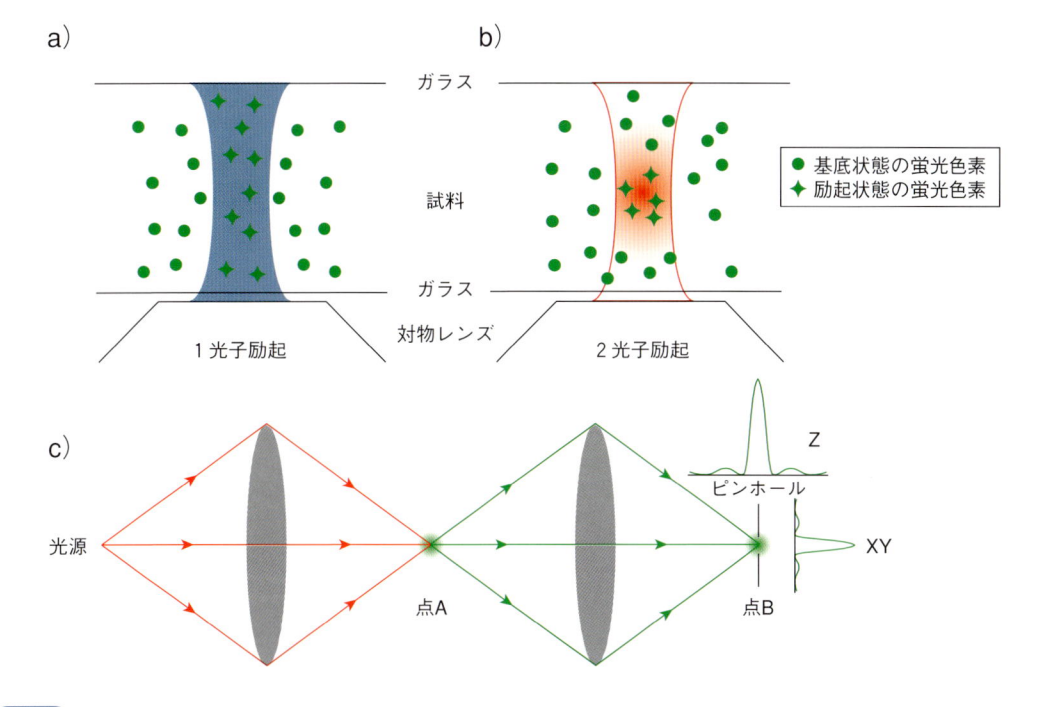

図3 1光子顕微鏡と2光子顕微鏡の違い

a) 1光子顕微鏡．レーザーが照射された範囲にある蛍光分子はすべて励起される．b) 2光子顕微鏡．図2の原理により，焦点近傍にある蛍光分子のみが励起される．c) 点像強度分布．従来の共焦点レーザー顕微鏡では点Bにピンホールを置き，余分な蛍光を除去した．2光子顕微鏡は点Aで生じる蛍光そのものを小さくすることでS/N比を向上させた．点Bで得られる点像強度分布は1光子レーザー顕微鏡と2光子レーザー顕微鏡はほぼ同程度になる

2光子顕微鏡は従来の共焦点レーザー顕微鏡に比較して，次のような利点をもつ．
① より迷光が減少しS/N比の高い画像が得られる．
② 焦点面以外では蛍光分子の励起が起こらないので，色素の退色が少ない．
③ 励起光が近赤外光であり組織透過性が高いため，生体へのダメージが少なく，また組織のより深部が観察できる．
④ 多重染色した試料において2光子励起を行う場合，蛍光分子の励起が同じ高さで起きるので，得られる画像に空間情報のずれが起きがたい．

実際の観察時の手順は従来の共焦点レーザー顕微鏡と同様であるので詳述はしないが，以下に注意点をあげる．

2光子レーザー顕微鏡においては励起波長は蛍光波長よりも長い．また励起波長が1光子励起の場合のちょうど2倍にはならず，蛍光波長も多少シフトすることがあるため，あらかじめ使用する色素に最適な励起，蛍光波長を調べたうえで，観察に最適なフィルターを選択することが重要である[2]．

■ 実験例

1) 2光子顕微鏡による観察例

Alexa Fluor 488（Molecular Probes社）標識anti-β-tubulin（SIGMA社）およびpropidium iodide（SIGMA社）にて染色したHeLa細胞を観察した例を図1に示す．

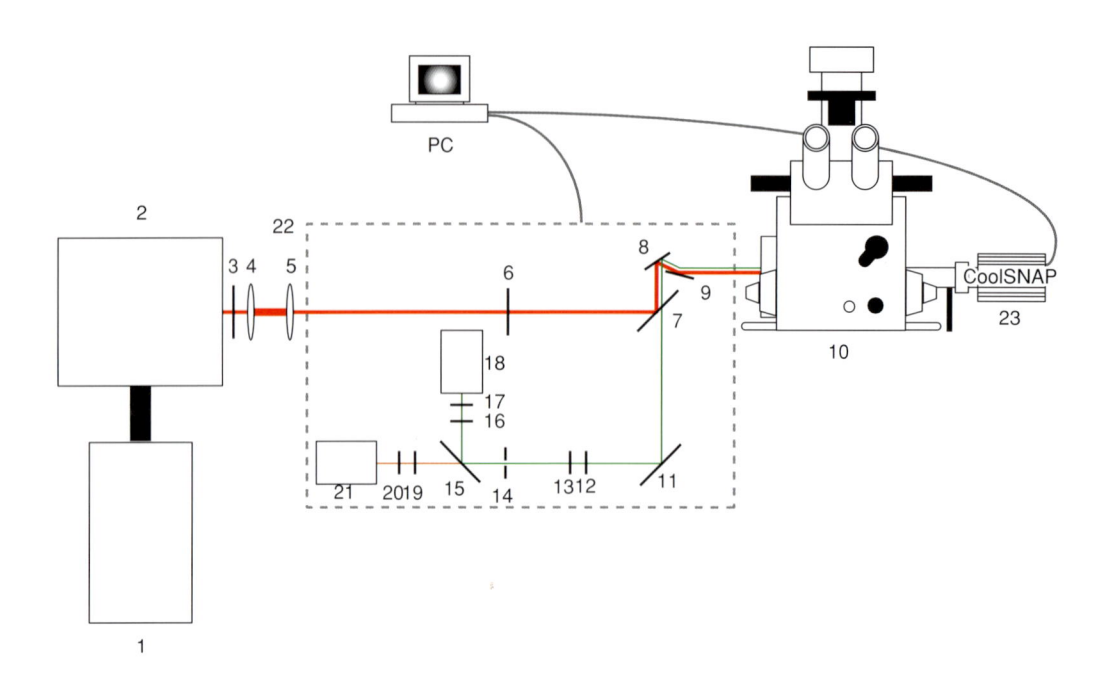

図4　2光子レーザー顕微鏡の構成図

1：グリーンポンプレーザー，2：超短パルスレーザー（Mai Tai, Spectra-Physics社；パルス幅80 fs，繰り返し周波数82 MHz，波長780〜920 nm），3：NDフィルタ，4：平凸レンズ（f 50 mm），5：平凸レンズ（F 100 mm），6：シャッター，7：ダイクロイックミラー（488〜650 nm透過），8：Xガルバノミラー，9：Yガルバノミラー，10：IX71（オリンパス社），11：ミラー，12：平行平面板，13：平行平面板，14：ピンホール，15：ミラー/ダイクロイックミラー（570 nm）/ダイクロイックミラー（630 nm），16：510 nmローカットフィルタ，17：695 nmハイカットフィルタ（励起光除去用），18：短波長用フォトマル，19：590 nmローカットフィルタ，20：695 nmハイカットフィルタ（励起光除去用），21：長波長用フォトマル，22：FV300スキャンユニット，23：CCDカメラ（CoolSNAP, Roper Scientific社）

励起波長は780 nmであり，フィルターは図4に示したものを使用している．ピンホールは使用していない．

2）超短パルスレーザーによる生体内1分子の機能阻害実験

コネキシン43-EGFPを発現させたHeLa細胞（HeLaCx43-EGFP）を培養後，四角で囲まれた部位を波長850 nmの超短パルスレーザーでEGFPの蛍光が消失するまで照射したところ（図5 b），1つの細胞に注入した蛍光色素は隣接した細胞に拡がらなくなった．コネキシン43にフュージョンしたEGFPが2光子励起によって障害され，ギャップジャンクションはそのコミュニケーション能を失った（図5 c）．本方法は，さまざまな生体内1分子の機能阻害に応用が可能であると考えられた．

◆ おわりに

マルチフォトンレーザー顕微鏡の利点をよく理解することにより，従来の共焦点レーザー顕微鏡では観察しえなかったものが観察できるようになる可能性があると思われる[3]．

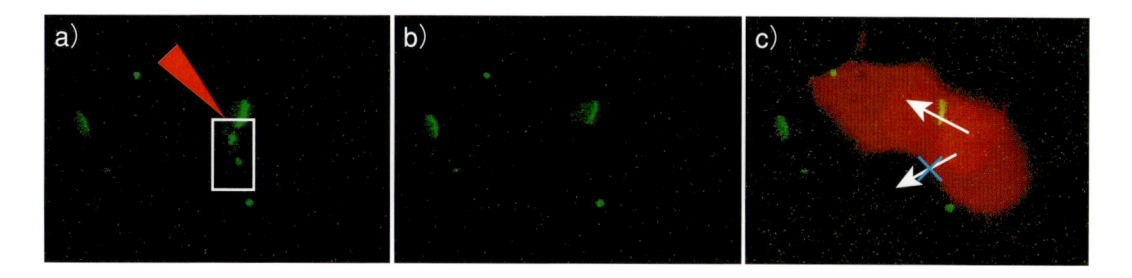

図5 生体内1分子機能阻害実験

a) レーザーを照射する前のコネキシン43-EGFP．白四角で囲まれた範囲にレーザーを照射した．b) レーザー照射後のコネキシン43-EGFP．レーザー照射部位の蛍光は消失している．c) Alexa Fluor 594にてダイトランスファー法を行った．残存しているギャップジャンクションを通り左上の細胞にはAlexaが移動したが，レーザーを照射して蛍光が消失した部位のコネキシン43-EGFPはコミュニケーション能を消失しており，左下の細胞へ色素の移動は認められなかった

　また，これまでに数多くの生体内タンパク質とEGFPとのフュージョンプロテインが作製されているが，われわれが行った実験からEGFPで標識された生体内1分子機能阻害が可能であることが示唆された．本方法を用いることにより，高時間的，空間的分解能で生体のタンパク質機能阻害ができ，タンパク質の機能解析に大いに役立つものと期待される．

参考文献

1) Denk, W. et al. : Science, 248 : 73-76, 1990
2) Bestvater, F. et al. : J. Microsc., 208 : 108-115, 2002
3) "Confocal and Two-Photon Microscopy" (Diaspro, A., ed), Wiley-Liss, New York, 2002

4章 新しいテクノロジーの紹介

3 デコンボリューション顕微鏡法
－三次元ライブセルイメージングを可能にする新しい画像解析法の原理　　鈴木健史　高田邦昭

■ はじめに

細胞内における分子の立体的な位置情報を得る方法としてここ10年ほどで飛躍的に発展・普及した技法に共焦点レーザー顕微鏡法がある．ここではそれに代わりうるものとして近年注目されている技法であるデコンボリューション顕微鏡法を紹介する．

■ デコンボリューション顕微鏡法とは何か

デコンボリューション顕微鏡法とは，冷却CCDカメラなどによって得られる通常の顕微鏡デジタル画像から非焦点面にある輝点からの拡散光すなわち「ボケ」を取り除くことにより擬似的な光学的断層像をつくり出す技法をいう[1]．通常の顕微鏡写真は，焦点面を中心に非焦点面を含む奥行きのある空間情報が1枚の平面画像に混ざって写し込まれていて，これを数学的に畳み込み積分（convolusion）された情報という．この畳み込まれた情報から元の情報すなわち焦点面のみの画像を復元する技術がデコンボリューション（deconvolusion，逆畳み込み積分）である．この技術を，1つの輝点からの拡散光が三次元的にどのように広がって見えるかを示す点像分布関数（PSF：point spread function，図1）をもとに，顕微鏡画像解析に応用したものがデコンボリューション顕微鏡法というわけで，機能的な名称としてデジタル共焦点顕微鏡法ともよばれる．パラメータとして対物レンズの情報（倍率，開口数，作動距離），画素サイズ，媒体の屈折率，各画像のZ軸方向の間隔（Zスパン），蛍光波長，PSFを必要とする．PSFは，光学システムの情報から計算される理論的PSFか蛍光ビーズを用いて実測する実測PSFを使用する．実測PSFは，使用する光学系にマッチするが撮影時のノイズの影響を受ける．理論的PSFは，ノイズの影響はないがレンズの収差など光学系の癖は考慮されない．開口数の大きい対物レンズでは，実測PSFの方が優れた結果を出力する．

■ デコンボリューション顕微鏡法における3つの方法

デコンボリューション顕微鏡法では焦点面のみの像を復元するのに3つの方法があ

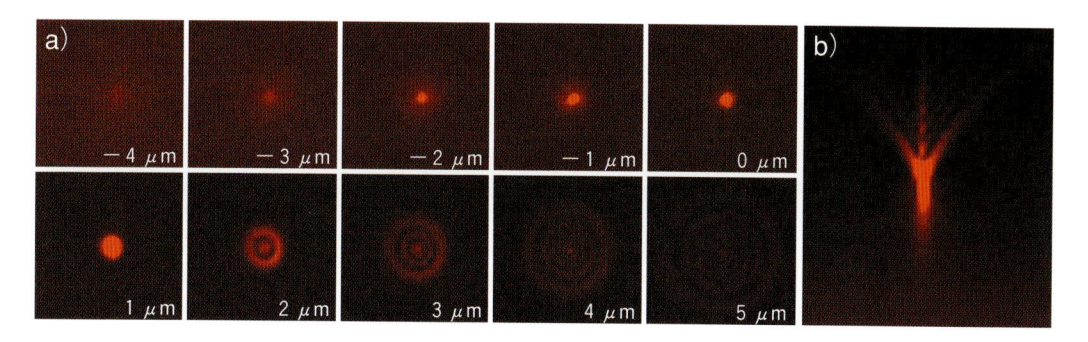

図1 蛍光ビーズで実測した PSF

1つの輝点からの蛍光が上下にコーン状に広がって見える．a) 各焦点面における XY 平面像，b) 蛍光ビーズの XZ 平面像

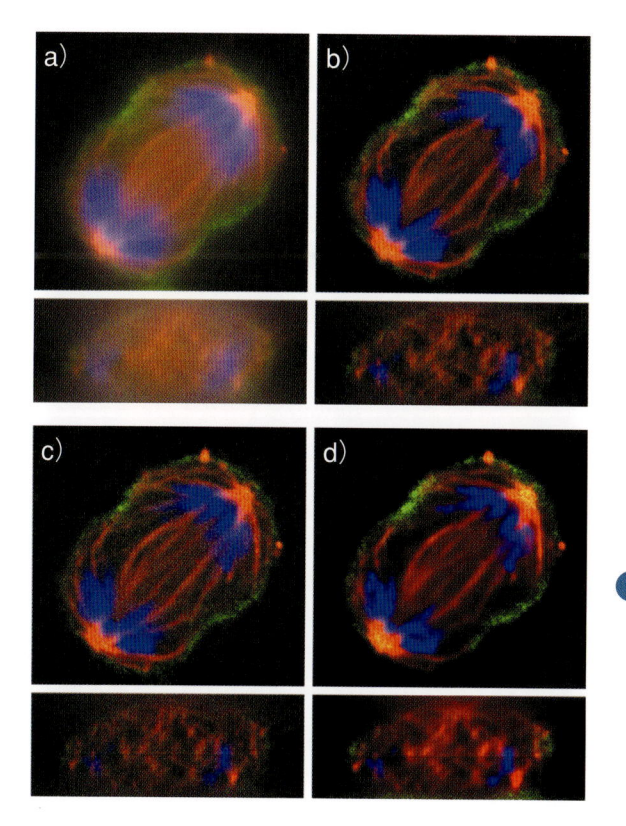

図2 各種画像セットから構築したボリュームレンダリング像

a) 元画像，b) ノーネイバー法，c) ニアレストネイバー法，d) コンストレインドイタレイティブ法．写真は培養 B 細胞を蛍光抗体染色したもの．赤は微小管，緑は細胞膜上に表在する IA^κ，青は DNA を示す

る[1]．すなわち，一次情報として1枚の平面画像のみを使うノーネイバー法（no neighbor deconvolution），フォーカス面をずらして撮影した3枚の画像を利用し中央の画像のボケを除去するニアレストネイバー法（nearest neighbors deconvolution），多数の画像を利用し三次元的にボケを除去するコンストレインドイタレイティブ法（constrained iterative deconvolution）である（図2）．

コンストレインドイタレイティブ法は，強力な CPU パワーと大容量のメモリ，長い計算時間を必要とするが，的確な方法で取得された元画像セットを使えば最も正確

な最終結果を出力する．この方法は，計算されたボケの情報を元画像にフィードバックし次の計算に反映させるという計算のサイクルを繰り返すことによって行われる．このため，元画像の状態に非常に敏感で元画像のノイズを強調してしまうことがある．良好な結果を得るには，S/N比の高い元画像を準備する必要がある．また，画像セットのどの画像にも焦点の合っていない輝点はアーティファクトの原因になるのでZスパンの設定にあたっては注意を要する．

　ニアレストネイバー法は，ある画像に写し込まれたボケが隣接する画像の輝点に由来するという想定で単純化したデコンボリューション法である．この方法は，どの程度のボケが隣接画像に写し込まれるかを計算し，それを目的の画像から単純に除算することによって行われる．このため微弱なシグナルを消してしまうことがあるが，計算が速くノイズやゴミを強調してできるアーティファクトがない．

　ノーネイバー法は，ニアレストネイバー法をさらに単純化した方法で，目的の画像自体を仮の隣接画像と見なしてボケを除去する．フォーカス面をずらした画像セットが得られないときに用いられ，二次元タイムラプスデータからボケのない鮮明なムービーを得たいときなどに有効である．

　この他，コンストレインドイタレイティブ法の欠点を補った変法が2つある．1つは，ノイズの統計的パターンから元画像セット内のノイズを識別し，計算サイクルに反映させノイズ強調を抑える方法である．もう1つは，PSFの問題点を改善したブラインドデコンボリューション法（blind deconvolution）である．問題点とは，サンプルが光学的に均一でないため同じ光学系で実測してもサンプル内の各輝点のPSFと全く同一のものを準備できないことである．つまり，実測PSFでは顕微鏡の光学的な癖は考慮されるが，サンプルごとに異なる光学的なムラは考慮されないのである．ブラインドデコンボリューション法では，取得した画像セット自体をベースに各輝点のPSFを推定することによってこの問題を解決している．PSFの推定法にまだ問題を残しているが優れた結果を出力できている．いずれの方法も大量の計算時間を必要とするのが欠点である．

◼ おわりに

　デコンボリューション顕微鏡法は通常の高圧水銀ランプ照明下でのZ軸方向のみの走査で，強力なレーザー光線でXYZの全方向を機械的に走査する共焦点レーザー顕微鏡と同等の三次元解析を可能にする[2]．このため光毒性による影響が少なく，細胞全体の三次元情報を高速に取得でき，生きている細胞の三次元タイムラプス解析には最も有効な技法の1つである．ただし，一次情報として直接共焦点像を得ている共焦点レーザー顕微鏡と違い，十分にキャリブレーションされた撮影条件でないとアーティファクトをつくり出す可能性があるので注意が必要である．拡張性が高いのも特徴で，複数のカメラを用いて波長の異なる複数の蛍光シグナルを同時に三次元キャプチャーしたり，増感装置を装着して微弱な蛍光シグナルを取得することも可能である．増感装置は光毒性の問題をさらに改善し，微細な蛍光標識分子の立体的な動きを詳細に解析することを可能にする．

　本技法は，通常の冷却CCD蛍光顕微鏡にフォーカス面の移動をコントロールするステッパーモーターと専用のソフトウェアを追加するだけでシステムアップできるの

で，共焦点レーザー顕微鏡の導入が予算的に難しい場合の代替手段としての活用もできる．システム自体の汎用性が高い点も大きな魅力で，生きている細胞の蛍光観察を行う場合にはぜひ検討してみるべきであろう．

参考文献

1) McNally, J. G. et al.：Methods, 19：373-385, 1999
2) Monks, C. R. F. et al.：Nature, 395：82-86, 1998

memo

三次元タイムラプス解析に適したソフトウェアと対物レンズ

デコンボリューション顕微鏡法で三次元タイムラプス解析を行う際，各タイムポイントごとに特定のフォーカス面の明視野像あるいは細胞核などの蛍光像を別に二次元タイムラプスムービーとして撮影できる機能があると，蛍光標識分子の立体的な挙動に加えて細胞全体や細胞核の動きなども把握でき便利である．スライドブック4.0（日本ローパー社）は，充実した三次元タイムラプスキャプチャー機能とデコンボリューション機能をもち高度な三次元解析機能も備えている．各機能の連携もよく，初心者にもお勧めできるソフトである．顕微鏡の対物レンズはその開口数に応じて一定の焦点深度があり，その範囲内にあるシグナルのみが合焦しそれ以外のシグナルはぼける．焦点深度は開口数の2乗に反比例し，開口数が大きいほど焦点深度が浅くより薄い共焦点像をつくり出すことができる．このため，開口数の大きい対物レンズは空間分解能が高くデコンボリューション顕微鏡法に向いている．一方，二次元タイムラプス解析の場合は，焦点深度が深い方が蛍光標識分子が非焦点面に移動し見えなくなる割合が少なく，開口数の大きい明るい対物レンズが必ずしも有利とはいえない．同じ顕微鏡システムで二次元と三次元の両解析を行う場合は対物レンズを使い分けるとよい．

4章 新しいテクノロジーの紹介

4 ニポウ板を使った共焦点顕微鏡
―生きた細胞や組織を高速で観察する

万井弘基　田中秀央　高松哲郎

はじめに

ニポウ板（Nipkow disk）を使用した共焦点顕微鏡は，マルチレーザービームを用いて走査することにより，従来のガルバノメーターミラー式共焦点顕微鏡では困難であった高速走査が可能である．これを利用し，われわれは機能している臓器における機能分子を細胞レベルで観察できる in situ リアルタイムレーザー走査顕微鏡を考案し，生きた丸ごとの心臓におけるカルシウム（Ca^{2+}）動態を細胞レベルで観察するシステムを作製した．本稿ではシステムの原理，実験例，問題点および今後の展望などについて概説する．

原理とストラテジー[1)2)]

ガルバノメーターミラーを介して二次元的に走査する従来の共焦点顕微鏡では，1本のレーザービームを用いて観察領域の三次元画像情報を得るため，高速走査が困難であるだけでなく，1つの画像内においても位置によって時間差が存在するといった問題がある．これに対し，ニポウ板を使用した共焦点顕微鏡では1,000本のマルチレーザービームで多数のポイントを同時に走査（マルチスキャン）することにより，時間差の少ない高速走査が可能となる．ニポウ板とは"多数のピンホールが渦巻状に配置された回転板"のことで，高速スキャンができる反面，十分な光量が得られないという欠点があった．そこで約20,000個のマイクロレンズからなる"マイクロレンズ・アレイ・ディスク"を併用する（図1）ことにより，光の利用効率が大幅に改善（10倍以上）した．光源から発せられたレーザー光束は，適当なビーム径に広げられ，マイクロレンズ・アレイに入射し，おのおののレーザー光は対応配置されたニポウ板上のピンホール・アレイ上に集光される．これによりピンホールを通過する光量は大幅に向上し，またピンホール以外のディスク表面で反射されるノイズ光を減少させることができる（S/N比が高まる）．ピンホールを出たレーザー光は対物レンズを通過後，サンプルを励起し，サンプルからの蛍光は再び対物レンズとピンホールを通過し，ダイクロイックミラーを介し観察系に到達する．マイクロレンズディスクとピンホールディスクが同時に回転することにより観察領域全体を均一に高速走査できる．例え

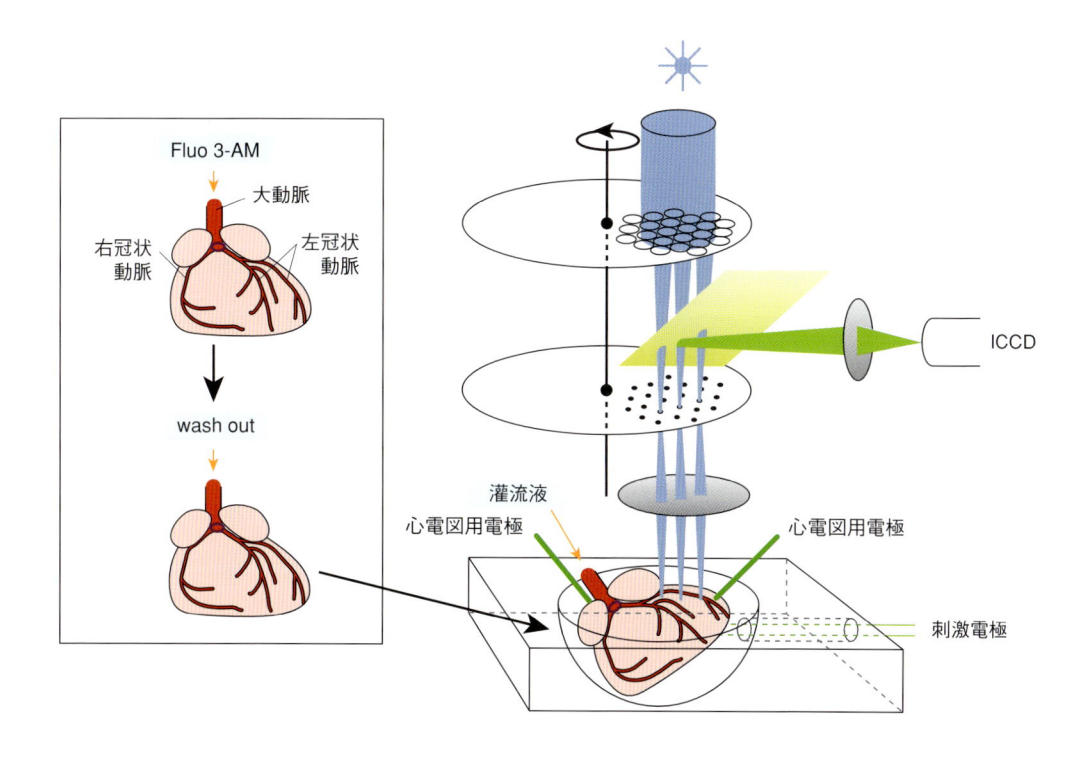

図1 摘出灌流心のカルシウムイメージング法とニポウ式高速走査システム

ばわれわれが使用しているマイクロレンズアレイ付きニポウディスク（CSU21，横河電機社製）は，ディスクが30°回転すると1画像が得られるようにピンホールが配置されているため，回転速度が5,000 rpmで，1画像/ミリ秒の取得が可能である．またレーザー走査する場合，試料に与える光毒性が問題となるが，本システムではこれがきわめて少ないと評価されており，タイムラプス実験に適している[3]．

実験例

上述のニポウ式高速操作システムを用い，われわれは機能している臓器を細胞レベルで観察できる in situ リアルタイムレーザー顕微鏡システムを作製した．われわれが用いているシステムは，正立式顕微鏡（オリンパス社，BX50WI）に上記の走査システム（CSU21）を設置したもので，光源としてアルゴンレーザー（波長488 nm）を，検出系としてイメージインテンシファイヤ（Videoscope社，VS4-1845）とCCDカメラ（Roper社，ES310Turbo）を用いている．なお対物レンズは20倍（NA 0.5）または40倍（NA0.8）の水浸レンズ（オリンパス社，UMPlan Fl）を用いている．実際の画像の取得は，通常30または125フレーム/秒で行っている．蛍光のデジタル画像データ（512 × 480 pixels，8 bit）は，TIFF形式でコンピュータに保存し，NIH Imageを用いて解析している．以下にラット摘出灌流心のCa^{2+}動態の実験手順（図1）[4]〜[6]と観察例（図2）を示す．

X-Y像

X-t像

(a)

(b)

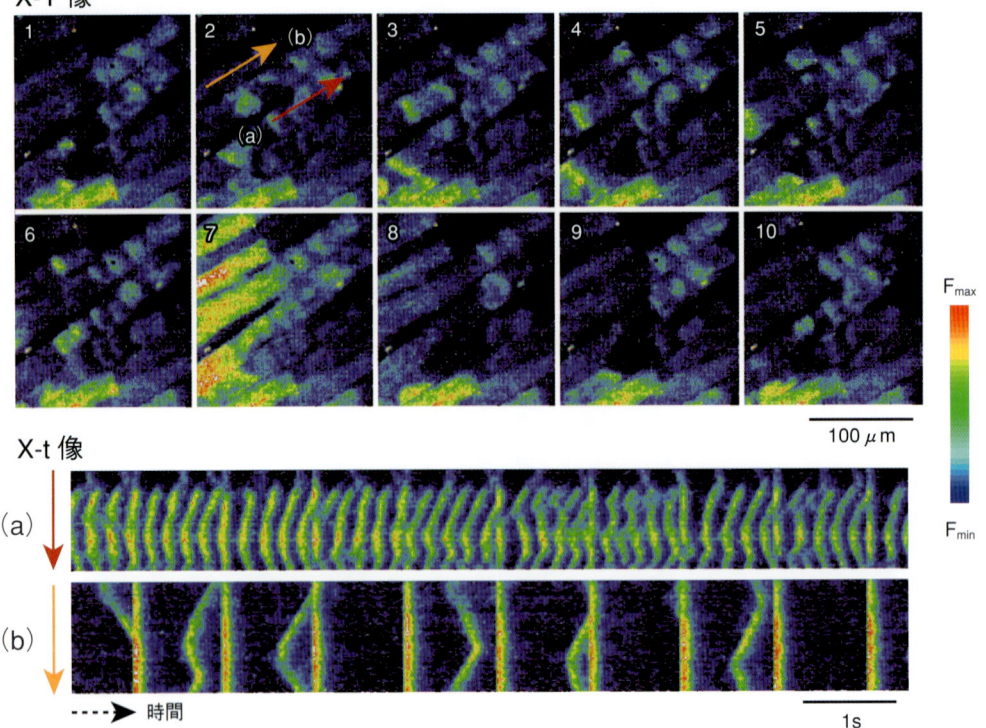

→ 時間

100μm

F_{max}

F_{min}

1s

図2 傷害心筋組織の細胞内カルシウム動態

Fluo 3-AM を負荷したランゲンドルフ灌流心の心外膜直下に液体窒素を当て傷害組織を作製した．上段では，傷害部近傍で観察される Fluo 3 蛍光強度変化の X-Y イメージを3フレームごと（132秒間隔，1～10）に並べた．各イメージの下方の高い蛍光強度の領域が傷害組織．傷害部近傍では CaW が観察される．フレーム7では，左方に CaT が発生している．下段は X-t 走査イメージ．上段フレーム2に示す矢印（a, b）に沿った蛍光強度変化を時間に対してプロットした．傷害部に近い細胞（a）では高頻度の CaW が，遠い細胞（b）では低頻度の CaW が観察される

① Wistar ラットの心臓を全身麻酔下に摘出し，直ちに 1.0 mM Ca^{2+} を含む 100％酸素加 Tyrode 液（NaCl 145 mM，KCl 5.4 mM，$MgCl_2$ 1 mM，HEPES 10 mM，グルコース 10 mM：pH=7.4）にてランゲンドルフ灌流する．これにより血液を洗い流した後，無 Ca^{2+} Tyrode 液の灌流（5分間）に切り替える．

↓

② Ca^{2+} 蛍光指示薬 Fluo 3-AM（100μg）を DMSO（100μl）で溶解した後，FCS（1％）と pluronic F-127（0.06％）を加え，これらを含む無 Ca^{2+} Tyrode 液（4 ml）を循環灌流する（30～45分間，19～21℃）．

↓

③ 0.5 mM Ca^{2+} Tyrode 液を 35～37℃で灌流（15分間）することにより，AM 体を脱エステル化する．

↓

④ 1.5 mM Ca^{2+} と 20 mM 2, 3-butanedione monoxime（BDM）を加えた Tyrode 液の灌流下に，心臓を観察用チャンバーに設置し実験に供する．実験は通常室温で行う．

単離心筋細胞を Ca^{2+} 過負荷の状態にすると，細胞内の一部に Ca^{2+} 濃度の高い部分があらわれ，細胞内を波状に伝播する，いわゆるカルシウム波（calcium wave：CaW）が発生することが知られており[7)8)]，心臓の異常興奮の原因になると考えられている．図2に in situ リアルタイム共焦点システムを用いて得られた灌流心におけるCaWの実例を示す．正常の心筋組織では，興奮に一致して空間的に均一なカルシウムトランジェント（CaT）が発生するのに対し，傷害を受けた心筋では，個々の細胞内にランダムなCaWが発生する．CaWは，細胞 Ca^{2+} 負荷の程度により発生頻度や伝播速度が異なる．図2に示すように，液体窒素で心筋組織の局所に凍結傷害を与えると，CaWが発生するが，傷害（Ca^{2+} 過負荷）の強い組織（a）は弱い組織（b）に比べ，より高頻度で高速度のCaWが発生する．また傷害の強い組織（a）では，心臓の興奮（CaT）とは無関係にCaWが発生するのに対し，傷害部より遠位の Ca^{2+} 負荷の軽度な細胞では，CaWはCaTにより打ち消される（下段のX-t像）．このように傷害心では正常の心調律とは無関係に異常な興奮を生じる可能性が示唆される．さらにCaTの間で発生するCaWも，心臓の興奮頻度が高いほど同時多発的に発生しやすくなり，これが不整脈の発生にかかわる撃発自動能の原因になりうるものと考えている[9)]．

問題点

以上のように，in situ 共焦点レーザー走査システムを用いることで，機能している摘出灌流心における細胞内の局所の Ca^{2+} 動態が高い時間的空間的分解能で捉えられるようになった．これにより，単離細胞や培養細胞等では得られなかった，生体内でインテグレートされた細胞における機能分子の動態を知ることが可能になった．

本システムは，細胞の機能分子の動態を高い空間的時間的分解能で観察するのに有用なシステムとして近年注目されているが[3)]，高速走査に伴って検出される蛍光量が少なくなるため，ミリ秒レベルのイメージングには未だ解決すべき点は多い．現在最高で1,000フレーム/秒の走査が可能とされているが，高速画像の取得にはイメージインテンシファイヤやCCDカメラ等の検出系の感度や取得速度の向上が必須なのは言うまでもない．また，心臓におけるイメージングに固有の問題として，motion artifactの抑止と共焦点面の固定が必要である．われわれはBDMにより心収縮を抑止し，心臓表面にカバーガラスを置くことにより水平面を得ている．また灌流液の温度の上昇に伴って蛍光強度が減弱するため，生理的温度での実験が困難であることも問題である．

今後の展望

生きた臓器の機能を細胞レベルで観察する技術は，心臓のみならずあらゆる臓器にも応用が可能である．蛍光タンパク質を発現させた生体への応用もなされ，近い将来より生理的な環境で生体内の機能分子の動態の把握が可能となろう．

参考文献

1) Fujita, K. & Takamatsu, T.: in "Confocal and Two-photon Microscopy" (Diaspro, A. ed.), pp483-498, John Wiley & Sons, New York, 2002

2) Tanaami, T. et al.: Yokogawa Tech. Rep. Engl. Ed., 19 : 7-10, 1994
3) Stephens, D. J. & Allan, V. J.: Science, 300 : 82-86, 2003
4) Hama, T. et al.: Cell Signal, 10 : 331-337, 1998
5) Takamatsu, T.: Analyt. Quant. Cytol. Histol., 20 : 529-532, 1998
6) Kaneko, T. et al.: Circ. Res., 86 : 1093-1099, 2000
7) Takamatsu, T. & Wier, W. G.: FASEB J., 4 : 1519-1525, 1990
8) Takamatsu, T. et al.: Cell Struct. Funct., 16 : 341-346, 1991
9) Tanaka, H. et al.: J. Mol. Cell. Cardiol., 34 : 1501-1512, 2002

memo

AM体蛍光指示薬の問題点

AM体の指示薬は細胞内に均一に分布せず，不均一な分布やオルガネラ等への蓄積が起こり（conpartmentalization），観察や解析の際に支障をきたす．これは特に負荷時の温度が高いと生じやすく，われわれは19～21℃とやや低めの温度で負荷している．また細胞内に導入された指示薬は温度を上昇させることによりエステラーゼにより脱エステル化されやすくなり，元のキレータの形に戻り細胞膜を通過できず細胞内に長時間留まれるはずであるが，実際にはorganic ion transportersを介して細胞外へ漏れ出てしまう．これは温度を下げることやprobenecidやsulfinpyrazoneを加えることによって抑制しうる．

付録

画像ファイル形式
－メーカー独自のファイル形式，
　汎用形式の解説と変換　　　　202

付録

画像ファイル形式
－メーカー独自のファイル形式，汎用形式の解説と変換

尾野道男

■ はじめに

　画像ファイルには，TIFF 形式，JPEG 形式など，数多くの画像の保存の種類がある．画像形式の特徴を知らないまま画像処理をしていると，貴重な共焦点顕微鏡（以下，共焦点）画像の画質を失っていたり，正確な画像解析ができなかったり，余分な処理時間，多くの記憶容量を使ってしまうことになる．また，ファイルを開きたくても開く方法がわからない，なぜ開かないのか原因がわからないということも起きかねない．ここでは，各メーカーの共焦点および汎用の画像ファイル形式について，基本から詳しい構造までを解説するとともに，実際に共焦点画像に対応した画像ソフトについて紹介する．

■ 画像ファイル形式の基本としくみ
－共焦点ユーザーのための画像形式の解剖学

1）共焦点画像はビットマップ画像

　デジタル画像には，ビットマップ画像[*1]とベクタ画像[*2]の大きく2種類のタイプがある．写真などの自然画像データをデジタル化する場合，画像を数式で表すことは非常に困難であるため，画像を点（画素）の集まりとして記録するビットマップ画像が用いられる．共焦点画像も同様に，試料面全面にレーザーを走査させ，出てきた蛍光をフォトマル[*3]で検出してつくられるビットマップ画像である．

2）ビットマップのデータサイズ

　デジタル画像の濃淡（階調）は，コンピュータの性質上，2の乗数（ビット[*4]）を用いて表される．例えば，2ビット（2^2）＝4階調，4ビット（2^4）＝16階調，8ビット（2^8）＝256階調，12ビット（2^{12}）＝4,096階調となる．コンピュータのデータ取扱いの最小単位（バイト）は8ビットである．したがって，8ビット以下の4ビット画像でも，1画素当たり1バイトのメモリスペースを必要とし，また，12ビット画像では，2バイトのスペースが必要となる．例えば，共焦点でFITC，TRITC，Cy5の三重染色したサンプルを，12ビットで，横800ピクセル，縦600ピクセルの画像として撮った場合，

$$3 \times 2 \times 800 \times 600 = 2880000 \text{ バイト}$$
$$(\fallingdotseq 2.75 \text{ MB})$$

のデータサイズである．

　共焦点では8ビットまたは12ビットで画像を撮ることができる．12ビットは，データサイズが

[*1] 画像を点の集まりとして記録する方式
[*2] 画像を線や面などの図形の集まりとして記録する方式
[*3] Photo Multilier（光電子増倍管），光電子をとらえ，電流に変換する装置
[*4] コンピュータでは1と0（オン，オフ）の2進法が用いられている．ビットとは2進法での桁数ということになる

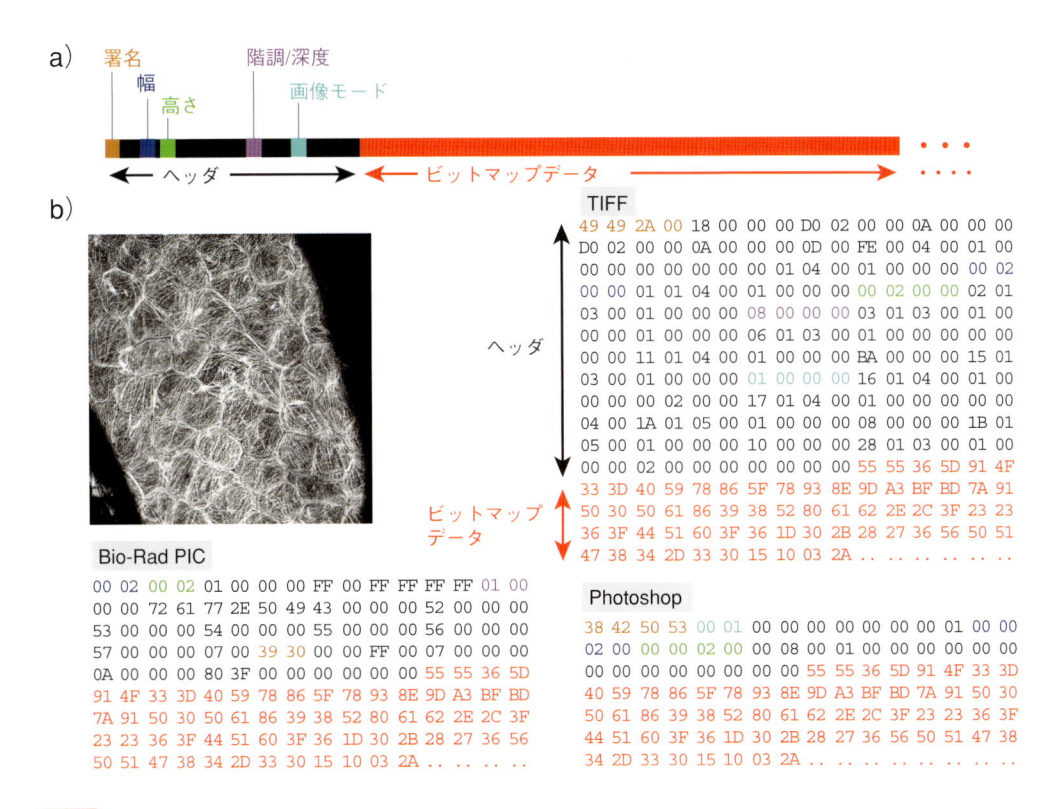

図1 ビットマップ画像ファイルの構造

a) ビットマップ画像は，ヘッダ（黒色の領域）とビットマップデータ（赤色の領域）からなる．ビットマップデータは，画像の左上から右下までの輝度値が並んだものであり，ヘッダに，画像サイズ，階調などの画像の情報が記録される．b) Bio-Rad の共焦点で撮った8ビットのグレースケールの共焦点画像，および，その画像の Bio-Rad PIC 形式，TIFF 形式，Photoshop 形式の場合のダンプリスト．この画像の場合，違いはヘッダのみであることがわかる

倍になる，12ビット画像を扱えるソフトウェアが少ない，共焦点画像のN/S比が12ビットもないなどの問題点もあるが，濃淡の表現力は8ビットの16倍であるため，条件のよくないサンプルの場合には威力を発揮する．

3）ビットマップ画像を格納する

ファイル形式とは，データの格納方法のことである．ビットマップデータは，画像の左上から右下まで，各画素の値を単に一列に並べたものであるが，その並べ方には，画素ごとに各チャンネルの値を並べる（CIP[*5]），ラインごとに各チャンネルの値を並べる（CIL[*6]），画面ごとに各チャンネルの値を並べる（CSQ[*7]）といった方法がある．実際に，共焦点画像の場合，L（x, y, z, ch, t）の5次元の配列も考えられることになる[*8]．並べ方はともかく，ビットマップデータを一列に並べて記憶装置に格納すれば，輝度情報としては記録に漏れはないはずだが，ビットマップデータは輝度情報以外に何も意味をもたないため，記録したデータを画像として復元させるためには，横縦のピクセル数，階調などをどこかに記録する必要がある．一般には，ビットマップデータの前にこれらの情報が書き込まれており，その領域を

[*5] Channel Interleaved by Pixel
[*6] Channel Interleaved by Line
[*7] Channel Sequential
[*8] L（ ）：輝度，x：x座標，y：y座標，z：z座標，ch：チャンネル，t：時間

付録　画像ファイル形式

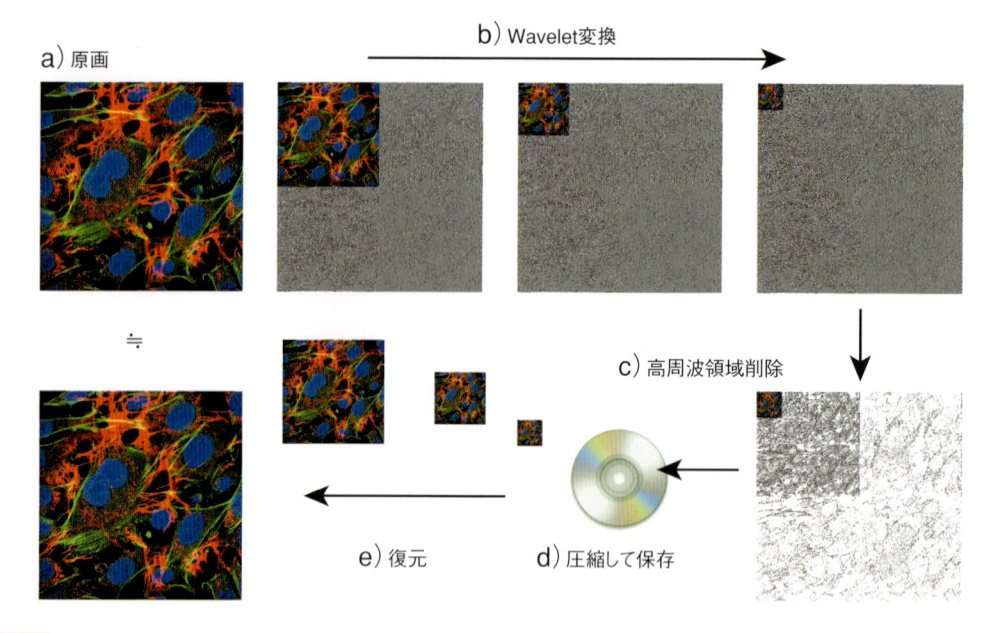

図2　不可逆圧縮（例：JPEG2000）

a) JPEG2000で保存する前の共焦点画像．b) JPEG2000の第一圧縮に相当するWavelet変換を繰り返す．Wavelet変換を行うと，空間周波数を示す画像（グレースケール画像の領域）と，ちょうど原画が半分に縮小された画像とに変換される．c) ヒトの目には見えにくい高周波部分（灰色部分）を除去する．d) Huffman系の圧縮法により第二圧縮したのち保存する．e) 保存した高周波を取り除いた画像（c）をもとに，逆Wavelet変換により復元する．復元途中の低解像度の画像を取り出すことも可能である

「ヘッダ」とよんでいる．ヘッダには，その他に画像モード，チャンネル数，解像度，スタック数（画像枚数），ルックアップテーブルなどが記録されている（図1 a）．画像が同じならば，ファイル形式が異なってもビットマップデータは同じはずである．ファイル形式の違いは，ヘッダのみの違いであるという場合もある（図1 b）．

4）ビットマップ画像の中にある無駄を省く

ビットマップの画像情報の大きさは，文字情報に比べると非常に大きく，多くのメモリや記憶装置の領域を必要とする．ビットマップデータの格納は，ただ単に輝度情報をそのまま格納するのではなく，圧縮処理を行い，データサイズを小さくしたものを保存する場合がある．

情報には，多かれ少なかれ，冗長性，予測可能性（確率），識別不能といった要素が含まれている．圧縮とは，データの中からこれらの性質を見つけ出し，より小さなデータに置換する，または削除することで行われる．当然，圧縮したデータは復元できなければ意味をなさないが，完全に元通りに復元[*9]できる圧縮（可逆圧縮）と，多少は詳細な部分が失われてしまう圧縮（不可逆圧縮）がある（図2）．画像の圧縮と聞くと，大事なデータが一部失われてしまうと思い込まれがちだが，静止画像の場合，JPEG圧縮以外は可逆圧縮であると考えてよい．また，動画の場合は，不可逆圧縮してでもできるだけファイルサイズを小さくすることが，よりスムーズなアニメーションにつながるため，可逆圧縮にこだわり過ぎるのもよくないと考えられる．以下は，画像ファイルに使用される代表的な圧縮アルゴリズム[*10]である．圧縮について知識を深めることで，余分な気を使わないで，より効率よく，より適切な形で共焦点画像を利用していただきたい．

[*9] 他に解凍，展開，伸張などという
[*10] アルゴリズム（algorithm）：ある特定の目的を達するための処理手順

memo

人にやさしい16進数

コンピュータの頭脳はオン/オフの2進法であり，1バイト（8ビット）を最小単位として処理が行われている．実際にプログラムなどでは16進数を使って表す場合が非常に多い．16進法は，10進数の0〜15を，0〜9，A，B，C，D，Eの15文字で表記することになるわけだが，ちょうど4ビット分に相当し，1バイトを16進数2桁で表せるのである．画像のRGBを表すときなど，数値を羅列する場合などには，10進数や2進数より，16進数を用いると，非常にわかりやすく，便利なのである．

例：RGBの輝度を表す場合
- 10進数　　181, 10, 222
- 2進数　　 101101010000101011011110
- 16進数　　B50ADE

10進数，2進数，16進数対応表

10進数	2進数	16進数	10進数	2進数	16進数
0	0	0	8	1000	8
1	1	1	9	1001	9
2	10	2	10	1010	A
3	11	3	11	1011	B
4	100	4	12	1100	C
5	101	5	13	1101	D
6	110	6	14	1110	E
7	111	7	15	1111	F

ランレングス法［可逆圧縮］

ビットマップのような一連のデータを，単一の値とその数に置き換えることで，データの冗長性を除去する圧縮法である．同じ値が並んでいるデータの場合に有効な圧縮法であり，蛍光顕微鏡画像では，黒つまり0が並んでいる場合が多いため，この手法による圧縮は有効的であると考えられる．例えば，abbbbbbbcccddddeeddd（20文字）を，a1b7c3d4e2d3（12文字）と短くするのである．値にばらつきの多い画像の場合，逆に大きくなってしまうという欠点をもつ．Photoshop，TIFF，PICTなどで利用されている．

ハフマン（Huffman）法［可逆圧縮］

1950年，D. A. Huffmanによって開発された圧縮法で，出現頻度の高い値を短い符号（変換テーブル[*11]）で表し，低い値を長い符号で表すことで全体の長さを小さくするといった予測可能性（確率）を利用した圧縮法である．圧縮/解凍に時間がかかること，入力データが多くなると圧縮されにくくなるという欠点があり，単独ではあまり使われないが，LHA，Zip，JPEGなどの第2圧縮として使われている．

LZ法［可逆圧縮］

LempelとZivが，1977年にLZ77，1978年にLZ78を提案した．辞書と索引をつくることで圧縮を行う方法で，未一致データは辞書に書き込み，同じデータが辞書に書き込み済みならば，その「位置と文字数」（索引）のみを記す方法である．入力データが多くなるほど最良の圧縮率になる特徴がある．LZ77を改良したZip，LHA

[*11] 圧縮前と圧縮後の対応表．例えば，遺伝子のコドン表では，CGAはA（アラニン）

（LZ77 + Huffman）や，LZ78 を改良した LZW，Compress が有名である．画像形式では LZW が，GIF，TIFF などで用いられている．LZW は 1985 年に米国 UNISYS 社により特許が取得されており無償で特許を公開する予定でいたが，GIF がインターネットで普及したこともあってか，1996 年になって突然，特許料を徴収する方針に変更したため，多く存在した GIF 対応のフリーウェアもみられなくなってしまったのである．LZW の特許の期限切れは，米国で 2003 年 6 月，その他，日本，ヨーロッパでは 2004 年である．

JPEG 圧縮（DCT 変換）[不可逆圧縮]

　JPEG は「Joint Photographic Experts Group」の略であり，1988 年に採用された国際標準の圧縮法である．ヒトの網膜には，光の強弱を認識する桿状体細胞と，色を感受する錐状体細胞との 2 種類の視細胞がある．桿状体細胞は 1 億個以上あり，弱い光もとらえる高感度の白黒フィルムに相当し，錐状体細胞は数百万個と少なく，感度の低いカラーフィルムに相当する．薄暗いところで色が識別できないのはこのためである．JPEG 圧縮は，ヒトの網膜の特性を利用することで識別不能な成分を除去する不可逆圧縮である．実際には，まず，原画像を Y（輝度），Cr（赤み），Cb（青み）の 3 つの成分に変換する．この変換により桿状体細胞がとらえる画像と，錐状体細胞がとらえる画像に分離できたことになる．次に，それぞれの成分を DCT（離散コサイン変換）により空間周波数に変換する．画像を周波数で表すことによって，周波数の高い部分（色の変化が細かい部分）は識別不能な部分として削除することが可能になるのである．削除によって 0 が多く並んだ結果を，最終的に，改良版 Huffman 法または算術法で圧縮するのである．感度の低い色成分の高周波部分をより多く削除することで，画質を保持したまま，高い圧縮が可能になるのである．

RGB と YCrCb の関係式

$Y = 0.29R + 0.587G + 0.114B$

$Cr = 0.1687R - 0.3313G + 0.5B$

$Cb = 0.5R - 0.4187G + 0.0813B$

JPEG2000（Wavelet 変換）[不可逆圧縮]

　JPEG は，これまでの DCT 方式とは異なった Wavelet 方式を用いた画像形式，JPEG2000 を発表した．DCT 方式と同じく画像の空間周波数の高周波領域を除去するしくみだが，Wavelet 関数では，局所的に変化量の多い部分に対しても有効であるため，画質を保持したまま，驚くほど圧縮することが可能である．

汎用画像ファイル形式
―共焦点画像に適した汎用画像形式

　画像形式を選ぶ場合，品質，柔軟性，伝送効率，既存のプログラム/他のプラットフォームとの互換性といった汎用性を考慮する必要がある．共焦点画像ファイル形式として求められる条件として，

- フルカラー画像に対応
- 12 ビット画像に対応
- 多チャンネル画像に対応
- マルチ画像に対応
- 無圧縮または可逆圧縮

などがあげられる．当然，各社の共焦点画像ファイルはこれらを満たしているわけだが，汎用性に欠けるものが多い．逆に言えば，これらの条件を満たした適切な汎用画像形式がないということでもある．

　新たな画像形式として拡張可能な TIFF 形式をベースにしている共焦点も多いことからわかるように，TIFF 形式に変換すれば，どんなプラットフォームのどんな画像ソフトを使っても，ほぼ問題なく画像を開けると考えてよい．

TIFF(Tag Image File Format)形式

- イメージ形式　　　ビットマップ
- 開発／著作　　　　Aldus 社（Adobe Systems 社に合併吸収）
- プラットフォーム　Macintosh，Windows，UNIX ほか
- 画像モード　　　　白黒，グレースケール，インデックスカラー，RGB，CMYK，YcrCb，CIE L*a*b など
- 階　　調　　　　　最大各チャンネル 16 ビットまで
- 多チャンネル　　　○
- マルチ画像　　　　○
- 圧　　縮　　　　　無圧縮，CCITT，PackBits，LZW，JPEG

1986 年 Aldus 社（Adobe Systems 社に合併吸収された）がつくったビットマップ画像形式である．OS・ファイルシステム・コンパイラ・プロセッサなどに依存しない，スキャナ・プリンタ・ディスプレイなど特定のハードウェアに依存しない，使用できる画像モード・圧縮法も多い画像形式である．

ファイル構造は，タグとそれにつながるデータで成り立っている．独自のタグを設けることで，独自の情報を含めることが可能になるため，拡張性の高い画像形式である．その反面，開くことのできない TIFF 画像が氾濫してしまったのも事実である．独自情報を無制限にもてることから，共焦点画像の保存も TIFF 形式をベースとしたものが多い．

Adobe Photoshop 形式

- イメージ形式　　　ビットマップ
- 開発／著作　　　　Adobe Systems 社
- プラットフォーム　Macintosh，Windows，UNIX ほか
- 画像モード　　　　白黒，グレースケール，インデックスカラー，RGB，CMYK，YcrCb，CIE L*a*b など
- 階　　調　　　　　各チャンネル 16 ビットまで
- 多チャンネル　　　○
- マルチ画像　　　　×
- 圧　　縮　　　　　無圧縮，PackBits

Adobe Photoshop の標準画像形式である．基本的に他のソフトウェアで開くことはできないが，優れた画像編集機能をもっているため，仕上げ作業は Photoshop で行う場合が多いのは確かである．データは無圧縮またはランレングス法による可逆圧縮である．共焦点画像の利用にも安心して使用可能である．

JPEG(Joint Photographic Expart Group)形式

- イメージ形式　　　ビットマップ
- 開発／著作　　　　Joint Photographics Expart Group
- プラットフォーム　Macintosh，Windows，UNIX ほか
- 画像モード　　　　白黒（JBIG），グレースケール，RGB，CMYK，YcrCb
- 階　　調　　　　　各チャンネル 8 ビット
- 多チャンネル　　　×
- マルチ画像　　　　×
- 圧　　縮　　　　　JPEG

委員会の名前が形式名としてよばれるようになった画像形式である．一般的に用いられている JPEG は，C-CUBE 社の JFIF（JPEG File Interchange Format）である．JPEG 画像はグレースケール，RGB 画像，CMYK 画像などに対応しており，多くのソフトウェア，多くの OS で使用可能である．DCT 圧縮は不可逆圧縮であるが，非常に高い圧縮性能をもっているため，写真で多く用いられている．共焦点画像を不可逆圧縮してしまうことには，かなりの抵抗がある．

GIF（Graphics Interchange Format）形式

- イメージ形式　　　ビットマップ
- 開発／著作　　　　CompuServe 社
- プラットフォーム　Macintosh，Windows，UNIX ほか
- 画像モード　　　　グレースケール，インデックスカラー
- 階　　調　　　　　最大 256 色
- 多チャンネル　　　×
- マルチ画像　　　　○
- 圧　　縮　　　　　LZW

パソコン通信の時代の 1987 年に米国の通信会社 CompuServe 社が発表した画像形式で，GIF も幅広いプラットホームでサポートされているビットマップ画像形式である．最大 256 色カラーの対応であるが，LZW による圧縮，透過画像，アニメーション，インターレースという特徴をもち，インターネットの普及においても W3C での標準となったこともあって，現在も多く利用されている．最大 256 色までしか利用できないため，共焦点画像では 1 チャンネルデータの場合の利用に留めておいた方がよい．

PNG（Portable Network Graphics）形式

- イメージ形式　　　ビットマップ
- 開発／著作　　　　W3C
- プラットフォーム　Macintosh，Windows，UNIX ほか
- 画像モード　　　　グレースケール，インデックスカラー，RGB
- 階　　調　　　　　各チャンネル 16 ビットまで
- 多チャンネル　　　×
- マルチ画像　　　　○
- 圧　　縮　　　　　zlib

GIF の LZW の特許問題から，W3C によって，特許の問題がなく，GIF よりも優れた機能をもつ画像形式として PNG が開発された．GIF と同じ 256 色のインデックスカラーのみならず，カラーは最大 48 ビット，グレースケールは最大 16 ビットに対応している．また，アルファチャンネル（透過），ガンマ補正，画像の注釈，テキストデータの保持などのレイヤ，マルチ画像的な機能をもっている．共焦点画像を扱ううえで十分な機能をもっていると考えられるが，実際の普及はまだまだであるとともに使い勝手のよいソフトウェアもない．Macromedia FireWorks が PNG をベースとしており，使い方によっては，共焦点画像で利用すると非常に便利かもしれない．

Exif（Exhangeable Image File Format）形式

- イメージ形式　　　ビットマップ
- 開発／著作　　　　JEIDA（日本電子工業）
- プラットフォーム　Macintosh，Windows ほか
- 画像モード　　　　JPEG または TIFF に準ずる
- 階　　調　　　　　JPEG または TIFF に準ずる
- 多チャンネル　　　JPEG または TIFF に準ずる
- マルチ画像　　　　JPEG または TIFF に準ずる
- 圧　　縮　　　　　JPEG または TIFF に準ずる

1994 年に富士写真フイルムが提唱し，1995 年に JEIDA（日本電子工業振興会）が規格化した画像形式で，DSC（デジタルカメラ：Digital Still Camera）の画像形式である．各社の DSC 固有情報の互換性を保ち，DSC 間，パソコン間，メモリカードなどのメディアでやり取りできるように DCF（Design rule for Camera File system）として規格化されている．JPEG，TIFF 形式が使用でき，圧縮データは JPEG 形式で保存し，DSC 固有情報はアプリケーションセグメントとよばれるヘッダとして保存される．非圧縮データは TIFF 形式で保存し，DSC 固有情報はタグとして保存する．パソコンで通常の JPEG または TIFF として読み込むことができる．ファイル形式の互換性を保つために「Exif サポートグループ（SEG）」

が構成されており，DSCメーカーかつ共焦点メーカーでもあるNikonやOlympusもそのメンバーであり，共焦点ファイル形式をこの規格に準じて作成できれば，より多くのソフトウェアで容易に共焦点画像を取り扱えるようになるかもしれない．

JPEG2000形式

- イメージ形式　　　　ビットマップ
- 開発／著作　　　　　Joint Photographics Expart Group
- プラットフォーム　　Macintosh，Windows，UNIX ほか
- 画像モード　　　　　グレースケール，RGB，CMYK，YcrCb
- 階　　　調　　　　　各チャンネル16ビット
- 多チャンネル　　　　×
- マルチ画像　　　　　×
- 圧　　　縮　　　　　Wavelet

JPEGグループが従来のJPEGよりさらに高機能にするために開発した画像形式である（図2）．JPEGではDCTにより高周波の検出を行っていたが，これをWaveletという方法を使って高周波を検出し圧縮している．DCTを用いた圧縮に比べ，局所的に変化量の多い部分に対しても有効であるため，驚くべき高圧縮と高画質の保持が可能なのである．Wavelet変換では，位置情報をもっているため，空間周波数の画像と，原画の半分のサイズの画像に変換される．その画像のWavelet変換を繰り返すことによって，原画は1/2，1/4，1/8と，画像として認識できる形で縮小されるのである（図2 b）．画像の復元はこの逆の過程をたどることになるため，Wavelet変換そのものが，マルチレゾリューション画像なのである（図2 e）．1つのファイルでさまざまなサイズを表示できるため，プレビュー画像と元のサイズの画像と2種類のファイルを用意する必要性もなくなるのである．またJPEG2000の規格として，ROIの設定，パスワードの設定が可能である．まだまだ対応しているソフトウェアも少ないが，優れた画像形式であり普及することを望んでいる．

共焦点画像ファイル形式
―各社の共焦点ファイルのしくみと構造

Bio-Rad（バイオラッド）

- 機種（制御ソフト）　　　　　Radiance シリーズ（LaserSharp）
- 標準画像形式（拡張子）　　　Bio-Rad PIC 形式（.pic）
- 階　　　調　　　　　　　　　8bit，12bit

ヘッダは76バイトで，先頭から，横ピクセル数（2バイト），縦ピクセル数（2バイト），画像枚数（2バイト）…となっている（※リトルエンディアン[*12]）．76バイト以降に画像データが入る．その他の画像情報，設定条件などは，画像データの後にフッタとして入っている．スタック画像の場合はチャンネルごとに別のファイルとして保存されるが，スタック画像でない場合は，CSQで，1つのファイルとして保存される．PICファイルそのものは，保存名\Raw Dataのフォルダ中に保存されている．画像データの圧縮はなく，Photoshopなどの「汎用フォーマット」で画像を開くことも可能である．ファイル形式が簡単であることから，Bio-Rad PIC 形式に対応したソフトウェアも複数出ている．

Bio-Rad PIC 形式のヘッダー構造

```
typedef struct _header {
        sint16    nx, ny;          //Image width and height.
        sint16    npic;            //Number of images in file.
        uint8     hoge00[8];       //LUT1 ramp など
        sint16    byte_format;     //1=8bits, 0=16bits
```

[*12] 下位のバイトから順に記録されていることを意味する．普通に上位バイトから順に記録されている場合をビッグエンディアンという．例えば，0200（=512）は，リトルエンディアンでは，0002と記録される

```
        uint8    hoge01[38];    //File name など
        uint16   file_id;       //Always set to 12345
        uint8    hoge02[20];    // LUT2 ramp など
} HEADER;
```

Leica(ライカ)

- 機種(制御ソフト)　　　　　　TCS SP2(LCS)
- 標準画像形式(拡張子)　　　　TIFF 形式(.tif),Raw(.raw)も可
- 階　　調　　　　　　　　　　8bit,12bit

8bit 画像に関しては,TIFF 対応の画像ソフトで開くことができるが,12bit 画像は開けない場合がある.画像情報,設定条件は,別ファイルとしてタブ切りテキスト形式のファイル(フォルダ名.txt)として保存される[*13].この中を見れば,誰もが容易に設定条件を確認でき,便利である.各チャンネル,各スタック(断層,時間などの連続画像)は,すべて 1 枚ずつ保存される.すべてが個々のファイルになってしまうので,チャンネルをマージしたい場合,面倒になってしまう.各チャンネルのマージは,Photoshop のレイヤを使って,「スクリーン」で透過させる方法がある.圧縮での保存はないようである.

Leica 画像ファイルのファイル名

断層画像	フォルダ名_Serise00_z000_ch00.tif
	フォルダ名_Serise00_z000_ch01.tif
	フォルダ名_Serise00_z001_ch00.tif
	フォルダ名_Serise00_z001_ch01.tif
	......
	フォルダ名_Serise00_z00n_ch00.tif
	フォルダ名_Serise00_z00n_ch01.tif
時間経過	フォルダ名_Series00_t000_ch00.tif
Lambada	フォルダ名_Series00_la000_ch00.tif

ファイル名は,「フォルダ名_データ名_スタック番号_チャンネル番号.tif」というように付けられる.スタック番号の先頭には,スタックの種類を表す,z(断層),t(時間)などの文字が付加され,チャンネル番号の先頭には ch の文字が付加される.なお,番号に付加されている「0」の数は場合によって変動する.

Nikon(ニコン)

- 機種(制御ソフト)　　　　　　Digital Eclipse C1(EZC1)
- 標準画像形式(拡張子)　　　　IDS 形式(.ids)
- 階　　調　　　　　　　　　　8bit,12bit

IDS ファイルは,ヘッダ部分がなく,そのままビットマップデータが直接記録されている.データはピクセルごとにチャンネルデータが並ぶ(CIP)タイプであり,ピクセルデータは,8bit,12bit,32bit(float)などの型で保存されている.階調やチャンネル数によっては,Photoshop の「汎用フォーマット」を使って開くことができない場合もある.圧縮も可能なようである(圧縮法は不明).画像情報,設定条件は,画像ファイルと同名の ICS 形式の別ファイルに保存されている(ファイル名.ics).このファイルは普通のタブ切りテキスト形式なので,エディタ,表計算のソフトで開くことができる.

Olympus(オリンパス)

- 機種(制御ソフト)　　　　　　FluorView,FV300,FV500,FV1000(FluorView)

[*13] 他にフォルダ名.lei,それぞれの TIFF 独自タグ内にも,同様に記録されているようである

- ・標準画像形式（拡張子）　　　TIFF ベース（.tif）
- ・階　　調　　　　　　　　　　12bit

拡張子が tif となった TIFF 形式のファイルであるが，一般の TIFF 対応の画像ソフトで正しく画像を開けるものはない．ファイルを解析してみたところ，カラーマップの扱いに問題点があると考えられる．TIFF 対応の画像ソフトで表示できないならば，Zeiss の lsm のように別の拡張子をつけた方がよいのかもしれない．Olympus の 2 世代目の機種は LSM-GB200 である．この機種は FluorView シリーズとは異なった独自の画像形式が使われている．いずれにせよ，Olympus の共焦点に対応したソフトウェアは少ない．以前，筆者は LSM-GB200，FluorView のファイルを開けるソフトを自作して対応していた．

Zeiss（ツァイス）

- ・機種（制御ソフト）　　　　　LSM510, Pascal, Meta（LSM510）
- ・標準画像形式（拡張子）　　　TIFF ベース（.lsm）
- ・階　　調　　　　　　　　　　8bit, 12bit

拡張子を tif に書き換えれば，3 チャンネル以下のデータであれば，一般の TIFF 対応のソフトで開くことができる．ファイルは画像データとそのプレビュー画像の 2 枚×スタック数の画像が含まれたマルチ TIFF である．その他，画像情報や設定条件は，独自タグとして lsm ファイル内に記録されている情報と，データベースファイルである mdb ファイルに記録されている情報とがある．Zeiss の TIFF は，lsm という tif とは異なった拡張子を使っているので，TIFF ではないと言われれば何も言えないのだが，一般の画像ソフトで表示した場合，各チャンネルの色が異なってしまう場合がある．つまり，単なる RGB 画像でなく，多チャンネルに対応するために CSQ タイプで，画像取得の際のチャンネル順に保存されるからである．なお，データの圧縮も可能である．圧縮方式は LZW である．Zeiss が LZW 圧縮のライセンスを取得しているかは不明．

■ 共焦点画像対応ソフト
― 自分のコンピュータで直接表示しよう！

自分のコンピュータで直接共焦点画像を読み込むことができれば，共焦点の独自ファイルを汎用の画像形式に変換するにはどうしたらよいのか，どんな画像形式がよいのかなど余計なことは考える必要はないのである．共焦点画像対応ソフトを図 3 にまとめたので参考にしていただきたい．各メーカーの共焦点オフラインソフトと，著者の使っている共焦点画像を利用できる画像ソフトに関して，以下に簡単に紹介する．

各メーカーの共焦点オフラインソフト

Leica と Zeiss に関しては，共焦点の制御ソフトの機能制限版を利用できる．また Nikon が，ドングル（ハードウェアプロテクトキー）代金程度で制御ソフトを購入可能である．他のメーカーのものも制御ソフトそのものの購入は可能ではある[*14]．いずれにせよ，共焦点そのものが Windows で制御されているので，Windows ユーザにとってはとてもありがたいことである．Macintosh ユーザは Viertual PC で利用することは可能である．

NIH Image, Scion Image, ImageJ（フリーウェア，Mac/Win など）

Macintosh, Windows などで利用可能な 2 次元，3 次元の画像解析/処理のためのソフトウェアである．マクロやプラグイン機能があり，Bio-Rad, Olympus（GB-200, FlorView），Leica, Zeiss の共焦点画像を直接読み込むことが可能なものがある．共焦点利用者はインストールしておいて損はないだろう．

---

*14　Bio-Rad の場合は，制御ソフトだけでなく，ハードウェア込みでの購入となる

名称	共焦点	対応
bio-rad_Macros.txt	Bio-Rad	NIH/Scion Image
confocal_macros.txt	Bio-Rad	NIH/Scion Image
fluorescence_macros.txt	Bio-Rad	NIH/Scion Image
MRC1024_Macro_v5.0	Bio-Rad	NIH/Scion Image
LSM-GB200 Macro	Olympus	NIH/Scion Image
Biorad_Reader	Bio-Rad	ImageJ
Leica_SP_Reader	Leica	ImageJ
LeicaTiffDecoder	Leica	ImageJ
LSM_Reader	Zeiss	ImageJ

Adobe Photoshop（コマーシャル，Mac/Win など）

イメージレタッチ系ソフトウェアであり，共焦点画像においても，投稿や学会発表用の画像の編集のためにこのソフトウェアを利用している人は少なくない．基本的には共焦点画像を開くことはできないため，TIFF など汎用の画像形式に変換しておく必要がある．なお，Bio-Rad PIC 画像を読み込むプラグインがある．

名称	共焦点	対応
Bio-Rad Plugins	Bio-Rad	Windows
iProps Actor	Bio-Rad	Macintosh PPC/68K

Graphics Converter（シェアウェア，Mac）

さまざまな画像ファイルを読み込み編集可能なソフトウェア．Bio-Rad PIC 画像の読み込みは可能である．このソフトウェアはマルチ画像に対応しており，また，ブラウザ機能が便利である．プラグイン機能ももっているので，Bio-Rad だけでなく，他の共焦点画像も対応されるとよいと思う．

Confocal Assistant（フリーウェア，Win）

Bio-Rad PIC 画像に対応した Windows のソフトウェア．簡単な 2 次元画像処理ができる．Windows3.1 のころつくられたものであるため，ロングファイル名に対応していないが，最新の Windows でも使用可能である．

iProps シリーズ（コマーシャル，Mac）

Bio-Rad 版（PPC/68K），Zeiss 版（Carbon）に対応した共焦点画像ビューア/変換/投影3 次元再構築機能をもつソフトウェア．Macintosh 上で，共焦点画像ファイルを簡単に PSD，TIFF，JPEG などさまざまな画像形式で保存できたり，Photoshop など画像ソフトに表示させることができる便利ソフト．

Image-Pro Plus（コマーシャル，Win）

2 次元，3 次元画像の画像処理/解析ソフトウェア．かなりの高機能で 12 ビット画像に関しても問題なく使える．Bio-Rad，Leica（lei），Olympus（FluorView），Nikon（ids），Zeiss（lsm）の共焦点画像に対応している．

MacVol（フリーウェア，Mac）

Macintosh の PICS 形式でつくられた断層画像をボリュームレンダリングするソフトウェア．PICS 画像はファイルサイズが最大約 16MB であるため，ちょっとした断層画像でも制限を超えてしまうという欠点がある．

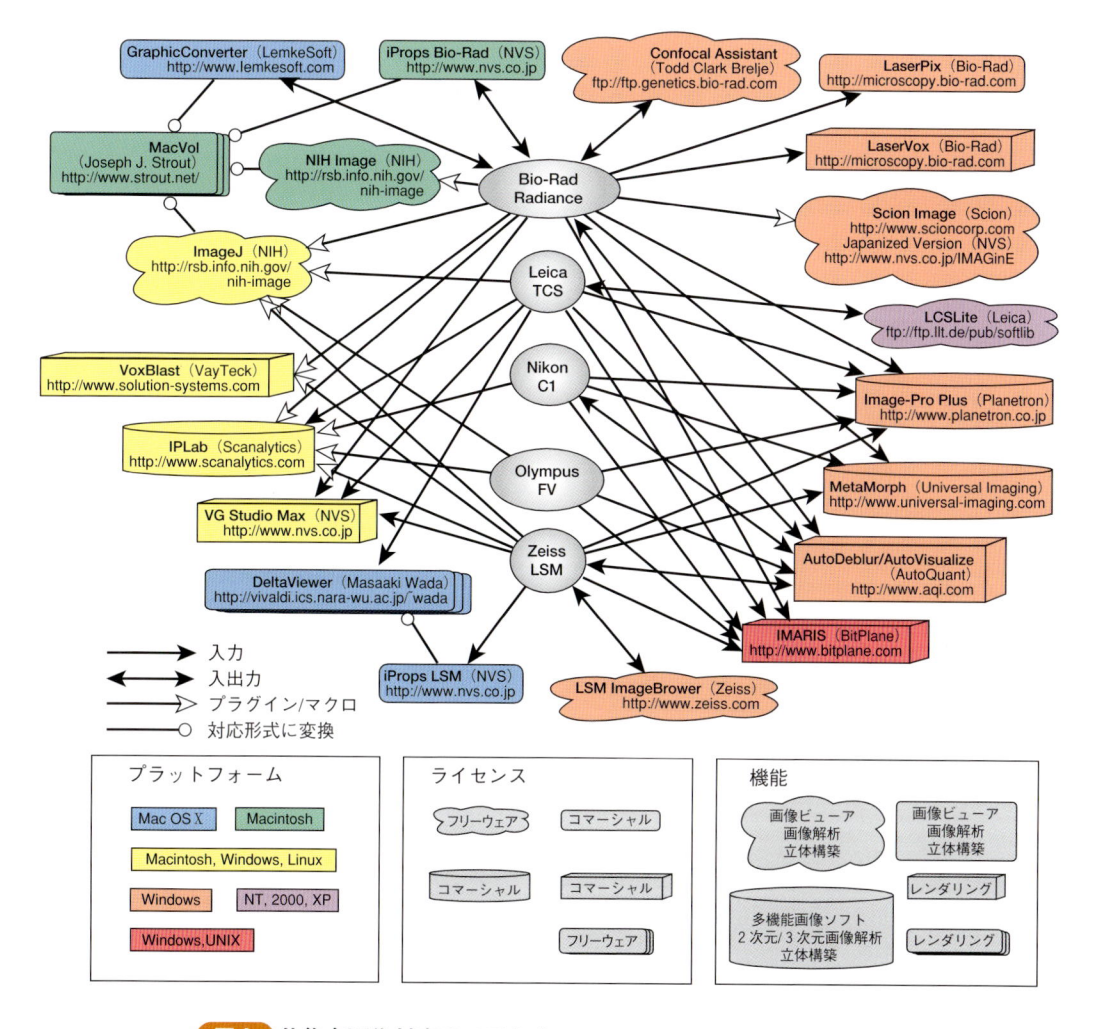

図3 共焦点画像対応のソフトウェア
各メーカーの共焦点画像を開くことができる画像ソフトの対応表

DeltaView（フリーウェア，Mac）

MacOS 9, Xに対応した高速な3次元レンダリングを追及したソフトウェア．プラグイン機能を追加し，各メーカーの共焦点画像に対応版を作成中である．

■ おわりに

コンピュータの処理能力も，データを記録するためのメディアも利用できるようになり，画像形式とファイルサイズという観点では，ほとんど問題ではないだろう．しかしながら，共焦点画像そのものが自分のコンピュータで手軽に利用できないということに関しては，未だに変わっていない．この問題を克服するためには，ある程度のコンピュータの知識が必要なのかもしれない．ここで書いたことが，今すぐ具体的に何かに役立つかどうかはわからないが，画像形式の基礎から構造まで，何となくでも知って，イメージしていることが，共焦点でデータを撮っているときでも，画像ソフトで編集しているときも，出力するときも，何らかの役に立つはずであると確信している．

参考文献

1) グラフィックファイルフォーマット・ハンドブック（Kay, D. C. & Levine, J. R. 著/MbCD 訳），アスキー出版局，1995
2) 図解入門よくわかる最新データ圧縮技術の基本と仕組み－情報圧縮技術とアルゴリズムの基礎講座（岡野原大介ほか著），秀和システム，2003
3) コンピュータグラフィックス 技術編 CG 標準テキストブック，財団法人画像情報教育振興協会，1994
4) 戸田 浩："特別記事 JPEG 2000 次世代画像技術を探る"，C MAGAZINE, 11：6-10, 1999

---

memo

上級編：自分でつくってみよう！

共焦点画像ファイルの画像形式がわかれば，簡単とは言えないが，共焦点画像対応の画像ソフトもつくることだってできるのである．ここで解説したことをもとに，各社の共焦点画像ファイルを直接表示できるソフトウェアなどをつくって，ホームページ（http://micono.hp.infoseek.co.jp/confocal/format）に掲載したので，参考にして欲しい．

索引

数字

1波長励起多波長測光型	123
2％ゼラチン	70
2光子励起	187

和文

ア行

明るさ/コントラスト設定	114
アクセプターブリーチング	124
アクチン染色	60, 61
アクチンフィラメント	97
アベレージング	114, 115
アルゴリズム	204
アンダーフロー	34
イオンイメージング	10
インターバル	115
ウェスタンブロッティング	55
液漏れ	145
オーバーフロー	34
オフセット	33

カ行

開口数	27
解像度	174, 175
階調	202
回復曲線	127, 130
界面活性剤	140
可逆圧縮	204
拡散係数	127, 128, 130
核染色	60, 61, 72
画質の改善	160
画像圧縮	173
画像解析装置	146
画像処理	36
画像の直線性	30
カバーガラス	26, 144, 145
ガラスボトムディッシュ	109
カルシウムイオン濃度	133
カルシウム波	199
ガルバノスキャナー	25
カルボシアニン	101
灌流液不足	145
灌流固定	44
灌流装置	142
灌流チェンバー	142
擬似カラー	165, 166
機能阻害	190
吸収フィルター	14
境界強調	29
共焦点顕微鏡の原理	20
共焦点顕微鏡の種類	10
近赤外光	187
空間的解析	147
空間フィルタ	164
クリオスタット	46
グリコシダーゼ処理	56
グリシン–PBS	57
クロストーク	73, 74
蛍光強度	114
蛍光顕微鏡	8, 13
蛍光抗体法	8
蛍光色素	11
蛍光の退色	114
蛍光プローブ	133, 138
ゲイン	33
結果の解釈	12
血管鋳型	104
検出能	23
恒温装置	144
光学的切片	21
光学的切片の厚さ	30
抗原性	53
光軸調整	16
高親和性	140
光毒性	33
固定	40
固定液	43
コーティング	53
コラゲナーゼ	135
コラーゲンコーティング	48
ゴルジ体	103
コンストレインドイタレイティブ法	193
コンパートメント化	139
コンパートメントモデル	130

サ行

細胞接着因子	142
細胞接着物質	144
作動距離	26
三次元	9
三重染色	71, 72
三重染色像	76
時間的解析	147
色覚バリアフリー化	168
脂質ラフト	98
脂肪染色	61
純化コラゲナーゼ	136
小胞体	101
浸漬固定	45
水銀ランプ	113
水浸対物レンズ	26
スキャナー	21
ストレプトアビジン・レクチン	100
スペクトル	23
スライス標本	136, 137
正立型顕微鏡	107
積算	33
全載標本の作製	49
組織透過性	189
組織分離	136

索引

タ行

ダイクロイックミラー	13
退色	33
退色防止	16
退色防止剤	62
退色防止封入剤	34
対比染色	60
対物ミクロメーター	30
対物レンズ	26
多重染色	70, 72, 73
タブ切りテキスト形式	210
タンパク質−タンパク質相互作用	120
超高圧水銀灯	15
超高圧水銀灯の使用上の注意	16
超短パルスチタンサファイアレーザー	187
低親和性	140
ディッシュの再生	110
低粘度オイル	36
デコンボリューション	11, 192
データの保存	36
点光源	20
電子投稿	175
点像［強度］分布関数（point spread function, PSF）	22, 192
凍結準超薄切片法	54
凍結切片	46
糖鎖合成の阻害処理	56
倒立型顕微鏡	107
トキシン	98
トリミング	114
ドングル	211

ナ〜ハ行

ニアレストネイバー法	193
ニポウ板	196
ノーネイバー法	193
バイト	202
倍率の検定	30
バッファー	134
ハプテン糖	100
パラホルムアルデヒド	43, 53
バンドパスフィルター	15
ヒストグラム	34, 161, 163
ビット	202
ビットマップ画像	202
ヒートチャンバー	109
肥満細胞	148
標本	11
標本台	134
ピンホール	20, 28
ピンホール径	33
ピンホールサイズ	28
ピンホール調整	114
ファロイジン	97
フィルター	14
フォトブリーチ	127
不可逆圧縮	204
プラグイン	211
プラスチックシャーレ	144
分解能	23, 27, 28
分光型共焦点レーザー顕微鏡	10
ベクタ画像	202
ヘッダ	204
包埋	45
飽和	34
ポリクローナル抗体	55
ボリュームレンダリング	212

マ行

マイクロスラーサー	138
マクロ	211
マルチスキャン	196
マルチスペクトル共焦点レーザースキャン顕微鏡	182
マルチフォトン共焦点レーザー顕微鏡	10
ミトトラッカー	100
メンブレン・フィルター	135
モノクローナル抗体	56
モービルフラクション	127, 128

ヤ〜ラ行

融合タンパク質	79
油浸レンズ用オイル	109
輸送係数	129, 130
ライソトラッカー	102
落射照明	13
リアルタイムレーザー走査顕微鏡	196
リソソーム	102
立体像の歪み	30
リトルエンディアン	209
リン酸緩衝液	43
励起強度	33
励起フィルター	14
レクチン	100
レーザー	11, 23
レンズヒーター	109
連続切片	35
ロングパスフィルター	14

索引

欧文

A〜D

α-bungarotoxin	99
Adobe Photoshop	154
Adobe Photoshop 形式	207
BODIPY®-Ceramide	103
BSA	135
C_6NBD-Ceramide	103
CCD カメラ	17
CFP-グルココルチコイド受容体	125
Cholera toxin subunit B	98
CMYK	176, 177
DABCO	62, 63
DCT 変換	206
DiA	103
DiI	103
DiO	103
$DiOC_6$	101

E〜G

ECFP	80
EGFP	79
Emission Fingerprinting	183
ER-Tracker® Blue-White	101
Exif（Exhangeable Image File Format）形式	208
EYFP	80
F-アクチン	97
FITC-BSA	55
FLIP	83
Fluo 3-AM	198
Fluo-4	138
FRAP	83, 127, 129
FRET	120
Fura-2	138
G-アクチン	97
Ganglioside GM_1	98
GFP（green fluorescent protein）	78
GFP コンストラクトの作製	84
GFP トランスジェニック動物	91
GFP 融合タンパク質	83
GFP を単独で用いる実験	81
GFP を目的のタンパク質と融合して用いる実験	82
GIF（Graphics Interchange Format）形式	208

H〜N

HEPES バッファー	111
ImageJ	156, 178
Indo-1	138
JPEG2000 形式	209
JPEG（Joint Photographic Expart Group）形式	207
lectin	100
Linear Unmix 処理	184
LSM 510 META	182
LUT	165, 166, 167
LysoTracker®	102
MitoTracker®	100
$NaBH_4$-PBS	57
NIH Image	156, 178

O〜R

OCT コンパウンド	45
pECFP	121
pEYFP	121
phalloidin	97
photobleaching	83
Photoshop	75, 154, 207
PNG（Portable Network Graphics）形式	208
poly-D-lysine	48
polyethyleneimine	48
poly-L-lysine	46
PowerPoint	172
PSF	192
PVP	54
Ratio 画像	123
ratiometry	139
RGB	176, 177
Rhodamine 123	101

T〜Y

TIFF（Tag Image File Format）形式	207
TMRE	101
TO-PRO-3 iodide	71, 72
Triton X-100	57
Unmix 処理	184
Wavelet 変換	206
XY 像	21
YFP-インポーチン α	125

医学とバイオサイエンスの羊土社
http://www.yodosha.co.jp/

- 羊土社のWEBサイトでは，簡単に書籍を検索でき，内容見本，索引など，書籍の詳細な情報をご覧いただけます
- WEBサイト限定のコンテンツや求人，学会情報などの役立つ情報が満載です．ぜひご活用ください

▼ メールマガジン「羊土社ニュース」にご登録ください ▼

・毎週，羊土社の新刊情報をはじめ，求人情報や学会情報など，皆様の役にたつ情報をお届けしています
・羊土社ニュースでしかご覧いただけないお得な情報もございます

登録はこちらから http://www.yodosha.co.jp/mailmagazine/news.html
（登録・配信：無料）

実験医学別冊　注目のバイオ実験シリーズ

初めてでもできる
共焦点顕微鏡活用プロトコール
観察の基本からサンプル調製法，学会・論文発表のための画像処理まで

2004年 1月 1日　第1刷発行	
2011年 8月 5日　第5刷発行	
編集	高田　邦昭
発行人	一戸　裕子
発行所	株式会社 羊　土　社
	〒101-0052
	東京都千代田区神田小川町2-5-1
	TEL：03 (5282) 1211
	FAX：03 (5282) 1212
	E-mail：eigyo@yodosha.co.jp
	URL：http://www.yodosha.co.jp/
印刷所	株式会社 平河工業社

ISBN978-4-89706-413-0

本書の複写にかかる複製，上映，譲渡，公衆送信（送信可能化を含む）の各権利は（株）羊土社が管理の委託を受けています．
本書を無断で複製する行為（コピー，スキャン，デジタルデータ化など）は，著作権法上での限られた例外（「私的使用のための複製」など）を除き禁じられています．研究活動，診療を含み業務上使用する目的で上記の行為を行うことは大学，病院，企業などにおける内部的な利用であっても，私的使用には該当せず，違法です．また私的使用のためであっても，代行業者等の第三者に依頼して上記の行為を行うことは違法となります．

JCOPY <(社)出版者著作権管理機構 委託出版物>
本書の無断複写は著作権法上での例外を除き禁じられています．複写される場合は，そのつど事前に，(社)出版者著作権管理機構（TEL 03-3513-6969, FAX 03-3513-6979, e-mail：info@jcopy.or.jp）の許諾を得てください．

申請書の書き方にはコツがある！

科研費獲得の方法とコツ
改訂第2版

児島将康／著

大ベストセラー！情報更新して改訂版発行！！科研費の獲得に向けた戦略から申請書の書き方まで，気をつけるべきポイントやノウハウを徹底解説．著者が使用した申請書を具体例にした，まさに研究者のバイブル！！

- 定価（本体 3,700円＋税）
- B5判　　■ 192頁　　■ ISBN978-4-7581-2026-5

定番実験書が,待望の全面改訂！

改訂 タンパク質実験ハンドブック
取り扱いの基礎から機能解析まで完全網羅！

竹縄忠臣, 伊藤俊樹／編

すべてを凝縮した決定版が大改訂してパワーアップ！定量，保存といった誰もがつまずく基礎技術から，TIRFや最新データベース活用法など先端手法までくまなく収録．タンパク質を扱う研究者なら必携の一冊！

- 定価（本体 7,200円＋税）
- B5判　　■ 301頁　　■ ISBN978-4-7581-0179-0

最先端の幹細胞実験法を多数追加！

改訂 培養細胞実験ハンドブック
基本から最新の幹細胞培養法まで完全網羅！

黒木登志夫／監
許　南浩，中村幸夫／編

初心者から研究者まで培養細胞を扱うあらゆる方に大好評の，培養細胞実験書の決定版を改訂！
iPS細胞の作製法やES細胞の分化誘導など，再生医療をめざす最先端の幹細胞実験法を多数追加！

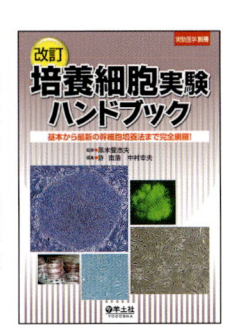

- 定価（本体 7,200円＋税）
- B5判　　■ 330頁　　■ ISBN978-4-7581-0174-5

研究者のバイブル ついに改訂！

改訂第5版 新 遺伝子工学ハンドブック

村松正實, 山本　雅, 岡﨑康司／編

'91年の発行から改訂を重ね，第5版！　長年の実績がある本書なら，必須＆重要な実験法をしっかりカバーできます．小分子RNAの実験法やハイスループット解析など，注目の新技術も余さず収録！

- 定価（本体 7,600円＋税）
- B5判　　■ 366頁　　■ ISBN978-4-7581-0177-6

発行　羊土社 YODOSHA

〒101-0052　東京都千代田区神田小川町2-5-1　TEL 03(5282)1211　FAX 03(5282)1212
E-mail：eigyo@yodosha.co.jp
URL：http://www.yodosha.co.jp/

ご注文は最寄りの書店，または小社営業部まで

研究で使用する必須の試薬がよくわかる！

ライフサイエンス
試薬
活用ハンドブック

特性, 使用条件, 生理機能などの重要データがわかる

田村隆明／編

生理活性物質, 酵素, 阻害剤, 蛍光／発光試薬などバイオ実験で必須の試薬・物質約700点の重要データを網羅！各試薬の性質や使用条件, 生理機能, 入手先などの知識を押さえてトラブル回避！実験, 研究がはかどる！

- ■ 定価（本体 5,600円＋税）
- ■ B6判　■ 701頁　■ ISBN978-4-7581-0733-4

マウス・ラットの重要データがよくわかる！

完全版 マウス・ラット
疾患モデル
活用ハンドブック

表現型, 遺伝子情報, 使用条件など

秋山　徹, 奥山隆平, 河府和義／編

医薬生物学研究で必須のマウス・ラットを, がん・脳神経・免疫などの研究分野ごとに厳選して収録. 遺伝子情報や使用条件といった実践的データをコンパクトに解説したガイドブック. 満載の図表で表現型がよくわかる！

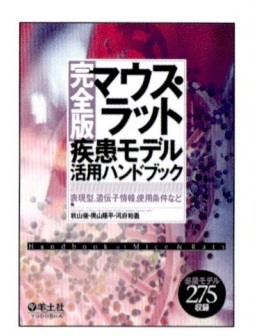

- ■ 定価（本体 8,500円＋税）
- ■ B6判　■ 605頁　■ ISBN978-4-7581-2017-3

研究で頻出する主要な阻害剤がよくわかる！

阻害剤
活用ハンドブック

作用機序・生理機能などの重要データがわかる

秋山　徹, 河府和義／編

医学・生物学研究の重要ツールである阻害剤を研究用途別に網羅し, 各阻害剤の特徴や使用法をわかりやすくまとめたガイドブック. 辞書としても教科書としても使え, 持ち運びに便利なコンパクトサイズ！

- ■ 定価（本体 4,600円＋税）
- ■ B6判　■ 469頁　■ ISBN978-4-7581-0806-5

細胞の特徴や培養に必要な具体的情報がわかる！

細胞・培地
活用ハンドブック

特徴, 培養条件, 入手法などの重要データがわかる

秋山　徹, 河府和義／編

細胞生物学, 分子生物学, 疾患研究などの各研究分野で頻出する主要な細胞の特徴・由来から実際の培養に必要な具体的な情報までコンパクトに解説. 便利なハンディサイズで, 辞書・実験書・教科書と多目的に使える！

- ■ 定価（本体 4,500円＋税）
- ■ B6判　■ 398頁　■ ISBN978-4-7581-0718-1

発行　羊土社 YODOSHA　〒101-0052　東京都千代田区神田小川町2-5-1　TEL 03(5282)1211　FAX 03(5282)1212
E-mail：eigyo@yodosha.co.jp
URL：http://www.yodosha.co.jp/

ご注文は最寄りの書店, または小社営業部まで

この細胞死はアポトーシスか？自分で解析できる！

現象を見抜き検出できる！
細胞死
実験プロトコール

アポトーシスとその他細胞死の顕微鏡による検出から，DNA断片化や関連タンパク質の検出，FACSによる解析まで網羅

刀祢重信，小路武彦／編

細胞死実験で最低限押さえておくべき手法の，実験手順や原理，解釈の仕方をわかりやすく解説！アポトーシスだけでなくネクローシスやオートファジーにも対応！分子レベルから組織レベルまでの一通りの解析ができる！

- 定価（本体 6,400円＋税）
- B5判　■ 224頁　■ ISBN978-4-7581-0181-3

DNA/RNA実験の基本を懇切丁寧に詳述

目的別で選べる
核酸実験の
原理とプロトコール

分離・精製からコンストラクト作製まで，効率を上げる条件設定の考え方と実験操作が必ずわかる

平尾一郎，胡桃坂仁志／編

エタノール沈殿の基本から分離・精製・クローニングまで，ベーシックな核酸実験法を原理や根拠とともに詳述．従来の実験書に比べ，核酸の化学的な解説や条件検討の結果を多数掲載．知識も実験力も身につく一冊です！

- 定価（本体 4,700円＋税）
- B5判　■ 264頁　■ ISBN978-4-7581-0180-6

タンパク質を手に入れるための知識を詰め込みました！

目的別で選べる
タンパク質発現
プロトコール

発現系の選択から精製までの原理と操作

永田恭介，奥脇　暢／編

必要な量は？翻訳後修飾は？精製はどうする？可溶化が必要？そもそも発現しない！目的タンパク質を絶対に得るため，あらゆる手段をナビゲーション．実験の原理，実験操作や試薬組成の根拠までもトコトン詳しく解説．

- 定価（本体 4,200円＋税）
- B5判　■ 268頁　■ ISBN978-4-7581-0175-2

PCR実験の新バイブルが登場！

目的別で選べる
PCR実験
プロトコール

失敗しないための実験操作と条件設定のコツ

佐々木博己／編著
青柳一彦，河府和義／著

リアルタイムPCR，メチル化特異的PCR，ChIP法など多彩なPCR活用法を収録．さらに反応量や反応時間など条件の振り方についても，きめ細かく解説．実験を組み立てる力や，つまずき時の対応力が身につく！

- 定価（本体 4,500円＋税）
- B5判　■ 212頁　■ ISBN978-4-7581-0178-3

発行　羊土社　YODOSHA
〒101-0052　東京都千代田区神田小川町2-5-1　TEL 03(5282)1211　FAX 03(5282)1212
E-mail：eigyo@yodosha.co.jp
URL：http://www.yodosha.co.jp/

ご注文は最寄りの書店，または小社営業部まで

無敵のバイオテクニカルシリーズ

改訂第3版
顕微鏡の使い方ノート
はじめての観察からイメージングの応用まで

編／野島 博

- ❖ メーカーの技術者がわかりやすくコツを伝授！
- ❖ 多光子励起顕微鏡や超解像顕微鏡など話題の最新技術も追加！

羊土社ホームページでサンプル動画をご覧いただけます！

「顕微鏡の使い方」検索 羊土社ホームページのトップから検索！

動画視聴サービスあり

◆定価（本体5,700円＋税）
◆オールカラー A4判 247頁
◆ISBN978-4-89706-930-2

好評シリーズ既刊！

改訂 細胞培養入門ノート
井出利憲, 田原栄俊／著
171頁 定価（本体4,200円＋税） ISBN978-4-89706-929-6

改訂第3版 遺伝子工学実験ノート
田村隆明／編

上 DNA実験の基本をマスターする
＜大腸菌の培養法やサブクローニング, PCRなど＞
232頁 定価（本体3,800円＋税） ISBN978-4-89706-927-2

下 遺伝子の発現・機能を解析する
＜RNAの抽出法やリアルタイムPCR, RNAiなど＞
216頁 定価（本体3,900円＋税） ISBN978-4-89706-928-9

マウス・ラット実験ノート
中釜 斉, 北田一博, 庫本高志／編
169頁 定価（本体3,900円＋税） ISBN978-4-89706-926-5

改訂第3版 バイオ実験の進めかた
佐々木博己／編 200頁 定価（本体4,200円＋税）
ISBN978-4-89706-923-4

RNA実験ノート
稲田利文, 塩見春彦／編

上 RNAの基本的な取り扱いから解析手法まで
188頁 定価（本体4,300円＋税） ISBN978-4-89706-924-1

下 小分子RNAの解析からRNAiへの応用まで
134頁 定価（本体4,200円＋税） ISBN978-4-89706-925-8

改訂第3版 タンパク質実験ノート
岡田雅人, 宮崎 香／編

上 抽出・分離と組換えタンパク質の発現
218頁 定価（本体3,800円＋税） ISBN978-4-89706-918-0

下 分離同定から機能解析へ
164頁 定価（本体3,700円＋税） ISBN978-4-89706-919-7

バイオ研究がぐんぐん進む
コンピュータ活用ガイド
門川俊明／企画編集 美宅成樹／編集協力
157頁 定価（本体3,200円＋税） ISBN978-4-89706-922-7

イラストでみる
超基本バイオ実験ノート
田村隆明／著 187頁 定価（本体3,600円＋税）
ISBN978-4-89706-920-3

改訂 PCR実験ノート
谷口武利／編 179頁 定価（本体3,300円＋税）
ISBN978-4-89706-921-0

バイオ研究 はじめの一歩
野地澄晴／著 155頁 定価（本体3,800円＋税）
ISBN978-4-89706-913-5

発行 羊土社 YODOSHA
〒101-0052 東京都千代田区神田小川町2-5-1 TEL 03(5282)1211 FAX 03(5282)1212
E-mail：eigyo@yodosha.co.jp
URL：http://www.yodosha.co.jp/

ご注文は最寄りの書店, または小社営業部まで

初心者からベテランまでみんなが知りたい成功のコツが満載!

PCR実験 なるほどQ&A
谷口武利／編

試薬の調製やプライマー設計・反応条件の設定など，よくある疑問やトラブルを読みやすいQ&A形式で解決します．さらに，PCRを用いた様々な解析や応用法まで網羅しました．日々の実験に役立つヒントが満載です!

■ 定価（本体 4,200円＋税）　■ B5判　■ 227頁
■ ISBN978-4-7581-2024-1

マウス・ラット なるほどQ&A
中釜 斉，北田一博，城石俊彦／編

マウスとラットってどう違うの？実験目的に合わせた系統の選び方は？繁殖・交配のコツは？などなど，初心者からベテランまで，今さら聞けないマウス・ラットの『？』に動物実験のプロがお答えします！

■ 定価（本体 4,400円＋税）　■ B5判　■ 255頁
■ ISBN978-4-7581-0715-0

顕微鏡活用 なるほどQ&A
宮戸健二，岡部 勝／編

像が暗い，蛍光がよく見えない，うまく写真が撮れない…こんな時に確実に対処できるようになるための誰もが知っておきたい基礎知識が満載！これからもずっと使っていく顕微鏡だからこそ確実な知識を身に付けよう！

■ 定価（本体 4,200円＋税）　■ B5判　■ 203頁
■ ISBN978-4-7581-0731-0

RNAi実験 なるほどQ&A
程 久美子，北條浩彦／編

もはや研究になくてはならない手法となったRNAi実験．これから始める方にも，すでに始めた方にも，必ず役立つ成功のコツが満載です！便利な"導入試薬・ベクター・siRNA製品・ウェブサイト"の一覧表付き！

■ 定価（本体 4,200円＋税）　■ B5判　■ 220頁
■ ISBN978-4-7581-0807-2

タンパク質研究 なるほどQ&A
戸田年総，平野 久，中村和行／編

実験がうまくいかない！との声が多いタンパク質研究．確実におさえておきたい基本が100の回答で身につきます．最適な条件で実験を行うポイントも満載!!知識を深める50の用語解説つき！

■ 定価（本体 4,600円＋税）　■ B5判　■ 288頁
■ ISBN978-4-89706-488-8

遺伝子導入 なるほどQ&A
落谷孝広，青木一教／編

遺伝子導入なしでは研究が進まない… でもいつも失敗してしまう！うまくいかない理由がわからない！など，どんどん遺伝子導入のふかみにはまっていく方は必読！

■ 定価（本体 4,200円＋税）■ B5判　■ 232頁
■ ISBN978-4-89706-481-9

電気泳動 なるほどQ&A
大藤道衛／編
日本バイオ・ラッド ラボラトリーズ株式会社／協力

泳動のバンドの形が変！ゲルが固まらない！など，電気泳動にまつわるさまざまなトラブルをQ&A方式で解決！もう泳動で失敗したくない方は必読！

■ 定価（本体 3,800円＋税）　■ B5判　■ 250頁
■ ISBN978-4-89706-889-3

細胞培養 なるほどQ&A
許 南浩／編
日本組織培養学会，JCRB細胞バンク／協力

培養操作の基本から，コンタミなど困った時のトラブル対策まで，今さら人に聞けない疑問や悩みを即解決！初心者からベテランまで，これを読まずに細胞培養するなかれ！

■ 定価（本体 3,900円＋税）　■ B5判　■ 221頁
■ ISBN978-4-89706-878-7

発行 **羊土社 YODOSHA**
〒101-0052　東京都千代田区神田小川町2-5-1　TEL 03(5282)1211　FAX 03(5282)1212
E-mail:eigyo@yodosha.co.jp
URL:http://www.yodosha.co.jp/

ご注文は最寄りの書店，または小社営業部まで

定番のテキストが，さらに学びやすく！

文系のための 生命科学 第2版

対象 文系の学生，一般教養向け

編／東京大学生命科学教科書編集委員会

改訂

- ❖ 一般教養として，医療系，理工系でも使えると大評判の前版が全面的にブラッシュアップ
- ❖ がん，遺伝子組換え食品，iPS細胞など社会的関心の高いテーマから生命科学の基本を解説し，最先端の科学ニュースも理解できる

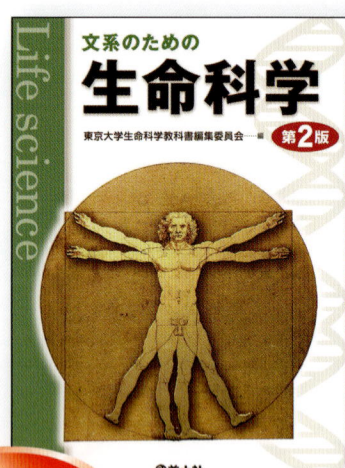

- ■ 定価（本体2,800円＋税）　■ B5判
- ■ 175頁　■ 3色刷り
- ■ ISBN978-4-7581-2019-7

定番テキスト 好評既刊

対象 理工学系の学生向け

生命科学 改訂第3版

編／東京大学生命科学教科書編集委員会

❖ 細胞を中心に生命科学の基礎が身に付く．初めて生命科学を学ぶ学生に最適．演習問題付

■ 定価（本体2,800円＋税）　■ B5判　■ 183頁　■ 2色刷り　■ ISBN978-4-7581-2000-5

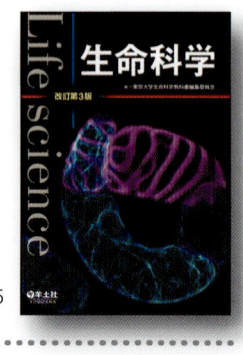

対象 生物系の学生，研究者向け

理系総合のための 生命科学

分子・細胞・個体から知る"生命"のしくみ

第2版

編／東京大学生命科学教科書編集委員会

❖ 生命科学全般を凝縮した1冊．専門とするなら押さえるべき各分野の必須知識を網羅！

■ 定価（本体3,800円＋税）　■ B5判　■ 343頁　■ 2色刷り　■ ISBN978-4-7581-2010-4

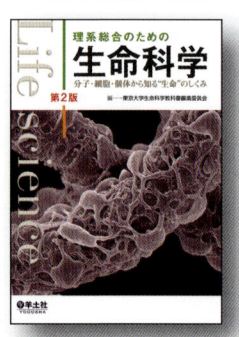

発行　羊土社 YODOSHA

〒101-0052　東京都千代田区神田小川町2-5-1　TEL 03(5282)1211　FAX 03(5282)1212
E-mail: eigyo@yodosha.co.jp
URL: http://www.yodosha.co.jp/

ご注文は最寄りの書店，または小社営業部まで

Model CSU22 Confocal Scanner Unit

YOKOGAWA

Live Cell
Sharp Imaging
Low Damage

フルフレーム高速共焦点スキャナ
CSU22

■
高精細ライブセル観察
ビーム照射強度が限定されるライブセル観察の場合でも、非常に高精細な画像取得が可能です。また、内部構造の最適化により内面反射を約1/100に削減(注1)。固定標本も他社共焦点と同等以上の性能があります。

最高のクオリティで生細胞を観察しませんか

■
生きた細胞を生きたままの状態で
マルチビームの採用により、1ビームあたりのエネルギー密度を約1/1000以下に抑制。褪色、ダメージを最小限に抑えられるため、超長時間タイムラプス観察も可能。

■
超高速撮影＆全自動分析にも対応
最高1000フレーム/秒まで任意にフレームレートが変更できます(注2)。また、内蔵の励起フィルタ、ダイクロイックミラー、バリアフィルタをコンピュータから通信制御可能。全自動測定にも対応しております。

お手持ちの顕微鏡に取り付けての観察が可能です。蛍光顕微鏡システムをお持ちの場合は、非常に安価（本体価格600万円より）(注3) に共焦点システムへの機能拡張が可能です。
ビデオレートモデルCSU10も販売しています。

(注1) 当社CSU10との比較
(注2) フレームレートは使用するカメラによります。
(注3) CSU10（600万円〜）、他にレーザ（230万円〜）、カメラが必要です。

ライブセルに最適なコンフォーカルシステムです

横河電機 ATE事業本部 第2事業部BIOセンター CSU Gr. 〒180-8750 東京都武蔵野市中町2-9-32
●お問合せ先　TEL:0422-52-5550　Fax:0422-52-7300　E-mail:csu@csv.yokogawa.co.jp　Homepage:www.yokogawa.co.jp/SCANNER

モレキュラープローブ製品：
12月1日発売開始予定

Molecular Probes社は2003年8月に
Invitrogen Corporationの傘下に入りました。

Invitrogen NEWS — August 22, 2003

**Contact: Paul Goodson VP Investor Relations
Invitrogen Corporation (760) 603-7208
Invitrogen Completes Molecular Probes
Acquisition and Reaffirms 2003 Guidance**

CARLSBAD, CA –August 22, 2003– Invitrogen Corporation (Nasdaq: IVGN) today announced that it has completed its acquisition of Molecular Probes, Inc., the leader in novel fluorescence-based technologies for labeling biological molecules in disease research and biopharmaceutical development. Simultaneously, Invitrogen reaffirmed its financial guidance for 2003. "In addition to contributing strong growth and profitability to Invitrogen, the combination of the two companies will create benefits for our customers and our shareholders through distribution and technology synergies," said Greg Lucier, Invitrogen's President and CEO. "As a leader in life sciences consumables, we believe that Invitrogen's worldwide sales, marketing and distribution capabilities will accelerate the penetration of Molecular Probes' core technologies into new markets. We also believe that our combined operations will allow us to create an array of new and beneficial products that will further position us to be the premier supplier of solutions for drug discovery and development."

---

http://www.invitrogen.com/

インビトロジェン株式会社
〒103-0007　東京都中央区日本橋浜町2-35-4 日本橋浜町パークビル
マーケティングコミュニケーション　TEL(03) 3663-8143　FAX(03)3663-8242

Microscopy from Carl Zeiss

あらゆるアプリケーションに対応する最強のレーザスキャン顕微鏡システムです。2D、3D、タイムシリーズや4DはもとよりFRETやFRAP、PA-GFPやKaedeを用いた新しい実験も強力にサポートします。分光チャネルを搭載したLSM 510 METAは、波長情報そのものを解析して、近接した蛍光どうしでも鮮明に分離表示します。LSM 5 レーザスキャン顕微鏡システムは、いかなる難題にも立ち向かえる強力な武器となるでしょう。

最強の共焦点レーザスキャン顕微鏡システム
LSM 5 Family

● 新しい光学系がどのようなサンプルに対しても低ダメージで、明るく鮮明な画像を実現。
● チャネル間の蛍光クロストークを回避、ダイオードレーザが加わり**405nm**励起も可能。
● FRET、FRAP[※1]や新しいアプリケーションPA-GFP[※2]、Kaede[※2]などを用いた生理学実験にも対応。
● 近接した波長どうしでも波長解析して鮮明に分離、ライブで表示可能(**LSM 510 META**)。

[※1]:LSM 510, LSM 510 METAでは自動設定、LSM 5 PASCALではマニュアル設定です。
[※2]:ブルーダイオードレーザ搭載モデルにて可能です。

Opening Doors to New Worlds

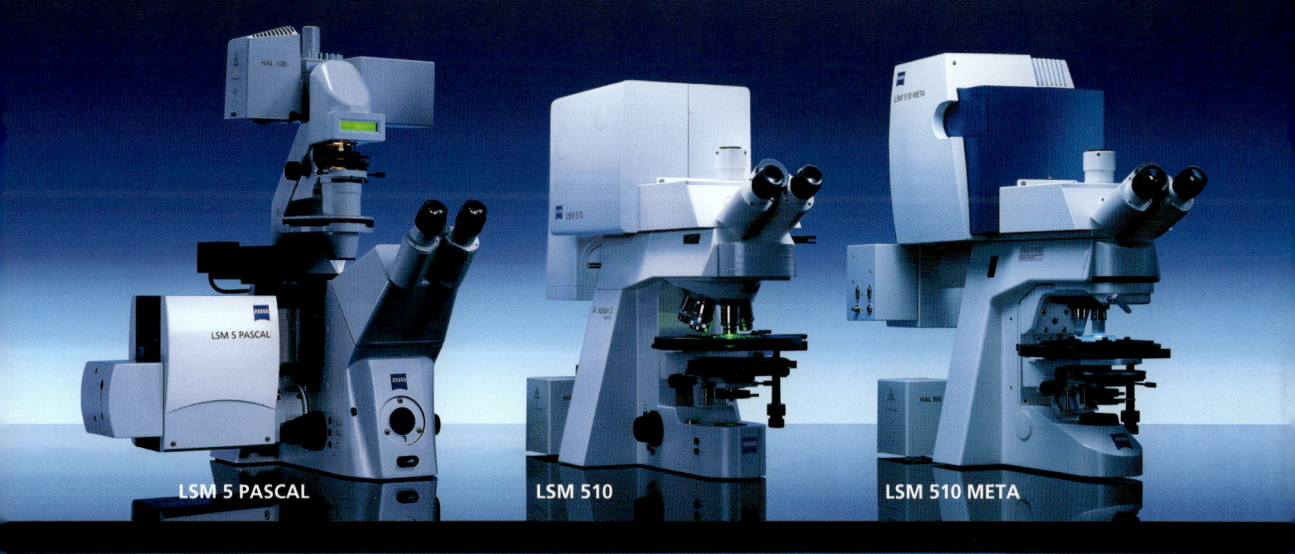

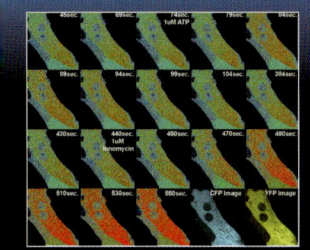

LSM 5 PASCAL　　**LSM 510**　　**LSM 510 META**

FRET Imaging
Yellow Cameleon-2による細胞内
カルシウムの変動(レシオ)
ラット肝細胞
Prof. T. Kawanishi, Dr.R.Shibayama,
Dr.H.Kawai,N.I.H.S., Dr.H.Tanaka, Toho Univ.

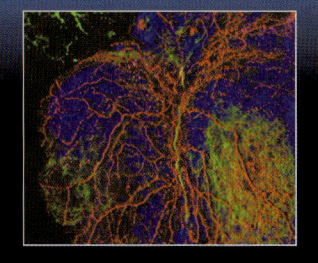

Cross-talk Free Imaging
ゼブラフィッシュの胚
目と脳の一部の4重染色
Prof. M. Bastmeyer, Dr. M. Marx,
Univ. of Konstanz, Germany

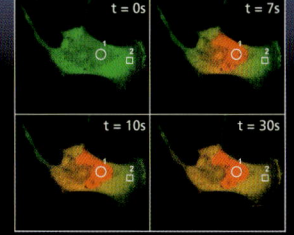

Kaede Imaging
Kaedeを発現させたHeLa細胞
405nmの局所励起によって光変換
Prof. A. Miyawaki, Dr. R. Ando
RIKEN B.R.I.

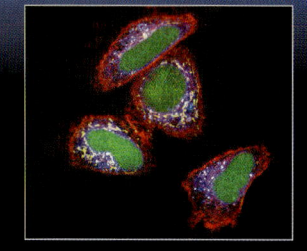

Multi-spectral Imaging
細胞内オルガネラを近接した蛍光で
発色させたHEK 239細胞
Prof. A. Miyawaki, RIKEN B.R.I.
Dr. M. Hirano, Hamamatsu Med. Univ.

輸入/販売元
カール ツァイス 株式会社
マイクロスコープディビジョン
〒160-0003 東京都新宿区本塩町 22 番地　URL http://www.zeiss.co.jp
Tel 03-3355-0332　Fax 03-3358-7554　営業所:大阪/名古屋/福岡/仙台

ZEISS
We make it visible.

Fluorescent Protein

MBL 研究用試薬

Amalgaam

Kaede & Azami-Green：蛍光蛋白質ベクター

Kaede　CORALHUE pKaede-S1

- ヒユサンゴ(*Trachyphyllia geoffroyi*)よりクローニングされた新規蛍光蛋白質です。
- 紫(外)光照射によりGreenからRedに蛍光が変化します。
- 拡散定数が高いために細胞の一部を紫(外)光照射しただけで細胞全体に赤色化したKaedeがすみやかに拡散し、細胞全体がラベルできます。
- 紫(外)光照射時間を変える事により2つ以上の細胞を区別することが可能です。

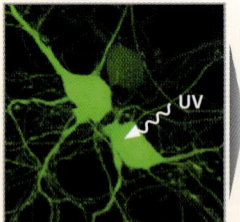

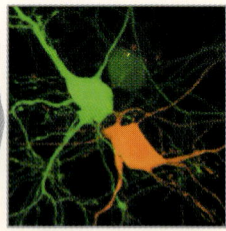

Kaedeを発現する神経細胞(写真左、すべての細胞が緑色)において、一つの神経細胞の細胞体の一部に紫(外)光を照射すれば、その細胞全体が赤くなります(写真右、隣同士の神経細胞を色で区別できます)。
(写真提供：理化学研究所)

<ベクター製品名：CORALHUE pKaede-S1、コード：AM-V0011、包装：20 μg>

Azami-Green　CORALHUE pAG-S1、CORALHUE pmAG1-S1

- イシサンゴに属するアザミサンゴより単離された、緑色の蛍光を発する新規蛍光蛋白質です。
- アザミグリーン(AG)4量体は強い蛍光を発し、pH安定性を示します。
- AG単量体は膜やミトコンドリアなどの細胞内小器官を鮮明に標識できます。

4量体Azami-Greenを用いた細胞の標識　　単量体Azami-Greenを用いた細胞内小器官の標識

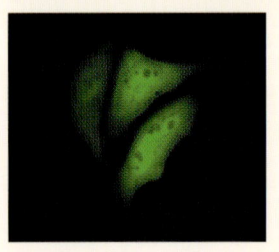

AGを発現させたHeLa細胞　　mAG1をミトコンドリア特異的に発現させたHeLa細胞 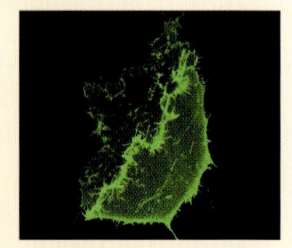　　mAG1を細胞膜特異的に発現させたHeLa細胞

<AG4量体ベクター製品名：CORALHUE pAG-S1、コード：AM-V0021、包装：20 μg>
<AG単量体ベクター製品名：CORALHUE pmAG1-S1、コード：AM-V0031、包装：20 μg>

Products and Solutions to Advance Scientific Discoveries

MBL (株)医学生物学研究所
URL：http://www.mbl.co.jp
〒460-0002　名古屋市中区丸の内3丁目5番10号
　　　　　　住友商事丸の内ビル5階
TEL(052)971-2081　　FAX(052)971-2337

ご用命・お問い合わせは
試薬推進部：
TEL (052)971-2089　　FAX (052)950-1073
E-mail：support@mbl.co.jp

共焦点のパイオニアBio-Radの新たな選択肢

Radiance2100™/2100™MP Rainbow
For Full Sensitivity Spectral Detection

ブルーダイオードレーザーそして・・・分光イメージングへ

Spectral Detection without Risk
信頼性の高い技術を採用した分光イメージング

Spectral Detection without Barriers
全てのチャンネルで最適なコンフォーカル分光イメージング

Spectral Detection without Limitation
蛍光の明るさに依存しない分光イメージング

Spectral Detection without Compromise
マルチフォトンにも対応した分光イメージング

Spectral Detection without Sensitivity Descent
青から赤まで全波長帯で高感度分光イメージング

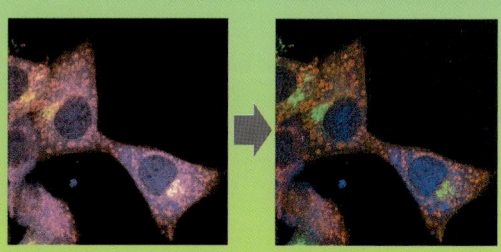

CFP/GFP/YFPの蛍光分離

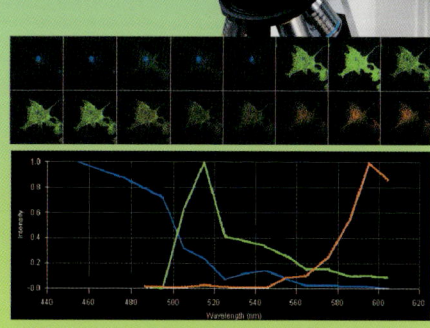

DAPⅠ/Bodipy/Mitotracker Redの蛍光スペクトル

CellMap™ ID/IC
imaging system

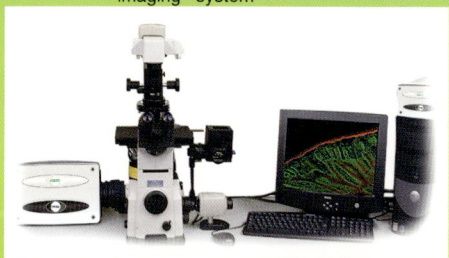

レーザー共焦点をお手軽に・・・
- 固体・半導体レーザーのみを使用
  → ランニングコストの低減
- 高速シーケンシャル取り込み
  → クロストークのない多重染色画像のすばやい取り込み
- 省スペース設計
- Bio-Rad社製レーザー共焦点のキーテクノロジー採用

BIO-RAD

日本バイオ・ラッド ラボラトリーズ株式会社
ライフサイエンス事業本部

E-mail: LSM@bio-rad.com
本社　〒116-0014 東京都荒川区東日暮里5-7-18　Tel.03-5811-6270　Fax.03-5811-6272
大阪　〒532-0025 大阪市淀川区新北野1-14-11　Tel.06-6308-6268　Fax.06-6308-3064
Visit us on the Web at **http://discover.bio-rad.co.jp**

Semrock
Advanced Optical Coatings & Filters

Semrockをバイオメディカル向け光学パーツの新しいスタンダードに！

BrightLine™ マルチバンド蛍光フィルター 新製品

- 高い透過率（90%以上）
- 少ないイメージシフト
- イオンスパッタリング式ハードコートによる高い耐久性
- 比類無き信頼性
- トリプルバンドの対応蛍光試薬はDAPI/FITC/Texas Red®、シングルバンドの対応蛍光試薬はFITC等全6種類

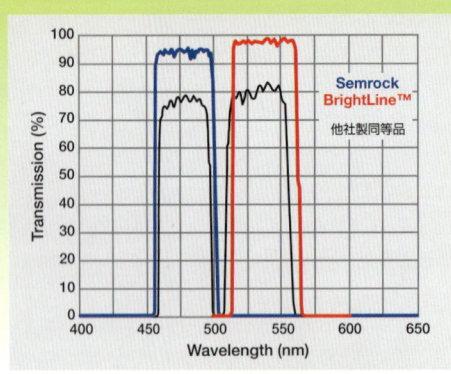

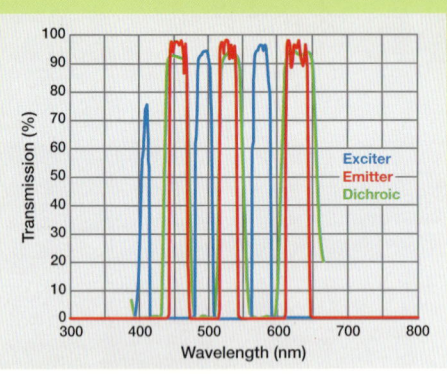

例：DAPI/FITC/Texas Red®用のスペクトルデータ

ラマン分光用エッジフィルター 新製品

- 非常に急峻なカットオフ
- レイリー光を効率よく遮断（OD6以上）
- 高いストークス光の透過（93%以上（平均））
- 波長は325nm、488nm、514.5nm、532nm、632.8nm、785nm、1064nmの全7波長
- イオンスパッタリング式ハードコートによる高い耐久性
- アンチストークス光をも透過させるノッチフィルターも製作可能

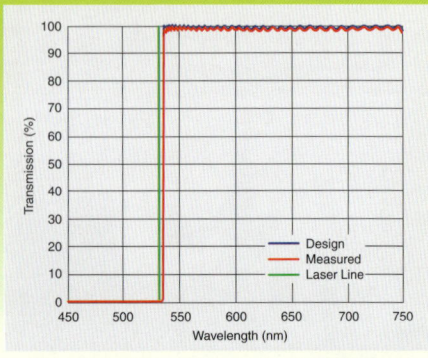

例：532nm用エッジフィルターの代表データ

Semrock社日本総代理店　**OPL 株式会社オプトライン**

〒170-0013 東京都豊島区東池袋4-6-10
TEL：03-3981-4421　FACSIMILE：03-3989-9608
http://www.opto-line.co.jp　お問い合わせは opl@opto-line.co.jp へ

NEW

光刺激とイメージングが同時にできる
新次元LSM、FV1000誕生

共焦点レーザ走査型顕微鏡FV1000は、レーザ顕微鏡に求められる基本性能を極限まで追求しました。
サンプルへのダメージを最小限に、生体内の高速な変化にも追随し、生体の情報をより正確に捉えます。
また、観察用と光刺激用の2台のスキャナを搭載し、観察用と光刺激用の2本のレーザを同期させて照射することで、
イメージングしながら光刺激を行うことができます。
光刺激直後の反応を見逃すことがなくFRAP, FLIP, photoactivation, photoconversionに最適です。

より高感度に
- イオン成膜フィルタの採用による蛍光検出の効率化
- 新設計の高感度検出系

より高速に
- 16フレーム/秒のガルバノミラーによる高速なイメージング
- 1ms/100nmの高速分光

より高精度に
- 2nmの分光波長分解能
- レーザフィードバック方式の採用による励起光の安定化

OLYMPUS®

Your Vision, Our Future

カタログのご請求は、**オリンパス株式会社** 〒163-0914 東京都新宿区西新宿2-3-1 新宿モノリス TEL 03-6901-4030へ

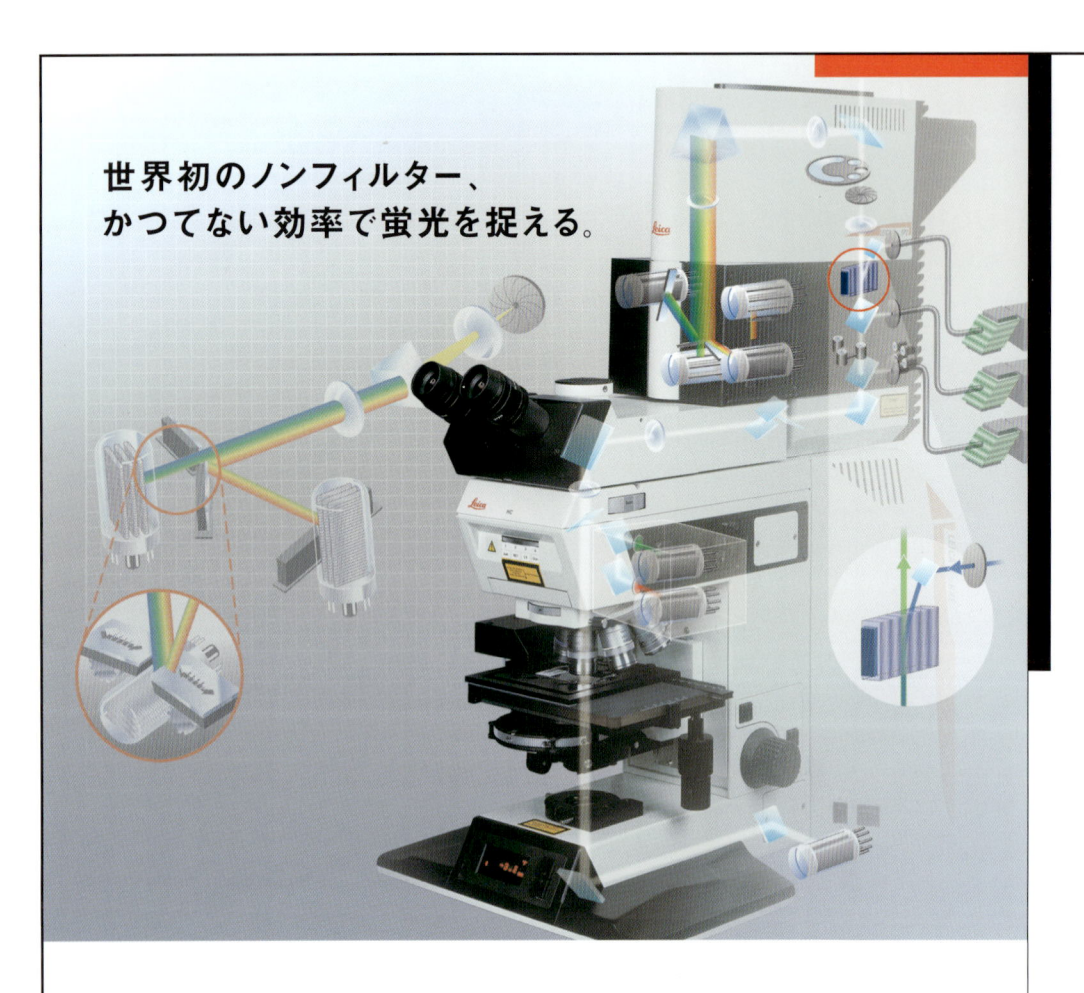

世界初のノンフィルター、
かつてない効率で蛍光を捉える。

| 共焦点レーザーイメージングスペクトロフォトメーター

ライカ TCS SP2 AOBS

蛍光取得効率40〜80％アップを実現した、世界初の完全フィルターフリー共焦点レーザー顕微鏡。革新的な音響光学ビームスプリッター方式とプリズム分光スリット方式を組み合わせた、共焦点顕微鏡のベストソリューションです。

- GFPによる機能性蛋白質など、弱い蛍光サンプルも確実かつ鮮明に検出
- 最大8励起波長が同時に使用可能で、可視光レーザーは全てに対応
- 取り込み蛍光波長を自由に設定でき、新規蛍光色素でも自由にアプリケーション対応
- 波長幅0.6nm〜2.0nmの励起光選択、蛍光透過率90〜94％以上の波長高分離性
- 観察系の中でリアルプリファイルを取得、最適なスリット幅と位置を確定

■ 製品の詳しい情報は　www.leica-microsystems.co.jp

Leica MICROSYSTEMS

ライカ マイクロシステムズ 株式会社

〒141-0032 東京都品川区大崎1-11-2 ゲートシティ大崎イーストタワー7F Tel.03-5435-9605 Fax.03-5435-9614
大阪 Tel.06-6374-9771／名古屋 Tel.052-222-3939／福岡 Tel.092-282-9771／つくば Tel.029-836-7875
● e-mail: marketing@leica-microsystems.co.jp